C#
逆引きレシピ

arton 著

C# 6.0 対応

プロが選んだ
三ツ星
レシピ

SHOEISHA

SAMPLE DOWNLOAD

本書内容に関するお問い合わせについて

本書に関するご質問、正誤表については、下記の Web サイトをご参照ください。

正誤表　　　　　http://www.shoeisha.co.jp/book/errata/
出版物 Q&A　　　http://www.shoeisha.co.jp/book/qa/

インターネットをご利用でない場合は、FAX または郵便で、下記にお問い合わせください。

〒 160-0006　東京都新宿区舟町 5
（株）翔泳社　愛読者サービスセンター
FAX 番号：03-5362-3818
電話でのご質問は、お受けしておりません。

※本書に記載された URL 等は予告なく変更される場合があります。
※本書の出版にあたっては正確な記述につとめましたが、著者や出版社などのいずれも、本書の内容に対してなんらかの保証をするものではなく、内容やサンプルに基づくいかなる運用結果に関してもいっさいの責任を負いません。
※本書に掲載されているサンプルプログラムやスクリプト、および実行結果を記した画面イメージなどは、特定の設定に基づいた環境にて再現される一例です。
※本書に記載されている会社名、製品名はそれぞれ各社の商標および登録商標です。
※本書の内容は、2016 年 5 月執筆時点のものです。

はじめに

　本書はC#プログラミングのレシピ集です。
　内訳としてはC#の文法に関するレシピが約3割、C#に関連するツールのレシピが1割弱、残りはC#で.NET Frameworkを使うためのレシピです。
　本書の究極の目的は、現に障害を起こしている本番機とともに閉鎖環境に閉じ込められた場合のサバイバルです。本番機ということはVisual Studioはもちろんまともなエディターは存在しません。使えるのはメモ帳だけです。閉鎖環境ということはインターネットを通じてMSDNを調べることもツールを入手することもできません。そのような状況でも本書とC:¥Windows¥Microsoft.NET¥Framework64ディレクトリさえあれば生還できるチャンスがある、そういう状況を想定しています（もっともアンチウィルスプログラムが仕込まれているとコンパイルした先から見慣れぬ実行ファイルが削除されるのでどうしようもありませんが……）。
　というのは極論ですが、C#と.NET Frameworkの組み合わせはWindowsの表面（デスクトップ）から奥深く（サービス層）までをカバーしていて、しかもC++と異なりメモリーリークや破壊の危険もなく、Cと異なり文字列終端の0を考える必要もなく、単純に記述しようとすればいくらでも単純に記述することが可能な、実に素晴らしいプログラミング環境です。本書のレシピは実用性を第一に、C#と.NET Frameworkの魅力と実力をできる限り汲み上げるように選択しました。
　それでは、C#の変遷について簡単に紹介しましょう。2000年に最初のバージョンがリリースされたときは、Javaに良く似たオブジェクト指向プログラミング言語でした。それから15年以上の歳月を経て、単独の言語で関数言語的な記述から並行プログラミングまでカバーする、実に強力なプログラミング言語に成長しました。
　C#の魅力の源泉は、C#2（2005年）から導入されたyieldとジェネリクスです。この2つがなければ現在のLINQは存在しません。そしてLINQの完成に不可欠なラムダ式と拡張メソッドが導入されたのがC#3（2007年）です。ここまでで関数型プログラミング的な記述ができるようになり、C#プログラミングが大きく飛躍したと言えます。
　次の飛躍が2012年のC#5のasync/awaitの導入による並列プログラミングの単純化です。C#4（2010年）とC#6（2015年）はそれら奇数バージョンでの飛躍に対して、細かな修正と使いやすさの向上が計られたバージョンと言えます。ということで、次のC#7でどのような飛躍があるかが実に楽しみです。
　このように、今やC#は2000年当時のWindows専用のプログラミング言語ではありません。Windows Phoneは当然として、XamarinによってiOSとAndroidの2つのモバイルプラットフォームのプログラミング、MonoによってLinuxやOSX（Mac OS）のプログラミングにまでターゲットを広げています。本書はWindows上の.NET Frameworkをターゲットとしていますが、多くはそのまま他のプラットフォームでも通用するものです。
　最後になりますが、本書が読者の皆様の開発マシンの脇に置かれることで（あるいは電書版がデスクトップの端に開かれることで）、少ない労力で大きな実りがあるプログラミングの手助けになることを願ってやみません。

2016年6月吉日　　arton

謝辞
　本書のレシピ選択について、猪股健太郎さん、榎本温さん、近江武一さん、鈴木幸敏さん、田村貴夫さんの諸兄から貴重なご意見をいただきました。どうもありがとうございました。

本書の対象と構成について

本書は、C#でのプログラミングを行う際に「本当に必要な知識とテクニック」を目的別にまとめたものです。目的（＝やりたいこと）をレシピのタイトルとしているので、目次から「やりたいこと」を見つけることで、「どうやって実現するのか」を調べることができます。また、初級者がつまずきやすい・ハマりやすいポイントを詳細かつ丁寧に解説しています。

本書はC#のバージョンとしては3～6、.NET Frameworkとしては3.5～4.6の各バージョンに対応しており、どのバージョンで動作可能かを一目で判別できるようになっています。本書のサンプルコードは基本的に執筆時点での最新バージョン（C#6、.NET Framework 4.6）を対象として記述されていますが、旧バージョンで異なる記述が必要な場合は適宜説明していますので、利用しているバージョンに応じてどのようなコードを書けばよいかを簡単に調べることができます。また、主なC#バージョンでの対応方法についてはviページ「C#6より前のバージョンでのコンパイルについて」にまとめております。あわせてご確認ください。

本書の対象

基本的にはすでにC#での開発経験がある方、または脱初心者を目指す開発者の方を対象にしています。また本書ではVisual Studioなどの開発環境の利用を前提としている項目はわずかしかなく、Windowsが動いている環境であれば動作させることができます。開発環境の準備についてのレシピもありますが、それを使わずとも初心者の方でも十分に利用できる内容となっています。

本書の構成

本書は、C#のコーディングに関わる項目をまとめた20の章から構成されています。具体的には以下の通りです。

章	タイトル	説明
第1章	アプリケーションの基本とコンパイル	コンパイル方法や.NET Frameworkの場所など、C#の基礎知識を紹介
第2章	ネームスペースとアセンブリ	クラスより上位の名前付けの仕組み（ネームスペース）や実行ファイル（アセンブリ）についての開発TIPSを紹介
第3章	数値と日付	C#の基本的なデータ型である数値や列挙体（enum）、またその応用となる日付における開発TIPSを紹介
第4章	ステートメントと特殊な演算子	C#プログラミングで必須のifやforなどのステートメントやtypeofなどの特殊な演算子における開発TIPSを紹介
第5章	文字列	文字列の制御や正規表現における開発TIPSを紹介
第6章	配列	配列の制御における開発TIPSを紹介
第7章	コレクション	ListやDictionaryなどのコレクションにおける開発TIPSを紹介

章	タイトル	説明
第8章	クラス	クラスの定義やプロパティ、メソッドなどの各要素や継承、ジェネリックなどにおける開発TIPSを紹介
第9章	ラムダ式	ラムダ式における開発TIPSを紹介
第10章	構造体	構造体の基礎知識やクラスとの違いといった開発TIPSを紹介
第11章	ファイルの制御	ファイルの読み書きやコピー、移動、属性の取得などの開発TIPSを紹介
第12章	ディレクトリ（フォルダー）やドライブの制御	ディレクトリやドライブの読み書きやコピー、移動、属性の取得などの開発TIPSを紹介
第13章	データベースの操作	SQLなどの各種データベースをC#から制御する際の開発TIPSを紹介
第14章	LINQ	LINQを使用したコレクションや配列などの制御における開発TIPSを紹介
第15章	ネットワークと通信	サーバーとの通信やデータのエンコード／デコードなどネットワークプログラミングにおける開発TIPSを紹介
第16章	プロセスとスレッド	プロセスの実行や監視、マルチスレッドプログラミングなどにおける開発TIPSを紹介
第17章	例外処理	例外のキャッチ、スロー、フィルタリングなどの開発TIPSを紹介
第18章	メタプログラミング	動的なプログラムの生成（メタプログラミング）についての開発TIPSを紹介
第19章	プログラム開発支援	Debug、Assertなどプログラム開発に有用な各種TIPSを紹介
第20章	Windows環境	レジストリやイベントログなどWindows環境固有の開発TIPSを紹介

サンプルプログラムについて

本書で使用するサンプルプログラムは、下記のサイトからダウンロードできます。

- サンプルプログラムのダウンロードサイト
  URL http://www.shoeisha.co.jp/book/download

動作環境

本書のサンプルプログラムは、以下のような動作環境で検証を行っています。
- OS：Windows8.1およびWindows10
- csc.exe：上記Windowsに含まれる各バージョン レシピ003 および Visual Studio Community 2015 Update 2

本書収録のソースコードとダウンロードサンプルプログラムの相違について

本書に収録したソースコードと、ダウンロード可能なサンプルプログラムは必ずしも一致しません。これは、書籍に収録するために横幅や行数の調整を行ったためです。具体的には、クラス定義やコメントなどに差異があります。例を挙げると、レシピ148 のソースコードとして本書では引数付きコンストラクターの呼び出し例のみが示されていますが、サンプルプログラムでは暗黙の無引数コンストラクターの呼び出し例を含んでいます。

また、ほとんどのサンプルプログラムはそのままcsc.exe（C#コンパイラ）を利用してコンパイル可能 レシピ009 ですが、書籍のソースコードではほとんどの場合断片のみを示しています。書籍収録のソースコードは読者の皆様がC#プログラムを記述する場合の参考になるようにしてありますが、実際にコンパイル／実行して動作を確認したい場合は、上記の理由からダウンロードしたサンプルプログラムをご利用ください。

C#6より前のバージョンでのコンパイルについて

本書のソースコードで利用する.NET Frameworkは、特に断り書きがないものは2.0でも動作するように考慮しています（1.1以前については対象外です）。ただし、System.Linqを積極的に利用しているため、2.0で動作させる場合には大幅な書き換えが必要となります。また誌面の横幅調整の必要性から.NET Framework4以降限定のレシピでなくともTask.Runを使ってワーカスレッドを実行しているレシピがあります（例： レシピ270 ）。

ソースコードは記述方法のサンプルという側面もあるため、基本的にC#4で記述しています。しかし誌面における横幅調整の必要からC#6の補間文字列は積極的に利用しています。またnull条件演算子も一部で利用しています。そのため、以前のバージョンのC#を利用してコンパイルする場合は以下のいずれかを行ってください。ただしC#6と明示してあるレシピ（例： レシピ293 ）はC#6での記述方法の説明なので対象外です。

- C#2の場合
    - 変数のvar宣言を型に変更する
    - LINQをforeachに書き換える
    - ラムダ式は匿名メソッドへ置き換える
      （対応する引数のActionやFuncが存在しない場合はデリゲートの定義も必要）
    - C#3の場合へ続く

- C#3の場合
    - Task.Runは レシピ279 を参照してThreadPoolを利用する
    - C#4と明示してあるものは除外する（例： レシピ173 ）
    - C#4の場合へ続く

- C#4の場合
    - async/await（例： レシピ283 。逆にasync/awaitを利用しない例としては レシピ262 があります）を利用する場合はC#5以降へ移行する
    - C#5の場合へ続く

- C#5の場合
    - 補間文字列は文字列結合（+）またはstring.Formatに置き換える
      例）$"{a}:{b}" → a + ":" + b または string.Format("{0}:{1}", a, b)
    - null条件演算子は条件演算子に置き換える
      例）a?.b() → (a == null) ? null : a.b()

本書の誌面について

本書では各章で扱うTIPSを図のように掲載しています。

各レシピはカテゴリ毎に分けられ、項目から引きやすいようにキーワードを入れています。またレシピに関連する項目は 関連 という形で入れています。本文中でも関連する項目は レシピ という形で参照できるようにしています。注意事項やポイントなどは NOTE を入れて紹介しています。

また一部のレシピでは、C#や.NET Frameworkバージョンにより対象外の内容のものがあります。その場合、「対応バージョン」や本文中の記載以降の環境では利用可能ですのでご確認ください。

CONTENTS

はじめに ……………………………………………………………… iii
本書の対象と構成について ………………………………………… iv
サンプルプログラムについて ……………………………………… v
本書の誌面について ………………………………………………… vii

第1章　アプリケーションの基本とコンパイル ……………………… 001

1.1　セットアップ ……………………………………………………… 002
- **001**　IDEを入手したい ………………………………………… 002
- **002**　コマンドラインツールを利用したい …………………… 004
- **003**　.NET Framework、C#、Visual Studioの各バージョンの関係を知りたい ……………………………………………… 007

1.2　アプリケーションのひな形 …………………………………… 008
- **004**　コンソールアプリケーションを作りたい ……………… 008
- **005**　コマンドライン引数を利用したい ……………………… 010
- **006**　アプリケーションから終了コードを返したい ………… 012
- **007**　Windows Formsアプリケーションを作りたい ……… 014
- **008**　ライブラリを作りたい …………………………………… 016

1.3　コマンドラインコンパイル …………………………………… 017
- **009**　コマンドラインでアプリケーションをコンパイルしたい ………… 017
- **010**　コマンドラインでライブラリをコンパイルしたい …… 019
- **011**　コマンドラインでライブラリを参照するアプリケーションをコンパイルしたい ……………………………………… 020
- **012**　ASPXを作成したい ……………………………………… 021
- **013**　コマンドラインでVisual Studioのソリューションをビルドしたい … 023

1.4　コンパイル時の指令 …………………………………………… 025
- **014**　コンパイル時にソースコードの有効無効を切り替えたい ……… 025
- **015**　特定の警告を無効にしたい ……………………………… 027

第2章　ネームスペースとアセンブリ ……………………………… 029

2.1　ネームスペースの利用 ………………………………………… 030
- **016**　ネームスペースを宣言したい …………………………… 030

	017	クラス名からネームスペースを省略したい ………………………… 032
2.2	構成ファイル（.exe.configなど）の利用 ……………………………… 033
	018	構成ファイルの情報を利用したい ……………………………… 033
	019	構成ファイルにユーザー設定を保存／取得したい ……………… 034
2.3	アセンブリの利用 …………………………………………………………… 037
	020	実行中のプログラムをロードしたディレクトリを取得したい ……… 037
	021	アセンブリにバージョン番号や著作権情報を設定したい ………… 038
	022	アセンブリに組み込まれたバージョン番号や著作権情報を取得したい ……………………………………………………… 041

第3章 数値と日付 …………………………………………………… 043

3.1	数値型の基本 ……………………………………………………………… 044
	023	数値型の種類と最大値、最小値を知りたい ……………………… 044
	024	数値リテラルの型を指定したい ………………………………… 047
	025	数値定数を定義したい …………………………………………… 049
	026	リテラル以外を数値定数として利用したい …………………… 050
	027	列挙体（enum）を作りたい ……………………………………… 051
	028	数値や文字列と列挙体（enum）を変換したい ………………… 052
3.2	型の変換 …………………………………………………………………… 053
	029	数値型を拡大／縮小したい ……………………………………… 053
	030	数値をゼロ埋めや3桁区切りなどの整形した文字列にしたい …… 055
	031	文字列を数値にしたい …………………………………………… 058
	032	文字列や数値を日付データにしたい …………………………… 059
	033	日付データを文字列や数値にしたい …………………………… 062
3.3	日付型の使いこなし ……………………………………………………… 064
	034	日付や時刻を取得したい ………………………………………… 064
	035	日付の大小を比較したい ………………………………………… 065
	036	2つの日付時刻の間隔を求めたい ……………………………… 066
	037	1時間後や2時間前の時刻を求めたい ………………………… 067
	038	10日後や1年前などの日付を求めたい ………………………… 068

3.4 null許容型と比較 ………………………………………………………… 070
- 039 intやDateTimeなどの値型変数をnullで初期化したい ………… 070
- 040 値が等しいか調べたい ……………………………………………… 072
- 041 値の大小を調べたい ………………………………………………… 073
- 042 複数の条件を結合したい …………………………………………… 074
- 043 条件によって値が変わる式を書きたい（条件式を使いたい）……… 076

3.5 計算 …………………………………………………………………………… 078
- 044 加減乗除を行いたい ………………………………………………… 078
- 045 インクリメント演算子、デクリメント演算子を使いたい ………… 079
- 046 計算時の桁あふれ（オーバーフロー）を検出したい ……………… 080
- 047 絶対値、平方根、三角関数などを使いたい ……………………… 081
- 048 乱数を使って出目などを決めたい ………………………………… 082
- 049 ビット演算を行いたい ……………………………………………… 083
- 050 論理演算を行いたい ………………………………………………… 085
- 051 効率的に行列計算やベクター計算を行いたい …………………… 086

第4章 ステートメントと特殊な演算子 ………………………………………… 087

4.1 条件 …………………………………………………………………………… 088
- 052 条件に一致したときのみ実行したい ……………………………… 088
- 053 複数の条件毎に実行したい ………………………………………… 089
- 054 条件によって処理を分岐したい …………………………………… 090

4.2 ループ ………………………………………………………………………… 091
- 055 インデックス付きループを作りたい ……………………………… 091
- 056 条件付きループを作りたい ………………………………………… 092
- 057 無限ループを作りたい ……………………………………………… 094
- 058 配列やコレクションの要素、LINQの結果を順に処理したい …… 096
- 059 ループの途中で抜けたりスキップしたりしたい ………………… 098
- 060 ネストしたループから抜け出したい ……………………………… 099

4.3 リソース管理 ………………………………………………………………… 101
- 061 リソースを自動クローズしたい …………………………………… 101
- 062 クリティカルセクションを作成したい …………………………… 102

4.4 特殊な演算子 ……………………………………………… 103
- 063 オブジェクトの型を調べたい ……………………………………… 103
- 064 オブジェクトの型を例外なしに変換したい ……………………… 104
- 065 オブジェクトの型オブジェクトを取得したい …………………… 105
- 066 nullならば既定値を与える式を書きたい ………………………… 106

第5章 文字列 ………………………………………………… 107

5.1 文字列を調べる ……………………………………………… 108
- 067 同じ内容の文字列か調べたい ……………………………………… 108
- 068 文字列の大小を比較したい ………………………………………… 109
- 069 文字列がnullまたは長さ0か調べたい …………………………… 111
- 070 文字列内の文字数を調べたい ……………………………………… 112
- 071 文字列の半角数（シフトJISのバイト数）を調べたい ………… 114
- 072 指定した文字や文字列の出現位置を調べたい …………………… 115

5.2 文字列リテラル ……………………………………………… 117
- 073 空文字列を使いたい ………………………………………………… 117
- 074 特殊な文字を含んだ文字列を定義したい ………………………… 118
- 075 改行や￥を含んだ文字列（逐語的文字列）を定義したい ……… 119
- 076 変数の値を埋め込んだ文字列（補間文字列）を作りたい ……… 120

5.3 文字列の作成 ………………………………………………… 121
- 077 同じ文字の繰り返し文字列を作りたい …………………………… 121
- 078 バイト配列から文字列を作りたい ………………………………… 122
- 079 連結した文字列を作りたい ………………………………………… 123

5.4 文字列の操作 ………………………………………………… 124
- 080 部分文字列を取得したい …………………………………………… 124
- 081 文字列から文字を取り出したい …………………………………… 125
- 082 左右の空白を除去したい …………………………………………… 126
- 083 タブ区切り文字列を配列にしたい ………………………………… 127
- 084 文字列内の指定した文字や文字列を置換したい ………………… 128
- 085 文字列から指定した文字や文字列を削除したい ………………… 129
- 086 文字列からバイト配列を作りたい ………………………………… 130

5.5　正規表現　……………………………………………………………………　131
- 087　正規表現を利用してマッチングを行いたい　……………………………　131
- 088　正規表現のグルーピングを利用して部分文字列を取り出したい　……　134
- 089　正規表現で利用できる主な文字クラスや量指定子を知りたい　………　135

第6章　配列　………………………………………………………………………　137

6.1　配列の作成　……………………………………………………………………　138
- 090　配列に初期値を与えたい　………………………………………………………　138
- 091　読み取り専用の配列を作りたい（公開APIで配列を返したい）………　139
- 092　配列の配列を定義したい　………………………………………………………　140
- 093　空配列を使いたい　………………………………………………………………　142

6.2　配列の操作　……………………………………………………………………　143
- 094　配列の要素数を調べたい　………………………………………………………　143
- 095　配列内のデータを順次処理したい　……………………………………………　144
- 096　配列内のデータをソートしたい　………………………………………………　145
- 097　配列内のデータを高速に検索したい（バイナリサーチを行いたい）　……　146
- 098　配列のコピーを作りたい　………………………………………………………　147
- 099　配列内のデータを移動したい　…………………………………………………　148
- 100　配列の要素数を変更したい　……………………………………………………　149
- 101　配列を文字列にしたい　…………………………………………………………　150
- 102　バイト配列から16進文字列を作りたい　………………………………………　151
- 103　16進文字列をバイト配列にしたい　……………………………………………　152

第7章　コレクション　………………………………………………………………　153

7.1　コレクションの作成　…………………………………………………………　154
- 104　リストを作成したい　……………………………………………………………　154
- 105　同じオブジェクトを含まないコレクションを作成したい　…………………　155
- 106　先入れ先出し（FIFO）コレクションを作成したい　…………………………　156
- 107　後入れ先出し（LIFO）コレクションを作成したい　…………………………　157
- 108　キーで値を検索できるコレクションを作成したい　…………………………　158
- 109　自動的にソートされるコレクションを作成したい　…………………………　159
- 110　コレクションを配列にしたい　…………………………………………………　161

	111	読み取り専用のコレクションを作成したい （公開APIでコレクションを返したい）………………………… 162
	112	読み取り専用の空のコレクションを利用したい………………… 164
	113	スレッドセーフなコレクションを利用したい…………………… 165

7.2 コレクションの初期化 …………………………………………… 166

	114	ListやDictionaryに初期値を設定したい ……………………… 166
	115	Dictionaryに初期値を設定したい ……………………………… 167

7.3 コレクションの列挙 ……………………………………………… 168

	116	コレクション内のデータを順次処理したい…………………… 168
	117	Dictionaryのキーを列挙したい ………………………………… 170
	118	Dictionaryの値を列挙したい …………………………………… 171

7.4 コレクションの基本メソッド …………………………………… 172

	119	コレクション内のオブジェクト数を調べたい ………………… 172
	120	コレクションにデータを追加したい…………………………… 173
	121	Dictionaryに例外を起こさせずにデータを設定したい ……… 174
	122	リストに一度に複数のオブジェクトを追加したい …………… 175
	123	コレクションの特定のオブジェクトにアクセスしたい ……… 176
	124	コレクションを空にしたい……………………………………… 178
	125	コレクションに特定のオブジェクトが含まれているか調べたい …… 179
	126	コレクションから特定のオブジェクトを削除したい ………… 181
	127	コレクションから条件を満たす要素を一度に削除したい …… 182

第8章 クラス ……………………………………………………………… 185

8.1 クラスの定義 ……………………………………………………… 186

	128	クラスを定義したい……………………………………………… 186
	129	フィールドを定義したい………………………………………… 190
	130	静的フィールドの初期化処理を記述したい （静的コンストラクターを宣言したい）………………………… 192
	131	読み取り専用フィールドを定義したい ………………………… 193
	132	コンストラクターを定義したい （インスタンスの初期化処理を記述したい）…………………… 194
	133	同じクラスの別のコンストラクターを呼び出したい ………… 196

- 134 プロパティを定義したい ……………………………………… 197
- 135 読み取り専用プロパティを定義したい ………………………… 200
- 136 自動実装プロパティを定義したい ……………………………… 201
- 137 自動実装プロパティに初期値を設定したい …………………… 202
- 138 読み取り専用自動実装プロパティに初期値を設定したい …… 203
- 139 []内にインデックスを指定してアクセスするプロパティ
  （インデクサー）を定義したい …………………………………… 204
- 140 メソッドを定義したい …………………………………………… 206
- 141 イベントを定義したい …………………………………………… 210
- 142 イベントハンドラを定義したい
  （デリゲートとラムダ式の関係を知りたい）…………………… 213

8.2 インスタンスの生成 ……………………………………………… 214
- 143 インスタンスを生成したい ……………………………………… 214
- 144 プロパティ設定付きでインスタンスを生成したい …………… 215
- 145 インスタンスを生成できないクラスを定義したい …………… 216

8.3 継承 ………………………………………………………………… 217
- 146 派生クラスを定義したい ………………………………………… 217
- 147 派生できないクラスを定義したい ……………………………… 219
- 148 基本クラスのコンストラクターを呼び出したい ……………… 220
- 149 基本クラスのプロパティをオーバーライドしたい／
  派生クラスでオーバーライドできるプロパティを作成したい … 221
- 150 基本クラスのメソッドをオーバーライドしたい／
  派生クラスでオーバーライドできるメソッドを作成したい … 223
- 151 基本クラスのメソッドやプロパティを呼び出したい ………… 224
- 152 同名メソッドを持つ異なるインターフェイスを実装したい … 226
- 153 基本クラスの実装を省略したい ………………………………… 228

8.4 ジェネリック …………………………………………………… 230
- 154 ジェネリッククラスを定義したい …………………………… 230
- 155 ジェネリックメソッドを定義したい
  （ジェネリック型を引数にするメソッドを定義したい）……… 232

8.5 標準インターフェイス ………………………………………… 234
- 156 ソート可能なクラスを作成したい（IComparable）………… 234
- 157 usingで自動クローズ可能なクラスを作成したい（IDisposable）… 236

		158	ログなどに出力されるオブジェクトの表現方法を変えたい ･････････ 238
	8.6	匿名クラスとTuple ･･ 239
		159	匿名クラスを利用したい ･････････････････････････････････････ 239
		160	複数の値を返すメソッドを作成したい（Tupleを使いたい）･･････ 241
	8.7	いろいろなメソッド定義 ･･ 243
		161	引数を利用して値を返すメソッドを作成したい ････････････････ 243
		162	呼び出しに利用された引数を更新するメソッドを作成したい ････ 244
		163	可変個引数のメソッドを作成したい ･･････････････････････････ 246
		164	省略可能な引数を持つメソッドを作成したい ･･････････････････ 247
		165	同じ名前のメソッドを作成したい ････････････････････････････ 248
		166	コールバック関数を受け取るメソッドを作成したい ････････････ 250
		167	関数を返すメソッドを作成したい／変数にメソッドを格納したい ････ 252
		168	foreachでアクセスできるメソッドを作成したい ･･････････････ 254
		169	拡張メソッドを定義したい ･･････････････････････････････････ 256
	8.8	メソッド呼び出しの書き方 ･･･ 257
		170	静的メソッドのクラス名を省略したい ････････････････････････ 257
		171	ローカル変数の型宣言を省略したい ･･････････････････････････ 258
		172	nullかも知れないオブジェクトのメソッドや プロパティにアクセスしたい ････････････････････････････････ 259
		173	引数呼び出しにパラメーター名（仮引数名）を利用したい ･･････････ 260

第9章 ラムダ式 ･･･ 261

	9.1	ラムダ式の書き方 ･･ 262
		174	ラムダ式の書き方を知りたい ････････････････････････････････ 262
		175	ラムダ式とローカル変数の関係を知りたい ････････････････････ 264
	9.2	ラムダ式の適用 ･･ 265
		176	プロパティ定義にラムダ式を利用したい ･･････････････････････ 265
		177	メソッド定義にラムダ式を利用したい ････････････････････････ 266
		178	非同期処理にラムダ式を利用したい ･･････････････････････････ 267
		179	LINQにラムダ式を利用したい ･･････････････････････････････ 268

第10章　構造体 ... 269

10.1　構造体の基本 ... 270
- 180　構造体を定義したい ... 270

10.2　構造体の使いどころ ... 273
- 181　クラスとの使い分けを知りたい ... 273

第11章　ファイルの制御 ... 275

11.1　基本的なファイル操作 ... 276
- 182　ファイルを削除したい ... 276
- 183　ファイルをコピーしたい ... 278
- 184　ファイル名を変えたい（ファイルを移動したい） ... 280
- 185　ファイルの作成日時、更新日時、アクセス日時を取得したい ... 281
- 186　ファイルの属性を取得したい ... 282
- 187　ファイルが変更（作成、削除、変名）されたら通知を受けたい ... 284

11.2　テキストファイルの読み書き ... 287
- 188　シフトJISのテキストファイルを作りたい ... 287
- 189　UTF-8のテキストファイルを作りたい ... 289
- 190　テキストファイルを行単位に読み取りたい ... 291
- 191　文字コードがUTF-8かシフトJISか不明なテキストファイルを読みたい ... 292

11.3　バイナリファイルの読み書き ... 294
- 192　バイナリファイルを作りたい ... 294
- 193　バイナリファイルを読み込みたい ... 296
- 194　固定長レコードバイナリファイルを読み取りたい ... 297
- 195　可変長レコードバイナリファイルを読み取りたい ... 299

11.4　その他のファイル処理 ... 302
- 196　書き込み中に他のプロセスがファイルを読めるようにしたい ... 302
- 197　既存ファイルにデータを追加したい ... 303
- 198　既存ファイルの一部を更新したい ... 304
- 199　ファイル名の拡張子を変えたり、ファイル名から拡張子を除外したりしたい ... 305

- 11.5 特殊なファイル ･･･ 306
  - 200 一時ファイルを使いたい ･･･････････････････････････････････････ 306
  - 201 Zipファイルを展開したい ･･･････････････････････････････････････ 307
  - 202 ディレクトリ指定でZipファイルを作りたい ･･････････････････････････ 308
  - 203 指定ファイルをZipファイルに圧縮したい ･･････････････････････････ 310
- 11.6 安全な操作 ･･･ 311
  - 204 安全なファイルの更新方法を知りたい ･････････････････････････････ 311

第12章 ディレクトリ（フォルダー）やドライブの制御 ･････････････････ 313

- 12.1 基本的なディレクトリ操作 ･･･ 314
  - 205 カレントディレクトリを知りたい ･････････････････････････････････ 314
  - 206 カレントディレクトリを変更したい ･･･････････････････････････････ 315
  - 207 ディレクトリを作りたい ･･･････････････････････････････････････ 316
  - 208 ディレクトリを削除したい ･････････････････････････････････････ 317
  - 209 ディレクトリをコピーしたい ････････････････････････････････････ 318
  - 210 ディレクトリ名を変えたい（ディレクトリを移動したい）････････････････ 320
  - 211 ディレクトリの作成日時、更新日時、アクセス日時を取得したい ････ 321
  - 212 ディレクトリの属性を取得したい ････････････････････････････････ 322
  - 213 ディレクトリが変更されたら通知を受けたい ･･････････････････････ 323
  - 214 ドキュメントディレクトリなどの特殊フォルダーにアクセスしたい ･･ 324
- 12.2 ディレクトリの読み取り ･･･ 326
  - 215 ディレクトリ内のファイルを列挙したい ･･････････････････････････ 326
- 12.3 ドライブの操作 ･･ 328
  - 216 ドライブの空き容量を調べたい ････････････････････････････････ 328
  - 217 USBメモリなどのリムーバルドライブが利用可能か調べたい ･･････ 329
  - 218 システムで利用可能なすべてのドライブを取得したい ･･････････････ 330

第13章 データベースの操作 ･･ 331

- 13.1 基本的なデータベース操作 ･･ 332
  - 219 システム内で利用可能なデータベース接続ライブラリを知りたい ･･･ 332
  - 220 データベースとの接続を確立したい ････････････････････････････ 334

- 221 接続文字列をプログラムから分離したい ･････････････････････････ 336
- 222 テーブル名やカラムの一覧を取得したい ････････････････････････ 338

13.2 SQLの実行 ･･ 341
- 223 テーブルを作成したい ･･･ 341
- 224 テーブルへデータを登録したい ･････････････････････････････････ 343
- 225 テーブルからデータを取得したい ･･･････････････････････････････ 346
- 226 動的にSQLを組み立ててテーブルからデータを取得したい ････････ 348
- 227 テーブルを更新したい ･･･ 350

13.3 高度なデータベース操作 ････････････････････････････････････ 353
- 228 トランザクションを利用したい ･･･････････････････････････････････ 353
- 229 データオブジェクトにレコードを転送したい
  （データベースのロウをオブジェクトとしてアクセスしたい） ･･･････ 355

第14章 LINQ ･･･ 357

14.1 基本的なLINQ操作 ･･ 358
- 230 XMLのアクセスにLINQを使いたい ･･････････････････････････････ 358
- 231 配列のアクセスにLINQを使いたい ･･････････････････････････････ 360
- 232 NameValueCollectionをLINQで使いたい ･･･････････････････････ 361
- 233 LINQ式の途中で内容をコンソール出力したい ･･････････････････ 363

14.2 関数操作 ･･ 365
- 234 コレクション（配列）の総和を求めたい ･････････････････････････ 365
- 235 コレクション（配列）の集計値を得たい ･････････････････････････ 366
- 236 コレクション（配列）の写像を作りたい ･････････････････････････ 368
- 237 コレクション（配列）をソートしたい ････････････････････････････ 369
- 238 コレクション（配列）の先頭から指定した数または条件に合致する要素を取り出したい ･･･ 370
- 239 コレクション（配列）から特定のクラスのオブジェクトを取得したい ･･ 372
- 240 コレクション（配列）に条件を満たすオブジェクトが格納されているか調べたい ･･････････････････････････････････ 373
- 241 任意の条件でコレクション（配列）をフィルタリングしたい ･･･････ 374
- 242 インデックス番号を利用してコレクション（配列）をフィルタリングしたい ････････････････････････････････････ 375

- 243 コレクション（配列）をフィルタリングした結果の1要素を
利用したい ･･･ 376
- 244 連番の配列やリストを作りたい ･･･････････････････････････････ 378
- 245 LINQの結果にインデックス番号が欲しい ････････････････････ 379

第15章　ネットワークと通信 ････････････････････････････････ 381

15.1 ネットワークの基本処理 ････････････････････････････････････ 382
- 246 コンピューター名を取得したい ･･･････････････････････････････ 382
- 247 IPアドレスとMACアドレスを取得したい ･･･････････････････ 383
- 248 ソケットを使って通信したい（サーバー）････････････････････ 386
- 249 ソケットを使って通信したい（クライアント）･･････････････････ 388
- 250 社内サーバーのネットワークドライブを利用したい ･･････････････ 390
- 251 IISの仮想ディレクトリの物理ディレクトリ名を知りたい（IIS内）･･･ 393
- 252 リモートホストがネットワークに参加しているか知りたい ･･････････ 394

15.2 Webの利用 ･･･ 395
- 253 Webサーバーにアクセスしたい ････････････････････････････ 395
- 254 自己署名証明書を使っているWebサーバーに
HTTPSでアクセスしたい ･････････････････････････････････ 397
- 255 WebサーバーにWindows認証や基本認証でアクセスしたい ･･････ 399
- 256 Webサーバーへファイルをアップロードしたい ････････････････ 400
- 257 Webサーバーからファイルをダウンロードしたい ･･････････････ 402
- 258 Webサーバーからファイル／ページの情報を取得したい ････････ 404
- 259 WebサーバーからWebRequestで圧縮されたレスポンスを
受信したい ･･ 405
- 260 Webサーバーからレンジ指定でファイルをダウンロードしたい ････ 406
- 261 Webサーバーに非同期でアクセスしたい ･･････････････････････ 407
- 262 WebSocketでサーバーにアクセスしたい ･･････････････････････ 409

15.3 メールの利用 ･･･ 411
- 263 メールを送信したい ･･････････････････････････････････････ 411

15.4 データのエンコード／デコード ･････････････････････････････ 414
- 264 数値のエンディアンを変えたい ･･･････････････････････････････ 414
- 265 オブジェクトとJSONをエンコード（デコード）したい ･･･････････ 416
- 266 データをURLエンコード／デコードしたい ････････････････････ 419

267 データをHTMLエンコード／デコードしたい
（HTML出力用に文字列をエスケープしたい）・・・・・・・・・・・・・・・・・・・・・・・ 421
268 バイト配列をBase64にエンコード／デコードしたい
（バイナリデータを文字データとして送受信したい）・・・・・・・・・・・・・・ 422

15.5 アプリケーションのサーバー化・・・・・・・・・・・・・・・・・・・・・・・・・・・・・・・・・・・・・・ 422
269 デスクトップアプリケーションにWebサービスを付けたい・・・・・・・・・ 423
270 デスクトップアプリケーションにWebサーバー機能を付けたい・・・・・ 425
271 デスクトップアプリケーションに
WebSocketサーバー機能を付けたい・・・・・・・・・・・・・・・・・・・・・・・・・・・・・ 428

15.6 データ交換技術・・・ 430
272 ファイルのハッシュを求めたい・・・・・・・・・・・・・・・・・・・・・・・・・・・・・・・・・・・ 430
273 AESなどの共通鍵暗号を利用したい・・・・・・・・・・・・・・・・・・・・・・・・・・・・・・ 431
274 RSAなどの公開鍵暗号を利用したい・・・・・・・・・・・・・・・・・・・・・・・・・・・・・・ 434

第16章 プロセスとスレッド ・・・ 437

16.1 基本的なアプリケーション処理・・・・・・・・・・・・・・・・・・・・・・・・・・・・・・・・・・・・・・ 438
275 アプリケーションの二重起動をチェックしたい・・・・・・・・・・・・・・・・・・・ 438
276 アプリケーションを実行して終了を監視したい・・・・・・・・・・・・・・・・・・・ 439
277 実行したアプリケーションを強制終了したい・・・・・・・・・・・・・・・・・・・・・ 441
278 実行したアプリケーションのコンソール出力を取得したい・・・・・・・・・ 442

16.2 スレッドの基本処理・・ 444
279 スレッドプールを利用してバックグラウンド処理を実行したい・・・・・・ 444
280 実行したスレッドが初期化を終えるまで待機したい・・・・・・・・・・・・・・・ 446

16.3 スレッドを使いこなす・・ 448
281 ワーカスレッドからメインのGUIを操作したい・・・・・・・・・・・・・・・・・・・ 448
282 スレッド独自のデータを持ちたい・・・・・・・・・・・・・・・・・・・・・・・・・・・・・・・・ 449
283 非同期処理を実装したい・・ 450
284 ループを並列処理したい・・ 452

16.4 タイマーの利用・・・ 454
285 指定した間隔で処理を実行したい・・・・・・・・・・・・・・・・・・・・・・・・・・・・・・・・ 454
286 指定した時間処理を停止したい・・・・・・・・・・・・・・・・・・・・・・・・・・・・・・・・・・ 455

第17章 例外処理 ……… 457

17.1 基本的な例外処理 ……… 458
- 287 例外を種類別にキャッチしたい ……… 458
- 288 あらゆる例外をキャッチしたい ……… 459
- 289 例外の有無に関わらず実行する処理を作成したい ……… 460
- 290 例外をスローしたい ……… 461

17.2 例外の使いこなし ……… 463
- 291 例外からメッセージを取得したい ……… 463
- 292 キャッチした例外を再スローしたい ……… 465
- 293 特定のプロパティ値を持つ例外だけをキャッチしたい（例外フィルターを使いたい） ……… 466
- 294 アプリケーション共通の例外ハンドラを作成したい ……… 467
- 295 非同期処理で発生した例外を調べたい ……… 469

第18章 メタプログラミング ……… 471

18.1 基本的なメタプログラミング ……… 472
- 296 クラス名からオブジェクトを生成したい ……… 472
- 297 プロパティ名を指定してプロパティにアクセスしたい ……… 474
- 298 メソッド名を指定してメソッドを呼び出したい ……… 475
- 299 フィールド名を指定してフィールドにアクセスしたい ……… 477
- 300 変数名やメソッド名を文字列で取得したい ……… 478

18.2 コンパイラの利用 ……… 479
- 301 プログラム内で動的にコードを生成して実行したい（DSLを使いたい） ……… 479

18.3 属性の利用 ……… 481
- 302 独自の属性を作成したい ……… 481
- 303 属性を取得したい ……… 482

第19章 プログラム開発支援 ……………………………………………… 485

19.1 デバッグ支援機能 ………………………………………………………… 486
- 304 事前条件、事後条件、不変条件を記述したい ……………………………… 486
- 305 プログラムの要所でトレース（デバッグ）出力をしたい …………………… 488
- 306 デバッグ（トレース）出力をファイルに書き出したい ……………………… 489

19.2 調査支援機能 ……………………………………………………………… 491
- 307 現在実行中のメソッド名を取得したい ……………………………………… 491
- 308 処理にかかった時間を計測したい …………………………………………… 492

19.3 開発支援機能 ……………………………………………………………… 493
- 309 Visual Studioのインテリセンスに自作クラスのヘルプを
  表示したい ……………………………………………………………………… 493
- 310 ユニットテストを作りたい …………………………………………………… 495
- 311 サードパーティのアセンブリを利用したい ………………………………… 497

第20章 Windows環境 …………………………………………………… 499

20.1 レジストリ操作 …………………………………………………………… 500
- 312 レジストリのデータを取得／設定したい …………………………………… 500
- 313 レジストリからキーやデータを削除したい ………………………………… 501

20.2 OS操作 …………………………………………………………………… 503
- 314 システムをシャットダウン、ログオフ、再起動したい
  （WMIを利用して各種情報を処理したい）…………………………………… 503
- 315 イベントログへ書き込みたい ………………………………………………… 505
- 316 クリップボードからテキストを取得／設定したい ………………………… 507
- 317 プログラムを管理者権限で実行したい ……………………………………… 508

20.3 COM操作 ………………………………………………………………… 509
- 318 Excelブックからセルの内容を取得したい ………………………………… 509
- 319 Excelマクロから利用可能なクラスを作成したい
  （COMコンポーネントを作成したい）………………………………………… 511

索引 …………………………………………………………………………… 513

PROGRAMMER'S RECIPE

第 **01** 章

アプリケーションの基本とコンパイル

本章では、C#コンパイラの入手方法や使い方について説明します。

001 IDEを入手したい

Visual Studio	
関連	—
利用例	統合開発環境を利用してC#による開発を行う

Visual Studioについて

　Visual Studioは、エディター、デバッガーなどを含む統合開発環境です。特に現在の入力状況に応じて次に入力すべき候補を表示するインテリセンスの応答性や、エディット→ビルド→実行（デバッグ）のスムーズな流れは、開発をとても快適なものにしてくれます。

　Visual Studioには、ライセンスや実行可能な機能に応じて複数のエディションがあります。

　このうちVisual Studio Communityは無償でありながら、有償のVisual Studio Professionalとほぼ同等の機能とライセンスを持ち、有償・無償を問わずアプリケーションを開発可能です。

Visual Studioの入手方法

　Visual Studioを入手するには、2016年5月現在、URL http://www.visualstudio.com（図1.1）の「Community 2015のダウンロード」リンク先からダウンロードが可能です。

図1.1　www.visualstudio.comの画面例（2016年5月現在）

他にも、URL http://www.microsoft.com のサイト内検索フォームで「Visual Studio Community」と入力して表示されたページの「ダウンロード」リンク先からも入手できます。その場合複数の候補が表示されるので、特に理由がない限り、最もバージョン番号が高いものを探してダウンロードしましょう。

たとえば、2016年5月現在で表示されるものでは、図1.2の「Microsoft Visual Studio Community 2015」が最新です。

図1.2 Visual Studio ダウンロード一覧の画面例

002 コマンドラインツールを利用したい

コマンドライン

関連	003 .NET Framework、C#、Visual Studio の各バージョンの関係を知りたい P.007
	009 コマンドラインでアプリケーションをコンパイルしたい P.017

利用例	コマンドラインを利用して実行ファイルを作成する

必要な環境設定

C#コンパイラをはじめとした.NET Frameworkのコマンドラインツールは、Windowsにインストールされた.NET Frameworkに含まれています。

.NET Frameworkは、C:¥Windows¥Microsoft.NETディレクトリにプラットフォーム別に配置されます。各プラットフォームのディレクトリ内にはバージョン単位に配置されています（図1.3）。

図1.3 Microsoft.NETディレクトリの構造

```
C:¥Windows¥Microsoft.NET
    ├─ assembly        …… アセンブリキャッシュ格納ディレクトリ
    ├─ authman         …… 認証マネージャー用ディレクトリ
    ├─ Framework       …… 32ビットプラットフォーム用ディレクトリ
    │    ├─ 1041          …… 日本語リソース用（実際には使われていない）
    │    ├─ v1.0.3705     …… バージョン1.0構成
    │    ├─ v1.1.4322     …… バージョン1.1構成
    │    ├─ v2.0.50727    …… バージョン2.0（フルセット）
    │    ├─ v3.0          …… バージョン3.0追加モジュール
    │    ├─ v3.5          …… バージョン3.5（フルセット）
    │    └─ v4.0.30319    …… バージョン4.0～4.6（フルセット）(注)
    └─ Framework64     …… 64ビットプラットフォーム用ディレクトリ
         ├─ 1041          …… 日本語リソース用（実際には使われていない）
         ├─ v2.0.50727    …… バージョン2.0（フルセット）
         ├─ v3.0          …… バージョン3.0追加モジュール
         ├─ v3.5          …… バージョン3.5（フルセット）
         └─ v4.0.30319    …… バージョン4.0～4.6（フルセット）(注)
```

(注) v4.0.30319ディレクトリは、.NET Frameworkの更新やOSの違いにより、4.0～4.6のいずれかのバージョンが配置されます。レシピ003参照。

したがって、コマンドラインツールを使うには、図1.3のディレクトリのうち（フルセット）と書いたディレクトリのいずれかをPATH環境変数に設定します。

●64ビット.NET Framework4.0を利用するための設定例

```
set PATH=C:\Windows\Microsoft.NET\Framework64\V4.0.30319;%PATH%
```

> **NOTE**
>
> **Windows 10の場合**
>
> Windows 10にインストールされている.NET Framework 4.6に付属するC#コンパイラcsc.exeはC#5相当です。このため、Windows 10で、C:\Windows\Microsoft.NET\Framework64\v4.0.30319\csc.exeを実行するとC#5相当であるという警告が表示されます。Windows 10でC#6を利用する場合は、Visual Studio 2015を入手してください。
>
> なお、今後の.NET Frameworkのバージョンアップなどによって C#コンパイラが更新される可能性もあります。

COLUMN　NuGetを利用したC#コンパイラ入手方法

.NET Framework用のパッケージマネージャーのNuGetを利用して最新のC#コンパイラを入手するには以下の手順を取ります。

最初に URL https://docs.nuget.org/consume/installing-nuget からNuGetをダウンロード／インストールします。

次にコマンドプロンプトで、

```
nuget install Microsoft.Net.Compilers
```

を実行すると、カレントディレクトリにMicrosoft.Net.Compilers.（バージョン番号）ディレクトリが作成されます。このディレクトリ下のtoolsディレクトリにC#およびVBコンパイラがインストールされるので、PATH環境変数に設定します。

なお、Visual Studio 2015には、NuGetが付属しています。ツールメニューから［NuGetパッケージマネージャー］→［パッケージマネージャーコンソール］を利用してNuGetを実行できます。

主なコマンドラインツール

主なコマンドラインツールを表1.1に示します。

表1.1　主なコマンドラインツール

ファイル名	説明
csc.exe	C#コンパイラ
ilasm.exe	中間言語コンパイラ
jsc.exe	JScriptコンパイラ
MSBuild.exe	ソリューション/プロジェクトベースコンパイラ
ngen.exe	ネイティブEXE変換ツール
RegAsm.exe	COM登録ツール
vbc.exe	VBコンパイラ
InstallUtil.exe	サービス登録ツール

　Visual Studioをインストールした場合は、スタートメニューから［開発者コマンドプロンプト］（図1.4）を実行してください。最新版のコマンドラインツールが利用できるコマンドプロンプトが開きます。

図1.4　スタートメニューでの「開発者コマンドプロンプト」の表示例

003 .NET Framework、C#、Visual Studioの各バージョンの関係を知りたい

Visual Studio | コマンドライン

関連	001 IDEを入手したい P.002 002 コマンドラインツールを利用したい P.004
利用例	特定OSで実行するプログラムを開発する

Windows、.NET Framework、Visual Studioはリリース時期がそれぞれ微妙に異なるため、表1.2で示すように複雑な関係を持ちます。

表1.2 .NET Framework、Visual Studio、C#、Windows、Windows Serverの関係

.NET Framework	Visual Studio	C#	Windows	Windows Server
2.0	2005	2	ALL	2008
3.0			Vista	2008
3.5	2008	3	7,8,10	2008
4	2010	4		
4.5			8	2012
4.5.1	2012	5	8.1	2012R2
4.5.2	2013			
4.6	2015	6	10	

なお4～4.6はバージョンアップによって置き換えられるため、実質1バージョンと考えて良い

たとえば、(追加で.NET Frameworkをインストールしていない) Windows 7用にプログラムを開発するのであれば、表1.2から.NET Framework 2.0～3.5のいずれかを選択する必要があることがわかります。また、Windows 8以降であれば、.NET Framework 4～4.6のいずれを選択しても実行できます。

表1.3にC#の各バージョンの特徴を示します。

表1.3 C#に追加された主な機能

C#	機能
2	匿名メソッド、ジェネリック、null許容型、staticクラス、yield
3	初期化子、ラムダ式、拡張メソッド、匿名型、自動実装プロパティ、LINQ、var宣言
4	dynamic型、名前付き引数、省略可能引数
5	async/await
6	nameof、補間文字列、null条件演算子、初期化子拡張、例外フィルター、自動実装プロパティ初期化子、using static

004 コンソールアプリケーションを作りたい

Main

関連	005 コマンドライン引数を利用したい　P.010
	006 アプリケーションから終了コードを返したい　P.012

利用例	コンソールアプリケーションを開発する

コンソールアプリケーションに必要なもの

　コンソールアプリケーションに最低限必要なのは、1つのクラスと1つのメソッドです。クラスのアクセス指定は無指定かまたはpublicにします。無指定の場合はinternalを指定したことになります。

　メソッドとしては、static intまたはvoid型のMainメソッドを定義します。パラメーターリストは、コマンドライン引数の要不要によってstring[]にするか省略するかを選びます。メソッドの型をvoidとした場合、プロセスの終了コードは0となります。

●Sample004.cs：コンソール入出力プログラム

```csharp
using System;       // Consoleクラスのネームスペース
class ConsoleApp    // 無指定のclassはinternalとなる
{
    // 起動後に実行されるメソッド
    static void Main()
    {
        // ConsoleクラスのWriteLineメソッドで1行表示
        Console.WriteLine("Who are you?");
        // ConsoleクラスのReadLineメソッドで1行入力
        var name = Console.ReadLine();
        Console.WriteLine("Hello " + name + "!");
    }
}
```

　C#はクラス名とファイル名には関連を持たないため、ファイル名とクラス名は異なっても構いません。

1.2 アプリケーションのひな形

●実行例

```
C:¥>Sample004.exe
Who are you?
シーシャープ   ←[Enter]キーを押すまでが入力対象となる
Hello シーシャープ！

C:¥>
```

MEMO

005 コマンドライン引数を利用したい

コマンドライン引数

関　連	004　コンソールアプリケーションを作りたい　P.008
利用例	コマンドライン引数を取るアプリケーションを開発する

コマンドライン引数の取得方法

コマンドライン引数は、Mainメソッドに文字列配列で与えられます。

●Sample005.cs：コマンドライン引数を表示するプログラム

```
using System;
class CommandLineArgs
{
    static void Main(string[] args)
    {
        if (args.Length == 0)
        {
            Console.WriteLine("引数はありません。");
        }
        else if (args.Length == 1)
        {
            Console.WriteLine("引数は" + args[0] + "です。");
        }
        else if (args.Length == 2)
        {
            Console.WriteLine("引数は" + args[0] + "と" + args[1] + "です。");
        }
        else
        {
            Console.WriteLine("引数はたくさんあります。");
        }
    }
}
```

●実行例

```
C:¥>Sample005.exe
引数はありません。

C:¥>Sample005.exe 山 川    ←引数の区切りは空白
引数は山と川です。

C:¥>Sample005.exe "山 川"   ←「"」で囲むと引数に空白を含められる
引数は山 川です。            「"」は引数には含まれない

C:¥>Sample005.exe ¥"山 川"  ←「¥」を付けた「"」は引数に含まれる
引数は"山と川です。           末尾の単独の「"」は無視される

C:>>Sample005.exe "" 12    ←「""」で空文字列を与えることができる
引数はと12です。
```

006 アプリケーションから終了コードを返したい

終了コード

関連	004 コンソールアプリケーションを作りたい　P.008
	275 アプリケーションを実行して終了を監視したい　P.438

利用例	バッチファイルや起動したプログラムに終了コードで処理の成否を示す

終了コードを返す方法

アプリケーションから終了コードを返すには、以下の方法があります。

- Mainメソッドをint型と定義して返り値を終了コードとする
- Environment.Exitメソッドを呼び出して終了コードを与える

●Sample006.cs：終了コードを設定するプログラム

```
static int Main(string[] args)
{
    if (args.Length == 0) // コマンドライン引数が0なら終了コードを2とする
    {
        Environment.Exit(2);
        Console.WriteLine("ここには来ない");
    }
    return 12345678;
}
```

アプリケーションの終了コードは、ERRORLEVEL環境変数に設定されます。

●実行例

```
C:¥>Sample006.exe         ←Environment.Exitを呼ぶとその時点で終了する
C:>echo %ERRORLEVEL%      ←終了コードの表示
2

C:¥>Sample006.exe 1

C:>echo %ERRORLEVEL%
12345678
```

通常、正常終了を示す終了コードには0を使います。
　ただし レシピ004 で示したように、C#のプログラムは終了コードを明示しない場合も0を返します。このため、システム規約で正常に終了した場合には特異な値（たとえば200）を返すと決めて、正常終了時にはその値を返すように設計することもあります。

007 Windows Formsアプリケーションを作りたい

Windows Forms | Controls

関連	—
利用例	ウィンドウを持つアプリケーションを開発する

Windows Forms

ウィンドウを持つアプリケーションを作成するには、Windows Formsを利用します。その場合、System.Windows.Formsネームスペースのクラスを使います。

特に重要なクラスは、ApplicationクラスとFormクラスです。

ApplicationクラスはWindowsメッセージを処理します。Formクラスはウィンドウの基底クラスとして利用します。

ウィンドウはFormクラスを継承して作成します。

ビジュアルエディターを使用しないでコントロールを配置する

単純なWindows Formsアプリケーションを開発するには、Visual Studioのビジュアルエディターを利用するのが最も簡単な方法です。

しかし、多数のコントロールを配置するフォームの開発に、ビジュアルエディターのマウス操作を利用するのは効率的ではありません。下のコードで示すように、計算で求めたSizeとLocationプロパティを各コントロールへ設定し、Form.ControlsにAddすることで正確にフォームを作成できます（図1.5）。

●Sample007.cs：クリックによって終了するボタンを持つフォーム

```
using System;
using System.Drawing; // Point、Sizeなどのグラフィック要素のネームスペース
using System.Windows.Forms;
// Formを継承したクラスを用意する
class SampleForm : Form
{
    Button button;
    internal SampleForm()
    {
        // Form.Textはタイトルバーに表示される文字列
        Text = "Windows Forms App Sample";
```

```csharp
        button = new Button();
        button.Text = "Exit";
        // コントロールのLocationプロパティはフォーム上の位置を示す
        button.Location = new Point(ClientSize.Width / 4, ClientSize.Height / 4);
        // コントロールのSizeプロパティにはコントロールの横と縦のピクセル数を設定する
        button.Size = new Size(ClientSize.Width / 2, ClientSize.Height / 2);
        // ボタンクリックでForm.Closeを呼び出す
        button.Click += (sender, e) => Close();
        // Formが管理するコントロールコレクションにボタンを追加する
        Controls.Add(button);
    }

    // キューを持つスレッドがWindowsメッセージを処理するように設定する
    [STAThread]
    static void Main()
    {
        // Windows XP以降のWindowsスタイルを利用する
        Application.EnableVisualStyles();
        // .NET Framework 2.0以降の高速化を適用する
        Application.SetCompatibleTextRenderingDefault(true);
        // Application.Runを呼び出してWindowsメッセージ処理を行う
        // Runメソッドの引数はForm派生クラスのインスタンス
        Application.Run(new SampleForm());
    }
}
```

図1.5 実行画面の例

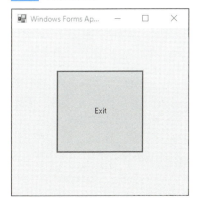

008 ライブラリを作りたい

ライブラリ

関連	002	コマンドラインツールを利用したい	P.004
	011	コマンドラインでライブラリを参照するアプリケーションをコンパイルしたい	P.020
	016	ネームスペースを宣言したい	P.030
	138	読み取り専用自動実装プロパティに初期値を設定したい	P.203
	164	省略可能な引数を持つメソッドを作成したい	P.247
	165	同じ名前のメソッドを作成したい	P.248

利用例	複数のアセンブリが共通で利用するクラスを作成する

クラスライブラリ

.NET Frameworkではpublic指定したクラスをDLLにすることで容易にクラスライブラリを作成できます。

このとき、他のアセンブリが参照するメソッドやプロパティはpublic指定します。

●Sample008.cs：アクセス指定により他のアセンブリからの呼び出しを制御する

```csharp
// 他のアセンブリが直接参照できるクラス
public class LibClass
{
    // 他のアセンブリから参照できないフィールド
    int myValue = 32;
    // 他のアセンブリから呼び出せるメソッド
    public int Calc(int x)
    {
        return PrivateCalc(x + myValue);
    }
    // 他のアセンブリから呼び出せないメソッド
    int PrivateCalc(int n)
    {
        return n * 128;
    }
}
```

汎用のクラスライブラリを開発するときは、クラス名の衝突を避けるためにネームスペースを設定します レシピ016 。

なお、C#はメソッドを持てるのはクラスまたは構造体となるため、作成するライブラリは必ずクラスライブラリとなります。ただし、拡張メソッド レシピ164 やusing static レシピ165 とstaticクラス レシピ138 などを組み合わせることで、クラスを意識せずに利用できるライブラリを作成することも可能です。

009 コマンドラインでアプリケーションをコンパイルしたい

コマンドライン | コンパイル | csc.exe

関連	002 コマンドラインツールを利用したい　P.004
	014 コンパイル時にソースコードの有効無効を切り替えたい　P.025
利用例	コマンドラインを利用してソースファイルをコンパイルする

C#コンパイラ「csc.exe」

コマンドラインでC#プログラムをコンパイルするには、csc.exeを利用します。csc.exeは、Microsoft.NETディレクトリをPATHに含めたり レシピ002、Visual Studioの「開発者コマンドプロンプト」を起動したりすることで実行できます。

レシピ004 のサンプルのような単一のソースファイルをコンパイルする場合、ソースファイルのパス名をcsc.exeのコマンドライン引数に与えます。

● 実行例

```
C:¥Documents>csc src¥Sample004.cs    ←ソースファイルは相対パスまたは絶対パスで指定する
Microsoft (R) Visual C# Compiler バージョン 1.0.0.50618
Copyright (C) Microsoft Corporation. All rights reserved.
                                     ←コンパイルエラーにならなければ何も出力されない

C:¥Documents>dir Sample004.exe    ←既定ではソースファイルと同名のexeが
   ドライブ C のボリューム ラベル……      カレントディレクトリに作成される
   ボリューム シリアル番号は……
   ……
2015/11/23  18:13            4,096 Sample004.exe
                1 個のファイル          4,096 バイト
```

csc.exeのオプション

表1.4に特に重要なcsc.exeのオプションを示します。

表1.4 csc.exeのオプション（一部）

オプション	内容
/out:名前	出力ファイル名を拡張子付きで指定する。省略時はソースファイル名の拡張子をexeに変えたもの
/debug:full	最大のデバッグ情報を付加する

表1.4次ページへ続く

表1.4の続き

オプション	内容
/codepage:ページ番号	ソースファイルのコードページを指定する。省略時はUTF-8、ユニコードまたはWindowsの言語設定（日本語Windowsであれば932）を自動判別する
/platform:プラットフォーム名	実行プラットフォーム名を指定する。省略時はanycpu（プラットフォーム非依存）。32ビットインテル／AMDプラットフォーム専用であればx86、64ビットインテル／AMDプラットフォーム専用であればx64を指定する
/define:シンボル名	シンボル名を定義する。詳細については レシピ014 を参照。/dと省略可能
/reference:ライブラリ名	参照するライブラリを指定する。詳細については レシピ011 を参照。/rと省略可能
/help	コマンドラインオプションのヘルプを表示する。/?と省略可能

　/debug:fullの有無は、デバッガー接続時の情報と例外のスタック情報に影響します。特に例外のスタック情報は障害発生時の最も重要なデータとなるため、特にファイルサイズを抑制したい、あるいはバイナリの逆アセンブル情報を減らしたいといった事情がない限り、/debug:fullを設定すべきです。

●既定のスタック情報

```
(省略)
　　場所 System.IO.FileInfo.OpenText()
　　場所 Fs.Main()　←FsクラスのMainメソッドで例外発生
```

●/debug:full時のスタック情報

```
(省略)
　　場所 System.IO.FileInfo.OpenText()
　　場所 Fs.Main() 場所 C:\Documents\CSRecipi\fs.cs:行 8　←元のソースファイルの行番号も出力
```

　/codepageオプションは通常であれば指定は不要です。ただしコンソール環境によってはCP932（いわゆるシフトJIS）を認識しないことがあるので、その場合は、/codepage:932を指定してください。一番良いのはUTF-8を利用してソースファイルを作成することです。

　/platformオプションも通常は不要なオプションです。ただし実行時に32ビットCOMコンポーネントをロードするアプリケーションをコンパイルするときは、確実にアプリケーションが32ビットで実行されるように/platform:x86を指定してください。

010 コマンドラインでライブラリをコンパイルしたい

コマンドライン | コンパイル | ライブラリ | csc.exe

関連	002 コマンドラインツールを利用したい P.004
	009 コマンドラインでアプリケーションをコンパイルしたい P.017

利用例	コマンドラインを利用してライブラリをコンパイルする

コマンドライン引数「/target:library」

ライブラリをコンパイルするには、csc.exeのコマンドライン引数に「/target:library」オプションを追加します。

● 実行例

```
C:\Documents>csc /target:library src\Sample008.cs    ← ソースファイルと/target:
Microsoft (R) Visual C# Compiler バージョン ……         libraryオプションを指定する
Copyright (C) Microsoft Corporation. All rights reserved.
                                             ← コンパイルエラーにならなければ何も出力されない

C:\Documents>dir Sample008.dll    ← 既定ではソースファイルと同名のdllが
 ドライブ C のボリューム ラベル……     実行ディレクトリに作成される
 ボリューム シリアル番号は……

2015/11/23  18:22           3,072 Sample008.dll
               1 個のファイル          3,072 バイト
```

011 コマンドラインでライブラリを参照するアプリケーションをコンパイルしたい

コマンドライン | コンパイル | ライブラリ

関連	002 コマンドラインツールを利用したい P.004
	009 コマンドラインでアプリケーションをコンパイルしたい P.017
	010 コマンドラインでライブラリをコンパイルしたい P.019

利用例	.NET Framework標準ライブラリ以外とリンクするアプリケーションをコンパイルする

▍コマンドライン引数「/reference:」

　C#で開発したライブラリを利用するプログラムをコンパイルするには、csc.exeにオプション「/reference:」(または省略形/r:)で参照するDLLのパス名を指定します。
　レシピ008 で示したSample008を利用するプログラムをコマンドラインでコンパイルする例を示します。Sample008はあらかじめ レシピ010 で示した方法でカレントディレクトリにSample008.dllというファイル名でコンパイルされているものとします。

●Sample011.cs：SampleLibを利用するアプリケーション

```csharp
using System;
class UseSampleLib
{
    static void Main()
    {
        var lib = new LibClass();
        Console.WriteLine(lib.Calc(2));  // => (2 + 32) * 128 = 4352
    }
}
```

●実行例

```
C:\Documents>csc /reference:Sample008.dll src\Sample011.cs   ←ソースファイルと/reference:オプションでDLLを指定する
Microsoft (R) Visual C# Compiler バージョン ……
Copyright (C) Microsoft Corporation. All rights reserved.
                                                             ←コンパイルエラーにならなければ何も出力されない
X:\Documents\My Dropbox\work\CSRecipi>Sample011.exe
4352
```

　複数のDLLを参照する場合は、パス名を「;」で区切ります。

例) `/refernece:lib\ClassLib1.dll;lib\ClassLib2.dll`   ←「;」で区切ってパス名を並べる

012 ASPXを作成したい

ASP.NET

関　連	—
利用例	簡易なASP.NETアプリケーションを作成する

ASPXによるWebアプリケーション

　コードビハインドを伴わない単体のASPXによるWebアプリケーションは、設計と保守の両面からあまり好まれません。しかしアプリケーション化したIISのディレクトリ上にテキストファイルを配置するだけですぐに実行できるなど、簡便なプログラム実行環境としては便利なものです。

●**Sample012.aspx**：ルートディレクトリの実パス名と現在のユーザーの認証情報を表示するASPX

```
<!-- Pageディレクティブでプログラミング言語を指定する -->
<%@ Page Language="C#" Debug="true" %>
<!-- ネームスペースの取り込みには、Importディレクティブを利用する -->
<%@ Import namespace="System.Security.Principal" %>
<%@ Import namespace="System.Web.Hosting" %>
<!DOCTYPE html>
<html>
    <meta charset="utf-8">
    <div>
        <%-- この中はプログラム上のコメントとなり、ASPXのディレクティブを記述しても無視される --%>
        <%-- <%= %>は、内部に記述したオブジェクトのToString()呼び出し結果で置き換わる --%>
        RealPath: <%= HostingEnvironment.ApplicationPhysicalPath%>
    </div>
    <div>
        <%-- <%から%>まではC#のコードを配置できる。
             この範囲の記述はHTMLへは出力されないが、定義した変数は後続の<%= %>で参照できる --%>
        <%
            var identity = User.Identity as WindowsIdentity;
        %>
        ImpersonationLevel: <%= identity.ImpersonationLevel %>
        <br/>
        AuthenticationType: <%= identity.AuthenticationType %>
```

```
        <br/>
            IsAnonymous <%= identity.IsAnonymous %>
        <br/>
            IsGuest: <%= identity.IsGuest %>
        <br/>
            User: <%= identity.Name %>
    </div>
</html>
```

　ASPX内で利用できるコメントにはHTMLのコメント<!-- -->とASPXの<%---->があります。前者はHTMLとしてクライアントへ送信されるのに対して、後者はサーバー側で処理されて結果のHTMLへは出力されません。前者のHTMLコメント内にASPXの特殊なタグを記述するとASP.NETによる処理対象となります。

　上に示したように、ASPXの特殊なタグをコメントへ含める場合はASPXのコメントタグを利用する必要があります。

MEMO

013 コマンドラインでVisual Studioのソリューションをビルドしたい

Visual Studio | MSBuild

関連	001 IDEを入手したい P.002
	002 コマンドラインツールを利用したい P.004
利用例	CIツールなどでVisual Studio用ソリューションやプロジェクトをビルドする

ビルドツール「MSBuild.exe」

MSBuild.exeは、Visual Studioが生成するソリューションファイル（拡張子.sln）や、C#プロジェクトファイル（拡張子.csproj）をコマンドラインでビルドするツールです。

利用方法は、SLNファイルやCSPROJファイルが存在するディレクトリで、MSBuild.exeを実行します。SLNファイルがある場合は、ソリューションを構成する各プロジェクトファイルをビルドします。

MSBuildのオプション

MSBuildの主なオプションを表1.5に示します。

表1.5 MSBuildの主なオプション

オプション	内容
/p:名前=値	プロパティを設定する。複数設定する場合は「,」で区切る
/t:ターゲット名	ターゲットを設定する

プロパティは、CSPROJファイル（内容はXMLです）のPropertyGroup要素の属性や各要素名に対応する値を選択します。

●CSPROJファイルのリリース構成のPropertyGroup要素（Visual Studio 2015による生成例）

```
<PropertyGroup Condition=" '$(Configuration)|$(Platform)' == 'Release|AnyCPU' ">
    <PlatformTarget>AnyCPU</PlatformTarget>
    <DebugType>pdbonly</DebugType>
    <Optimize>true</Optimize>
    <OutputPath>bin\Release\</OutputPath>
    <DefineConstants>TRACE</DefineConstants>
    <ErrorReport>prompt</ErrorReport>
    <WarningLevel>4</WarningLevel>
</PropertyGroup>
```

リリース構成を実行し、かつ既定のTRACEの他にDEBUGを定義する場合のコマンドラインは以下となります。

●TRACEとDEBUGに定義してビルドを実行する
```
MSBuild /p:Configuration=Release,DefineConstants="TRACE,DEBUG"
```

この例ではプロパティ名の区切りに「,」を利用しているため、DefineConstantsプロパティに与えるシンボル定義のTRACEとDEBUGの区切りの「,」を正しく処理させるために「"」で囲みます。

リリース構成で、プラットフォームターゲットをAnyCPUからx86に変えてリビルドする場合は、PlatformTargetプロパティにx86を、/t:オプションでRebuildターゲットをそれぞれ指定します。

●プラットフォームターゲットをx86にしてリビルドする
```
MSBuild /p:Configuration=Release,PlatformTarget=x86 /t:Rebuild
```

表1.6に主なターゲットを示します。

表1.6　主なターゲット

ターゲット名	内容
Build	ソリューション（プロジェクト）をビルドする
Rebuild	ソリューション（プロジェクト）をリビルドする
Clean	ソリューション（プロジェクト）をクリーンアップする
Publish	ソリューション（プロジェクト）を発行する

014 コンパイル時にソースコードの有効無効を切り替えたい

#define | #if

関連	—
利用例	デバッグ用コードを製品コンパイル時に無効にする

#if～#endifディレクティブを利用する

コンパイル時にコードの有効無効を切り替えるには、#if～#endifディレクティブを利用します。

#ifディレクティブはコンパイル時またはソースコード上の#defineによって定義されたシンボルの有無を判定します。有効範囲は対応するネスト範囲の#else、#elif、#endifディレクティブまでです。

●Sample014.cs：#ifでコードの有効無効を切り替えるプログラム

```
#define DEF3        // DEF3の定義 (#defineはファイルの先頭で行う)
using System;
class ChangeCode
{
#if DEF3            // 先頭でDEF3が定義されているためMainメソッドが定義される
    static void Main()
#else               // DEF3が未定義ならば次の行がコンパイルされる
    static void LocalMain()
#endif              // 条件判断の終了
    {
#if DEF0            // DEF0が定義されていれば有効
        Console.WriteLine("DEF0 is defined");
#elif DEF1          // DEF1が定義されていれば有効
        Console.WriteLine("DEF1 is defined");
#else               // DEF0、DEF1のいずれも定義されていなければ有効
        Console.WriteLine("No definitions");
#endif              // 条件判断の終了
#if DEF0 && DEF1    // DEF0とDEF1の両方が定義されていれば有効
        Console.WriteLine("DEF0 and DEF1 are defined");
#endif              // 条件判断の終了
    }
}
```

13行目の#elifは、以下の記述と同様です。#elifを利用しないと#ifがネストするため、コードが煩雑になります。

●#elifを利用せずに書いた例。#ifがネストしている

```
#else                    // 元の13行目の#elifを#elseに変更
  #if DEF1
        Console.WriteLine("DEF1 is defined");
  #else
        Console.WriteLine("No definitions");
  #endif                 // 14行目の#ifの終了
#endif                   // 11行目の#ifの終了
```

#ifによる有効無効の制御はコンパイル時なので、無効とされたコードはコンパイル後のアプリケーションには含まれません。

●実行例

```
c:¥Documents>csc Sample014.cs
Microsoft (R) Visual C# Compiler バージョン 1.0.0.50618
Copyright (C) Microsoft Corporation. All rights reserved.

c:¥Documents>Sample014.exe
No definitions

c:¥Documents>csc /d:DEF1 src¥Sample014.cs
（省略）
c:¥Documents>Sample014.exe
DEF1 is defined

c:¥Documents>csc /d:DEF0,DEF1 src¥Sample014.cs    ← 複数のシンボルを定義する場合は
（省略）                                              「,」で区切る
c:¥Documents>Sample014.exe
DEF0 is defined
DEF0 and DEF1 are defined
```

015 特定の警告を無効にしたい

#pragma warning

関　連	—
利用例	意図的なコードに対するコンパイル時の警告を表示しない

コンパイル時の警告の表示／非表示を切り替える

　設計の必要上、本来は望ましくない書き方をしているため、コンパイル時に警告が表示されることがあります。このような警告を放置すると、チェックすべき警告が埋もれてしまいます。

　そこで#pragma warningを利用して、コンパイル時の警告の表示／非表示を切り替えることができます。

●Sample015.cs：#pragma warningの使用例

```
using System;
using System.Reflection;
class RemoveWarning
{
#pragma warning disable 0414      // 警告0414を無効にする
    string hello = "Hello";        // 警告されない
#pragma warning restore 0414      // 警告0414を有効にする
    string warning = "warning";    // 警告される
    static void Main()
    {
        var x = new RemoveWarning();
        Console.WriteLine(typeof(RemoveWarning)
          .GetField("warning", BindingFlags.NonPublic | BindingFlags.Instance)
          .GetValue(x));
    }
}
```

●**実行例**

```
c:¥Documents>csc src¥Sample015.cs
(省略)
src¥Sample015.cs(8,12): warning CS0414: フィールド 'RemoveWarning.warning' が割
り当てられていますが、値は使用されていません。

c:¥Documents>Sample015.exe
warning
```

　disableおよびrestoreに指定するのは警告コードの番号部分（実行例にある「warning CS0414」の「0414」の部分）です。
　複数の警告を指定する場合は、番号を「,」で区切って並べます。

MEMO

PROGRAMMER'S RECIPE

第 02 章

ネームスペースとアセンブリ

本章では、主にC#プログラムの実行ファイル（アセンブリ）に関するレシピを取り上げます。

016 ネームスペースを宣言したい

namespace	
関連	―
利用例	プロジェクト固有のネームスペースをアセンブリに設定する

ネームスペースとは

ネームスペースは、クラスや構造体の上位に共通の名前を置いて他のネームスペースのクラスや構造体と分離するための仕組みで、「.」を使って名前を区切ることで階層化できます。

ネームスペースの付け方

推奨されるネームスペースの付け方は、会社名.部署名.プロジェクト名や、会社名.製品名など、トップレベルに固有名詞を置くことです。典型例として、Microsoft.CSharpや、Microsoft.VisualBasicがあります。

なお、Systemは.NET Framework用なので、使ってもエラーにはなりませんが利用は控えたほうがよいでしょう。

●**Sample016.cs**：ネームスペースを宣言したプログラム

```
namespace Shoeisha   // namespace宣言で会社名のネームスペースを宣言
{
    namespace CSharpRecipe    // 製品名のネームスペースを宣言
    {
        class Test
        {
            internal static void Hello()
            {
                System.Console.WriteLine("Hello from Test");
            }
        }
    }
}
// ネストしたネームスペースを「.」で結合して1文で宣言できる
namespace Shoeisha.CSharpRecipe
{
```

```csharp
        // ネームスペースが異なるのでSystem.Consoleと同じ名前を付けても問題ない
        class Console
        {
            static void Main()
            {
                // 他のネームスペースの同名クラスを利用する場合は
                // ネームスペース名で修飾する
                System.Console.WriteLine(typeof(System.Console));
                // ネームスペースを省略したクラス名は
                // 現在のネームスペース内のクラスとなる
                System.Console.WriteLine(typeof(Console));
                // Testは、同じShoeisha.CSharpRecipeネームスペースに
                // 属するので無修飾で参照可能
                Test.Hello();
            }
        }
}
```

●実行例

```
C:¥Documents>Sample016.exe
System.Console          ←typeofで取り出したクラス名は完全修飾名となる
Shoeisha.CSharpRecipe.Console   ←ネームスペースが異なるので異なるクラスであることがわかる
Hello from Test
```

017 クラス名からネームスペースを省略したい

using	
関連	―
利用例	利用するクラスのネームスペース名の記述を省略する

usingディレクティブ

　ネームスペースはクラスなどの型名の重複を防ぐ、同じカテゴリのクラスなどをまとめてドキュメントするなどの役割があります。しかし、常にネームスペース名で修飾したコードは、横に長くなって読みにくくなります。これを避けるため、利用する型が属するネームスペースをusingディレクティブで宣言することで、記述を省略できます。

●Sample017.cs：usingを利用するプログラム

```
using System;          // usingは慣習的にnamespace宣言の外側に配置する
using System.Threading; // 上でusing System;しているが、using Threadingとは記述で
                        // きない
namespace Shoeisha.CSharpRecipe
{
    class Using
    {
        static void Main()
        {
            // SystemをusingしているのでSystem.Consoleと記述する必要はない
            Console.WriteLine("hello");
            // System.Threadingをusingしているので
            // System.Threading.Threadと記述する必要はない
            Thread.Sleep(100);
        }
    }
}
```

　上のソースコードでは、System.ConsoleをConsoleと書くためにusing Systemを、System.Threading.ThreadをThreadと書くためにusing System.Threadingをそれぞれ宣言しています。

　なお、usingで指定したネームスペースの内側にあるネームスペースからクラス名を記述することはできません。たとえば、using SystemをしているのでSystem.Threading.ThreadクラスのSystemを省略して、Threading.Threadと書くと名前解決ができずにコンパイルエラーとなります。

018 構成ファイルの情報を利用したい

EXE.CONFIGファイル | ConfigurationManager | AppSettings

関連	019 構成ファイルにユーザー設定を保存/取得したい　P.034
利用例	デプロイ時に決定する設定値を参照する

EXE.CONFIGファイル

　デプロイ時に設定する構成情報は、アプリケーションと同一ディレクトリに配置する「アプリケーション名.exe.config」ファイルのappSettingsに記述します。

　appSettingsに記述した内容は、System.Configuration.ConfigurationManagerのAppSettingsプロパティを使って参照します。

●Sample018.exe.config：構成ファイル（UTF-8で記述する）

```
<?xml version="1.0"?>
<configuration>
    <appSettings>
        <add key="hello" value="こんにちは"/>
    </appSettings>
</configuration>
```

●Sample018.cs：構成ファイルのappSettingsに設定した値を読むプログラム

```
using System;
using System.Configuration;
class AppSetting
{
    static void Main()
    {
        // ConfigurationManagerのAppSettingsプロパティからキーに応じた値を取得する
        var hello = ConfigurationManager.AppSettings["hello"];
        // 取得した値を表示する
        Console.WriteLine("key=hello, value=" + hello);
    }
}
```

●実行例

```
C:¥Documents>Sample018.exe
key=hello, value=こんにちは
```

019 構成ファイルにユーザー情報を保存/取得したい

EXE.CONFIGファイル | ConfigurationManager | ConfigurationSection

関　連	018　構成ファイルの情報を利用したい　P.033
利用例	実行時にユーザーが設定した情報を次回起動時用に保存する

ConfigurationSectionを使う

レシピ018 で利用したEXE.CONFIGファイルは、多くの場合インストール時にユーザーが書き込めないProgram Filesディレクトリ内に実行ファイルと共に格納されます。

最近利用したファイルや、ウィンドウ表示位置のようなユーザー固有の情報は、EXE.CONFIGファイルではなく、各ユーザーのローミングディレクトリに保存します。

ConfigurationSectionを継承するクラスを用意すると、ユーザー固有のセクションをユーザーのローミングディレクトリへ保存と参照ができます。

●Sample019.cs：ユーザー固有情報用のConfigurationSectionを使う

```csharp
using System;
using System.Configuration;
class UseUserSection
{
    // 構成セクション名（アプリケーション固有）
    const string UserSectionName = "UserSection";
    // ConfigurationSectionを継承するアプリケーション固有の構成セクションを定義する
    public class UserSection : ConfigurationSection
    {
        // ConfigurationProperty属性に、キー名と既定値を設定する
        [ConfigurationProperty("name", DefaultValue = "C#")]
        public string Name
        {
            get { return (string)this["name"]; }
            set { this["name"] = value; }
        }
        // キーに対応する値の型はアプリケーションで決められる
        [ConfigurationProperty("age", DefaultValue = 15)]
        public int Age
```

```csharp
        {
            get { return (int)this["age"]; }
            set { this["age"] = value; }
        }
    }
    static void Main()
    {
        // ユーザーのローミングディレクトリに配置した構成情報を取得する
        Configuration config = ConfigurationManager.OpenExeConfiguration(
                                    ConfigurationUserLevel.PerUserRoaming);
        // セクション名を与えて構成セクションを取り出す
        var section = config.GetSection(UserSectionName) as UserSection;
        // 初回起動時は構成情報は作られていないためnullが返る
        if (section == null)
        {
            // 構成情報のパス名はFilePathプロパティで参照可能
            // この時点では、このファイルは存在しない
            Console.WriteLine("no config: " + config.FilePath);
            // このアプリケーションで定義した構成セクションを作成する
            section = new UserSection();
            // ユーザーのローミングディレクトリに配置することを指定する
            section.SectionInformation.AllowExeDefinition
                = ConfigurationAllowExeDefinition.MachineToRoamingUser;
            // 構成セクションに値を設定する
            section.Name = "Hello World!";
            // 構成情報の構成セクションコレクションに追加する
            config.Sections.Add(UserSectionName, section);
            // 構成情報を保存する。FilePathプロパティで示されるファイルが作成される
            config.Save();
        }
        else
        {
            // 2回目以降は構成情報が作成されているので読み取り可能
            // 初回に設定した"Hello World!"が取得される
            Console.WriteLine(section.Name);
            // 設定していないので、ConfigurationProperty属性で指定した
            // 既定値の15が取得される
            Console.WriteLine(section.Age);
            if (section.Age != 16)
            {
                section.Age = 16;    // 3回目の起動時には16が取得できるようにする
                config.Save();       // 新たな設定値を書き戻す
            }
```

```
        }
    }
}
```

●実行例

```
C:¥Documents>Sample019.exe
no config: C:¥Users¥anonymous¥AppData¥Roaming¥Use(略)kblp¥0.0.0.0¥user.config
```
← アセンブリバージョンをディレクトリに含むため、バージョンが変わるとファイルが変わる点に注意。構成情報はEXE.CONFIGファイルと同様にXMLとして保存される

```
C:¥Documents>Sample019.exe
Hello World!      ← 2回目の実行時には構成情報が作成されている
15
```

```
C:¥Documents>Sample019.exe
Hello World!
16   ← 3回目の実行時には2回目に設定した値が表示される
```

MEMO

020 実行中のプログラムをロードしたディレクトリを取得したい

Assembly | Location

関連	022 アセンブリに組み込まれたバージョン番号や著作権情報を取得したい　P.041
利用例	プログラムと同じディレクトリに配備されたデータファイルの位置を得る

Assembly.Locationプロパティを利用する

プログラム（アセンブリ）がロードされたディレクトリを得るには、実行中アセンブリのフルパス名を得るAssembly.Locationプロパティを利用します。

●Sample020.cs：実行中アセンブリのロード位置の取り出し

```
using System;
using System.IO;
using System.Reflection;
class GetProgramDirectory
{
    static void Main()
    {
        // アセンブリのロード時に利用したパス名をLocationプロパティで得る
        var location = Assembly.GetExecutingAssembly().Location;
        // ディレクトリを取り出すためにPathクラスのGetDirectoryNameを使う
        Console.WriteLine(Path.GetDirectoryName(location));
    }
}
```

021 アセンブリにバージョン番号や著作権情報を設定したい

| assembly | バージョン | カスタム属性 |

関　連	022 アセンブリに組み込まれたバージョン番号や著作権情報を取得したい　P.041
利 用 例	Explorerのプロパティの表示情報を設定する

アセンブリ情報を設定する

　Visual StudioでC#のプロジェクトを作成すると、アセンブリに埋め込むバージョン番号や著作権表示を容易に設定できます。具体的には、プロジェクトメニューから[（プロジェクト名）のプロパティ……] → [アプリケーション] → [アセンブリ情報] を押して表示されたダイアログの項目を設定します（図2.1）。

図2.1　アセンブリ情報の設定ダイアログ

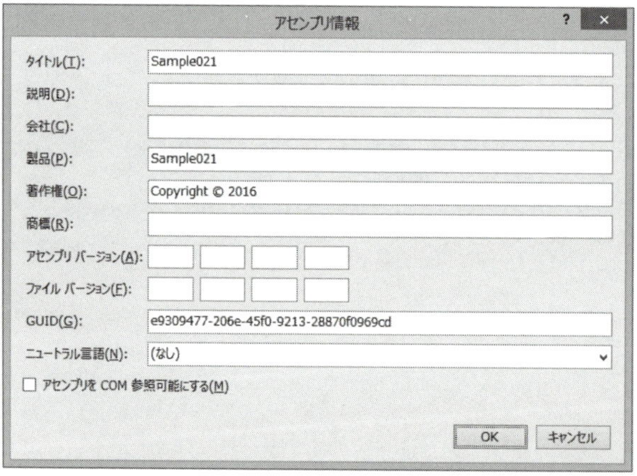

　ここで設定した情報は、ソリューションのPropertiesフォルダーに作成されるAssemblyInfo.csというファイルに埋め込まれます。

　Visual Studioを利用しないでこれらの情報を設定するには、assembly:を指定した各種のSystem.Reflection.Assembly（設定情報名）Attribute属性をソースファイルに埋め込みます。通常は、Mainメソッドを持つクラス宣言の直前に置けば良いでしょう。

●Sample021.cs：アセンブリ情報を属性で設定

```
using System;
using System.Reflection;
[assembly: AssemblyTitle("SetVersion")]  // assembly: を指定する
[assembly: AssemblyProduct("C#逆引きレシピ")]
// AssemblyFileVersionに「*」は利用できない
// AssemblyFileVersionを設定するとプロパティ表示上AssemblyVersionの設定は上書きされる
// [assembly: AssemblyFileVersion("1.0.1.8")]
// バージョンの4セグメント目を自動付番するには"1.0.1.*"のように「*」を記述する
[assembly: AssemblyVersion("1.0.1.18")]
[assembly: AssemblyCopyright("Copyright(c) 2016 ARTon")]
[assembly: AssemblyTrademark("逆引きレシピ")]
class SetVersion
{
    static void Main()
    {
        Console.WriteLine("Hello");
    }
}
```

コンパイルしてExplorerでプロパティを参照すると設定されたアセンブリ情報が確認できます（図2.2）。

図2.2　ビルドされたアプリケーションのプロパティ

COLUMN　バージョン番号の種類と付け方

　アセンブリはファイルバージョン（AssemblyFileVersion属性で設定）とバージョン（AssemblyVersion属性で設定）の2つのバージョンを持ち、それぞれ標準で4セグメント（3個の「.」で区切った4個の数値）から構成されます。AssemblyVersionはアセンブリのメタデータの.ver情報に直接埋め込まれアセンブリ名の一部となり、FileVersionはカスタム属性として設定されます。

　Explorerのプロパティ表示の「ファイルバージョン」と「製品バージョン」はFileVersion属性が設定されている場合、その値が表示されます。FileVersion属性が設定されていなければAssemblyVersionが表示されます。

　このため、アセンブリ名の一部であり、かつ自動付番が可能なAssemblyVersionのみを設定し、FileVersionは設定しないのが良いと筆者は考えます。

　MSDNのドキュメントでは、バージョン番号の4セグメントは、それぞれメジャーバージョン、マイナーバージョン、ビルド番号、リビジョンと説明されています。このうちメジャーバージョンとマイナーバージョンはCOM型情報の区別に用いられる重要な情報ですので、厳密に設定する必要があります。一方ビルド番号とリビジョンはあまり厳密な区別を持ちません。*を使って省略すると、ビルド番号は1日毎の増分、リビジョンは乱数となります。

　それよりも、筆者がお勧めするのはセマンティックバージョニングです。

URL http://semver.org/lang/ja

　セマンティックバージョニングでは3つの基本セグメント（メジャー、マイナー、パッチ）を使い、メジャーはAPIに互換性がない変更、マイナーは後方互換性があり機能を追加した変更、パッチは後方互換性を伴うバグの修正によってそれぞれ独立して1ずつ上げることを基本とします。

　この考え方のメジャーとマイナーの利用方法はCOMの型情報にも適合します。また、ビルド番号（パッチ）の上げ方として明解です。

　4セグメント目はビルド番号として「*」で乱数を使って区別するか、セマンティックバージョニングのプレリリースバージョンとして利用する（この場合、製品版をたとえば10で固定し、0～9をαバージョンからRCバージョンに適宜割り当てる）のが良いと思います。

022 アセンブリに組み込まれたバージョン番号や著作権情報を取得したい

assembly | バージョン | カスタム属性　　　.NET Framework 4.5

関　連	021　アセンブリにバージョン番号や著作権情報を設定したい　P.038
利用例	プログラムのアセンブリ情報をAbout表示に利用する

AssemblyName.Version、Assembly.CustomeAttributesを利用する

　アセンブリ名に設定されたバージョン（AssemblyVersion）とカスタム属性に設定された各種アセンブリ属性をプログラムの中で取り出して利用すると、Explorerのプロパティで表示されるものと同一の情報を得られます。

●Sample022.cs：アセンブリ情報の取得

```
using System;
using System.Linq;
using System.Reflection;
[assembly: AssemblyTitle("GetVersion")]
[assembly: AssemblyProduct("C#逆引きレシピ")]
[assembly: AssemblyFileVersion("1.0.1.12")]
[assembly: AssemblyVersion("1.0.0.8")]
[assembly: AssemblyCopyright("Copyright(c) 2016 ARTon")]
[assembly: AssemblyTrademark("逆引きレシピ")]
class GetVersion
{
    static void Main()
    {
        // Assembly.GetExecutingAssembly()で実行中のアセンブリを取得する
        var executingAssembly = Assembly.GetExecutingAssembly();
        // AssemblyVersionはアセンブリ名の構成要素なので名前を取得する
        AssemblyName name = executingAssembly.GetName();
        // AssemblyVersionはアセンブリ名のVersionプロパティで取得する
        Console.WriteLine("Version:" + name.Version);
        // その他のAssembly属性はCustomAttributesコレクションで得られる
        foreach (var ca in executingAssembly.CustomAttributes
                 // 属性名がAssemblyで始まる属性のみを抽出する
                 .Where(c => c.AttributeType.Name.IndexOf("Assembly") == 0)
                 .Select(c => new {
                     // 属性名から先頭のAssemblyと最後のAttributeを除く
                     Name = c.AttributeType.Name
```

```
                        .Replace("Assembly", string.Empty)
                        .Replace("Attribute", string.Empty),
                    // コンストラクターの引数の文字列を取得する
                    Value = c.ConstructorArguments[0]}))
    {
        // 抽出した名前と設定値を出力する
        Console.WriteLine(ca.Name + ':' + ca.Value);
    }
  }
}
```

●実行例

```
C:\Documents>Sample022.exe
Version:1.0.0.8
Title:"GetVersion"
Product:"C#逆引きレシピ"
FileVersion:"1.0.1.12"
Copyright:"Copyright(c) 2016 ARTon"
Trademark:"逆引きレシピ"
```

> **NOTE**
>
> **対応バージョン**
>
> 　カスタム属性を実行中のアセンブリから取得するためのCustomAttributesプロパティは.NET Framework 4.5以降のサポートです。

PROGRAMMER'S RECIPE

第 03 章

数値と日付

本章では主に数値と日付に関するレシピを取り上げます。

023 数値型の種類と最大値、最小値を知りたい

`数値` `int` `long` `double` `decimal`

関 連	027 列挙型 (enum) を作りたい P.051
利用例	プログラムで適切な桁数を持つ数値を利用する

数値型の最小値、最大値を知る

次のプログラムは、C#で利用できる数値型について、.NET Frameworkの構造体名、最小値、最大値を出力します。

●Sample023.cs：すべての数値型の名前と最小値、最大値を表示するプログラム

```
using System;
class AllNumeric
{
    class NumericType
    {
        internal string Name { get; set; } // C#キーワード
        internal Type Type { get; set; }   // .NET Frameworkの型情報
        public override string ToString()
        {
            // C#のキーワード名と.NET Frameworkの完全修飾構造体名
            return Name + " (" + Type.FullName + ") = "
                // 最小値
                + Type.GetField("MinValue").GetValue(null)
                + " ～ "
                // 最大値
                + Type.GetField("MaxValue").GetValue(null);
        }
    }
    static void Main()
    {
        NumericType[] numericTypes =
        {
            // 符号付8ビット整数
            new NumericType { Name = "sbyte", Type = typeof(sbyte) },
            // 8ビット整数
            new NumericType { Name = "byte", Type = typeof(byte) },
            // 16ビット整数
            new NumericType { Name = "short", Type = typeof(short) },
```

3.1 数値型の基本

```csharp
            // 符号なし16ビット整数
            new NumericType { Name = "ushort", Type = typeof(ushort) },
            // 32ビット整数
            new NumericType { Name = "int", Type = typeof(int) },
            // 符号なし32ビット整数
            new NumericType { Name = "uint", Type = typeof(uint) },
            // 64ビット整数
            new NumericType { Name = "long", Type = typeof(long) },
            // 符号なし64ビット整数
            new NumericType { Name = "ulong", Type = typeof(ulong) },
            // 32ビット浮動小数点数
            new NumericType { Name = "float", Type = typeof(float) },
            // 64ビット浮動小数点数
            new NumericType { Name = "double", Type = typeof(double) },
            // 128ビット固定小数点数
            new NumericType { Name = "decimal", Type = typeof(decimal) },
        };
        foreach (var numtype in numericTypes)
        {
            Console.WriteLine(numtype);
        }
    }
}
```

●実行例

```
C:\Documents>Sample023.exe
sbyte (System.SByte) = -128 ～ 127
byte (System.Byte) = 0 ～ 255
short (System.Int16) = -32768 ～ 32767
ushort (System.UInt16) = 0 ～ 65535
int (System.Int32) = -2147483648 ～ 2147483647
uint (System.UInt32) = 0 ～ 4294967295
long (System.Int64) = -9223372036854775808 ～ 9223372036854775807
ulong (System.UInt64) = 0 ～ 18446744073709551615
float (System.Single) = -3.402823E+38 ～ 3.402823E+38
double (System.Double) = -1.79769313486232E+308 ～ 1.79769313486232E+308
decimal (System.Decimal) = -79228162514264337593543950335 ～ 79228162514264337593543950335
```

COLUMN　C#の数値型

　C#の基本的な数値型は、Systemネームスペースの構造体で実現されています。このため、名前もC#のキーワードと、.NET Frameworkの構造体名の2種類を持ちます。型名としてどちらの名前を利用してもコンパイル結果などにはまったく影響がありません。どちらを使うかは好みの問題です。ただ、同じプログラム内でintと書いたりInt32と書いたりするような混在は避けるべきでしょう。筆者はC#プログラミングではC#のキーワードを使うべきと考えます。このため、本書ではC#のキーワードを利用しています。

　型の選択については以下が良いと筆者は考えます。

- 桁数が不明な金額についてはdecimalを利用する
- 単位がバイトのリソースや、要素数として100万以上を想定できるサイズについてはlongを利用する（例：ファイルサイズ、メモリサイズ）
- byteはメモリイメージやバイナリファイルの配列のみ利用する
- ブール値については数値ではなく常にbool型を利用する
- 複数の意味を持つ値（例：学生は1、会社員は2、自営業は3など）の集合は常にenumを利用する
- なぜ利用すべきかを説明できない場合は符号なしの型を選択しない
- 上記からintを好む。ただし明らかに64ビットアーキテクチャで動作することがわかっている場合はlongを選択しても良い
- 現在のCPUアーキテクチャにそぐわない型は利用しない
    → short、ushort、sbyte、floatを使わない
- sbyte、short、floatは要素数と各要素のバイト数、実行時のメモリサイズなどから総合的に使うべきと判断できる場合にのみ、メモリ使用量を節約するために利用しても良い

024 数値リテラルの型を指定したい

リテラル	数値
関　連	023　数値型の種類と最大値、最小値を知りたい　P.044
利用例	ローカル変数の型宣言をせずに数値型を使い分ける

varキーワードを利用した型の省略

C#3以降、varキーワードを利用してローカル変数を宣言することで型を省略できます。

型を省略すると、利用する値のみをプログラムの着目点とできます。また、変数名の先頭の桁が自然に揃うためプログラムが整理されて見えるという利点もあります。

数値リテラルの型を指定する

しかし数値の場合、単に初期値の設定だけでは型を決めることはできません。既定では数値だけの記述は、小数点がなければint、あればdoubleとみなされるからです。

数値リテラルに型を付けるには次のプログラムのように、サフィックス（接尾辞）またはキャストが必要です。

● Sample024.cs：0の代入で型をコンパイラに決定させるプログラム

```
using System;
class NumericLiteral
{
    static void ShowType(object o)
    {
        Console.WriteLine(o.GetType());
    }
    static void Main()
    {
        var b = (byte)0;      // byte用のサフィックスはない
        var sb = (sbyte)0;    // sbyte用のサフィックスはない
        var ss = (short)0;    // short用のサフィックスはない
        var us = (ushort)0;   // ushort用のサフィックスはない
        var i = 0;            // 無指定ならばintとなる
        var ui = 0u;          // uint用サフィックスはuまたはU
        var l = 0L;           // long用サフィックスはL（小文字lは紛らわしいので警告される）
```

```
        var ul = 0uL;         // ulong用サフィックスはul、UL、ul、Ulのいずれか(Lを
先に書いても良い)
        var d = 0d;           // double用サフィックスはdまたはDだが、0.0のように書く
ほうが良い
        var f = 0f;           // float用サフィックスはfまたはF。0.0のように書くと
doubleとなる
        var dec = 0m;         // decimalのサフィックスはmまたはM(moneyのM)
        ShowType(b); ShowType(sb); ShowType(ss); ShowType(us);
        ShowType(i); ShowType(ui); ShowType(l); ShowType(ul);
        ShowType(d); ShowType(f); ShowType(dec);
    }
}
```

●実行例

```
C:\Documents>Sample024.exe
System.Byte
System.SByte
System.Int16
System.UInt16
System.Int32
System.UInt32
System.Int64
System.UInt64
System.Double
System.Single
System.Decimal
```

025 数値定数を定義したい

const	
関連	—
利用例	プログラム内で利用する定数を定義する

キーワード const

数値定数は、キーワードconstで修飾します。

●数値の定数定義例

```
// 型名の前にキーワードconstを置くと定数となる
const int DefaultValue = 38259;
const long DefaultLongValue = 38259;
...
if (intValue == 0)
{
    // 未設定なら既定値とする
    intValue = DefaultValue;
}
```

COLUMN　定数を使うメリット

　C#の標準命名規約では、定数は大文字始まりのキャメルケース（単語の区切りを大文字にする）で記述します。
　constの利用価値は次の2点です。

・記述ミスがコンパイルエラーとなる
　上のプログラムでリテラルを使った場合、intValue = 38259;の箇所をintValue = 38359;と書き間違えてもコンパイルエラーとはなりません。しかし正しい設定値ではないのでバグです。
・一括して設定値を変えられる
　上のプログラムで、DefaultValueの参照箇所が30個あったと仮定してみましょう。もし既定値を28259とする仕様変更があったとしても、修正箇所はconst int DefaultValueを定義している1箇所だけです。しかし、30箇所すべてにリテラルを記述していたら、すべて修正しなければなりません。上の例のように特異な値であれば一括置換が可能かも知れませんが、桁数が少なければ他の数値まで置換する危険性があります。
　逆に言えば、絶対に1箇所しか利用しないことが自明（その究極が定数定義の右辺です）な場合や、カウンターの加算値の1や0消去の0といった固定値で、かつ十分に桁数が小さいリテラルを定数化するメリットはありません。

026 リテラル以外を数値定数として利用したい

`readonly`

関連	025 数値定数を定義したい　P.049
利用例	リテラル以外の数値を定数のように使用する

キーワードreadonly

キーワードreadonlyで修飾したフィールドは、再代入ができないため、定数のように利用できます。

●readonly フィールド

```
class ReadOnlySample
{
    // 実行する都度値を変えたい定数的な値
    static readonly int DefaultBias = DateTime.Now.Second;
    static void Main()
    {
        Console.WriteLine(DefaultBias);
        // 次の行を有効にするとCS0198のコンパイルエラーとなる
        // DefaultBias = 32;
    }
}
```

　上のコードでは静的フィールドとして定義していますが、インスタンスフィールドをreadonlyで修飾することも可能です。
　readonlyフィールドの初期化は、宣言箇所での代入か、またはコンストラクターで行います。
　readonlyフィールドには、フィールドの命名規約の小文字始まりキャメルケースではなく、定数と同様に大文字始まりのキャメルケースで名前をつけます。

027 列挙体（enum）を作りたい

enum	列挙体
関連	―
利用例	フラグ変数に、型と取り得る値の定義を与える

enumの利用例

●Sample027.cs：じゃんけんをenumとして定義する例

```
using System;
class EnumSample
{
    // キーワードenumにenum名を続けて宣言する
    enum JankenValue {
        // 取り得るメンバー名を「,」で区切って列挙する
        Goo,
        Choki,
        Par, // 最後のメンバーの後ろに「,」を置いても良い
    }
    // enum名は型名として利用できる
    static JankenValue[] Jva // 利用時はenum名とメンバー名を「.」で連結する
        = { JankenValue.Goo, JankenValue.Choki, JankenValue.Par };
    static void Main()
    {
        var jv = Jva[DateTime.Now.Second % 3];
        // enum値のToString()はメンバー名となる（WriteLineは引数のToString()を呼び出す）
        Console.WriteLine(jv);
    }
}
```

●実行例

```
C:¥Documents>Sample027.exe
Choki
```

　標準の命名規約ではenum名、メンバー名は、大文字始まりのキャメルケースにします。クラス名、構造体名など型となる名前はすべて同様です。定数名とあわせて、再代入（再定義）できないオブジェクトの名前は大文字で始めると覚えると良いでしょう。

028 数値や文字列と列挙体（enum）を変換したい

enum		
関連	027 列挙体（enum）を作りたい	P.051
利用例	enum値をデータベースやファイルに出力する、また入力値をenum値に戻す	

enumの変換方法

　enumのメンバーをファイルに出力したり、構成ファイルに設定した値からenumのメンバーを復元するには2種類の方法があります。

　1つはintと相互に変換する方法です。enumはintとキャストを利用して相互に変換できます。

　もう1つは文字列と相互に変換する方法です。System.EnumのParseメソッドを使うと指定したenum型のメンバー名（文字列）からメンバーを復元できます。逆にメンバーのToStringメソッドを呼び出すとメンバー名を示す文字列が取得できます。

●Sample028.cs：enumから／へキャストする

```
using System;
class EnumNumeric
{
    enum JankenValue {
        Goo,        // 最初のメンバーは0となる
        Choki,      // 次の要素は直前のメンバーに1を加算した値となる
        Par = 32,   // =を利用して特定の数値を設定可能
    }
    static void Main()
    {
        // メンバーをintにキャストすると数値が取り出せる
        Console.WriteLine((int)JankenValue.Choki); // => 1
        // 数値をJankenValueにキャストするとメンバーを取り出せる
        Console.WriteLine((JankenValue)32); // => Par
        // 次のキャストは無効だがエラーとはならず、数値がそのまま出力される
        Console.WriteLine((JankenValue)2); // => 2
        // Enum.Parseを使うと文字列からメンバーを復元できる
        Console.WriteLine(Enum.Parse(typeof(JankenValue), "Par"));  // => Par
        // 未定義の文字列はArgumentExceptionとなる
        Console.WriteLine(Enum.Parse(typeof(JankenValue), "PAR"));  // 例外
    }
}
```

029 数値型を拡大／縮小したい

キャスト

関連	023 数値型の種類と最大値、最小値を知りたい P.044 044 加減乗除を行いたい P.078 046 計算時の桁あふれ（オーバーフロー）を検出したい P.080
利用例	計算前にあらかじめ型を変換して桁あふれを防ぐ

数値はビット幅が大きい型に合わせて計算される

数値同士の計算をする場合、ビット幅が大きい型に合わせてから計算が行われます。そのため、桁あふれが予測できる場合は、いずれか一方の数値を適切な型にキャストします。

キャスト式

キャスト式は以下の形式で記述し、直右の単項式の値を()内に指定した型へ変換します。

(型名)単項式

●Sample029.cs：数値型をキャストする

```
using System;
class NumericCast
{
    static void Main()
    {
        // int型の変数n
        var n = 214748364;
        // int同士の計算では桁あふれして負値に変わる
        Console.WriteLine(15 * n);              // => -1073741836
        // どちらかをlongにキャストすると、long同士の計算になる
        Console.WriteLine((long)15 * n);        // => 3221225460
        // いずれか1つをdecimalにキャストすると、decimal同士の計算になる
        Console.WriteLine((decimal)n * n * n);  // =>
9903520203602578169252544
        // ビット数が多い型から少ない型の変数への代入にはキャストが必要
        byte byteValue = (byte)n;               // int32ビットから右8ビットのみが
                                                // 使われる
```

```
            Console.WriteLine(byteValue);          // => 204
        }
}
```

> **NOTE**
>
> **「(long)15 * n」という式の解説**
> 　(long)15 * n という式は、最初に15（この記述方法ではintとなります）がキャスト式によってlongに変換されます。するとlongとintの演算となるため、右項のnもlongに変換されて、long同士の演算となり、桁あふれが起きません。なお、この例のようにリテラルを使うのであれば、レシピ024 で示すサフィックスをつけて15L * nと記述するほうが良いでしょう。

MEMO

030 数値をゼロ埋めや3桁区切りなどの整形した文字列にしたい

ToString | string.Format

関連	031 文字列を数値にしたい P.058
利用例	表示用の文字列を作成する

ToStringメソッドを利用する

数値を文字列化するには、数値のToStringメソッドを呼び出します。このとき、引数に書式を指定できます。

●標準の書式指定

```
1234.ToString();        // => 文字列の1234
1234.ToString("D");     // => 文字列の1234
1234.ToString("D8");    // => 文字列の00001234
1234.ToString("N");     // => 文字列の1,234.00
1234.ToString("N0");    // => 文字列の1,234
```

書式指定子

書式には書式指定子とオプションの精度指定子を続けて記述します（表3.1、図3.1）。

表3.1 書式の指定子

書式指定子	意味	精度の意味
D[精度]	10進数数型	最小桁数。不足分は0で埋める
N[精度]	コントロールパネルで設定した数値形式（図3.1）	小数点以下桁数

図3.1 数値の表示形式

> **NOTE**
>
> **1234.ToString("N")の結果**
>
> 1234.ToString("N")の結果が1,234.00となるのは、Windows10の既定で小数点以下の桁数が2となっているためです。

カスタム指定子を利用する

次にカスタム指定子「0」、「#」、「,」を利用する方法を示します（表3.2）。

● カスタム指定子

```
1234.ToString("000000");    // => 001234  （D6と等しい）
1234.ToString("000,000");   // => 001,234
1234.ToString("#,#");       // => 1,234   （3桁区切りの定番）
```

表3.2 カスタム指定子の意味

カスタム指定子	意味
0	数値があれば置き換え、なければ0とする
#	数値があれば置き換え、なければ詰める
,	3桁区切りを行う。区切り文字はコントロールパネルの設定にしたがう

```
1234.ToString("0-0=0 0");   // => 1-2=3 4
```

なお、カスタム指定子の詳細はMSDNで「カスタム数値書式指定文字列」を検索してください。

▍右詰め、左詰めを行う

いずれの書式指定子も、空白を使った右詰めや左詰めを行うには、string.FormatやStringBuilder.AppendFormatを利用します。

これらのメソッドではテンプレートの中に書式指定を埋め込みます。

```
{引数インデックス[,配置指定][:書式指定]}
```

配置指定と書式指定はオプションです。

配置指定には右詰めならば正の桁数を、左詰めならば負の桁数を指定します。ただし、配置指定で指定した桁数よりも実際の引数の長さが優先されます。たとえば4桁指定の位置に8桁の数値が指定された場合、配置指定は無視されて8桁すべてが埋め込まれます。

書式指定には、ToStringに与える書式指定を設定します。省略した場合は無引数のToString呼び出しと同等です。

上記のように「{」「}」は書式指定に利用するため、文字列内に文字として「{」「}」を埋め込むには、それぞれ「{{」および「}}」のように2重に記述してエスケープします。

● 書式指定の例（右詰め、左詰め）

```
string.Format("{0},{0,8},{0,-8},{0:D8},{0,8:#,#}", 1234);
        // => 1234,    1234,1234    ,00001234,    1,234
// {0}       => 最初の引数1234を埋め込む
// {0,8}     => 最初の引数1234を8桁右詰めで埋め込む
// {0,-8}    => 最初の引数1234を8桁左詰めで埋め込む
// {0:D8}    => 最初の引数1234をD8で書式化して埋め込む
// {0,8:#,#} => 最初の引数1234を#,#で書式化して8桁右詰めで埋め込む
```

● 変数nの内容を32桁の右詰め3桁区切りの文字列に変換する

```
string.Format("{0,32:#,#}", n);
```

031 文字列を数値にしたい

Parse

関連	030 数値をゼロ埋めや3桁区切りなどの整形した文字列にしたい　P.055
利用例	テキストや入力された文字列を数値に変換する

Parseメソッドを利用する

文字列を数値に変換するには、数値型のParseメソッドを呼び出します。

●文字列から数値への変換

```
var b = byte.Parse("32");                // =>  32(byte)
    b = byte.Parse("323");               // =>  OverflowException
var i = int.Parse("1234");               // =>  1234(int)
    i = int.Parse("+1234");              // =>  1234(int)
    i = int.Parse("-1234");              // =>  -1234(int)
    i = int.Parse("1,234");              // =>  FormatException
var l = long.Parse("1234");              // =>  1234(long)
var d = decimal.Parse("1234567");        // =>  1234567(decimal)
    d = decimal.Parse("1,234,567.0");    // =>  1234567.0(decimal)
var f = double.Parse("1234.56");         // =>  1234.56(double)
    f = double.Parse("123e3");           // =>  123000(double)
```

decimal型は、桁区切り付きの文字列を受け付けます。

型に入りきらない数値を与えた場合はOverflowException、不正な文字列を与えた場合はFormatExceptionがスローされます。

Parseメソッドの第2引数にSystem.Globalization.NumberStyles列挙体（表3.3）を与えると既定の挙動を変えられます。

```
var i = int.Parse("1,234", NumberStyles.Number);    // => 1234(int)
    i = int.Parse("10", NumberStyles.HexNumber);    // => 16(int)
```

表3.3　NumberStylesの主な値

値	内容
NumberStyles.Number	前後空白、区切り記号、小数点を認める
NumberStyles.HexNumber	前後空白を認め16進数としてパースする

032 文字列や数値を日付データにしたい

| DateTime.Parse | DateTime.TryParse | DateTime.TryParseExact | HTTP |

関 連	033 日付データを文字列や数値にしたい　P.062
利用例	文字列や数値からDateTime値を作成する

文字列からDateTime値を取得する

　文字列からDateTime構造体の値を生成するには、DateTime.Parseメソッドを利用します。

　以下はいずれも、現在のシステムの2015年12月3日 13時50分（秒を指定しているものは48秒、ないものは0秒）となります。

● 文字列からDateTime値を生成する例

```
Console.WriteLine(DateTime.Parse("2015/12/3 13:50:48"));     // =>2015/12/03 13:50:48
Console.WriteLine(DateTime.Parse("2015/12/3 13:50"));        // =>2015/12/03 13:50:00
// ゼロを付けた2桁形式もパース可能
Console.WriteLine(DateTime.Parse("2015/12/03 13:50"));       // =>2015/12/03 13:50:00
// 日付の区切り文字に「-」も利用可能
Console.WriteLine(DateTime.Parse("2015-12-3 13:50:48"));     // =>2015/12/03 13:50:48
// ISO 8601拡張形式の日付 (UTC)
Console.WriteLine(DateTime.Parse("2015-12-03T04:50:48Z"));   // =>2015/12/03 13:50:48
// ISO 8601拡張形式の日付 (JST)
Console.WriteLine(DateTime.Parse("2015-12-03T13:50:48+09:00")); // => 2015/12/03 13:50:48
// ISO 8601基本形式はParseExactメソッドで書式指定が必要
Console.WriteLine(
    DateTime.ParseExact("20151104T135048+0900",   // =>2015/12/03 13:50:48
                        "yyyyMMddTHHmmssK", null));
```

　上の例の最後では、ParseExactメソッドを利用しています。ParseExactメソッドは第2引数で時刻フォーマットを指定します。省略している第3引数にはカルチャ固

有情報を与えることができます。カルチャ固有情報は月名や曜日名の解析に利用されるため、この例のように数字のみで構成された文字列に対してはnullを与えられます。

ここで利用している日付書式は、通常の利用には十分な情報を持っています。図3.2で使用している指定子の意味を説明します。

日付書式で指定可能な文字の詳細情報はMSDNで「カスタム日時書式指定文字列」を検索してください。

図3.2　ParseExactメソッドの指定子の意味

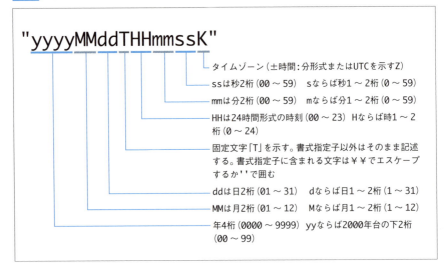

安全にDateTime値を取得する

重要な日付の文字列形式では、上の例の最後のほうで示したISO 8601拡張形式の他に、RFC 1123 (822)、RFC 1036 (850)のHTTPのヘッダで利用される形式もParseメソッドのDateTime化対象です。

ただし、RFC 2616 (HTTP/1.1)で認められているANSI Cのasctime形式はISO 8501基本形式と同様にParseメソッドではサポートされていません。

このため、安全にHTTPの日付関連のヘッダ変数からDateTime値を生成するには、DateTime.TryParseメソッドと、フォーマット文字列を指定できるDateTime.

TryParseExactメソッドを組み合わせます。

数値からDateTime値を取得する

数値からDateTime値を生成するには、コンストラクターを利用します。
次に日付を示す数値からDateTime値を生成する例を示します。

● 数値からDateTime値を生成する

```
// 年月日を指定
var dateOnly = new DateTime(2015, 12, 25);              // => 2015/12/25
00:00:00
// 年月日時分秒を指定
var withTime = new DateTime(2015, 12, 25, 0, 1, 1);     // => 2015/12/25
00:01:01
// 年月日時分秒ミリ秒を指定
var withMilli = new DateTime(2015, 12, 25, 0, 1, 1, 3);// => 2015/12/25
00:01:01.003
// 100ナノ秒を単位とした0001/01/01 00:00:00からの経過時間を指定
var byTicks = new DateTime(635865984610030000);         // => 2015/12/25
00:01:01.003
```

なお、このように数値だけを指定した場合、生成されるDateTime値の種類（Kindプロパティ）はDateTimeKind.Unspecifiedとなります。

種類を指定する場合は各コンストラクターの最後の引数にDateTimeKind列挙体を追加します。UTCを生成する場合はDateTimeKind.Utcを、ローカル時刻であればDateTimeKind.Localを指定します。

> **NOTE**
>
> **タイムゾーンを指定する場合**
>
> 　タイムゾーンを指定する場合はDateTime構造体ではなくDateTimeOffset構造体を使います。
>
> 　DateTimeOffset構造体はほぼDateTime構造体と同様に利用できますが、コンストラクターでUTCとの時刻差を指定でき、LocalDateTimeプロパティでローカルのDateTime値を取り出せます。

033 日付データを文字列や数値にしたい

DateTime.ToString

関連	032 文字列や数値を日付データにしたい　P.059
利用例	DateTime値を文字列や数値にする

文字列にする場合

　DateTime値を文字列にする場合、ToStringメソッドで書式を指定します。書式を指定しない場合はシステムのカルチャに依存します。

●DateTime値を文字列化する

```
// 例として2015/12/5 11:55:22のDateTime値を作成
var dt = new DateTime(2015, 12, 5, 11, 55, 22);
Console.WriteLine(dt.ToString());                       // => 2015/12/05 11:55:22
// カルチャを指定せずにdddやMMMを指定すると、現在のシステム設定が利用される
Console.WriteLine(dt.ToString("ddd MMM d H:m:s yyyy")); // => 土 12 5 11:55:22 2015
// カルチャにInvariantInfoを指定すると、ニュートラルとなる
Console.WriteLine(dt.ToString("ddd MMM d H:m:s yyyy",
                    DateTimeFormatInfo.InvariantInfo)); // => Sat Dec 5 11:55:22 2015
                                                        // System.Globalizationネームスペース
Console.WriteLine(dt.ToString("yyyy-MM-ddTHH:mm:ssK")); // => 2015-12-05T11:55:22+09:00
Console.WriteLine(dt.ToString("yyyy/MM/dd HH:mm:ss"));  // => 2015/12/05 11:55:22
// ミリ秒はfffを利用する。ffにすると1000ミリ秒台と100ミリ秒台、
// fであれば1000ミリ秒台となる
Console.WriteLine(dt.ToString("yyyy/MM/dd HH:mm:ss.fff")); // => 2015/12/05 11:55:22.000
```

数値を取得する場合

　数値を取得するにはDateTime値のプロパティを参照します。

●DateTime値から数値を取り出す

```
// 例として2016/3/2 13:45:03.021 のDateTime値を作成
var dt = new DateTime(2016, 3, 2, 13, 45, 8, 21);
Console.WriteLine(dt.Year);          // => 2016（年）
Console.WriteLine(dt.DayOfYear);     // => 62   (1月1日を1とした年内の通し日)
Console.WriteLine(dt.Month);         // => 3    （月 1〜12）
Console.WriteLine(dt.Day);           // => 2    （月の日 1〜31）
Console.WriteLine(dt.Hour);          // => 13   （時 0〜23）
Console.WriteLine(dt.Minute);        // => 45   （分 0〜59）
Console.WriteLine(dt.Second);        // => 8    （秒 0〜59）
Console.WriteLine(dt.Millisecond);   // => 21   （ミリ秒）
// DayOfWeekプロパティはDayOfWeek enum値を返す。
// DayOfWeek enumはSunday(0)〜Saturday(6)までの値を取る
Console.WriteLine(dt.DayOfWeek);     // => Wednesday
Console.WriteLine((int)dt.DayOfWeek);// => 3    enumから数値を取り出すためキャスト
// Ticksプロパティは100ナノ秒を単位とした0001/01/01 00:00:00からの経過時間
Console.WriteLine(dt.Ticks);         // => 635925231080210000
```

MEMO

034 日付や時刻を取得したい

| DateTime.Now | DateTime.Today |

関　連	—
利用例	現在の日付時刻を得る

DateTime.NowとDateTime.Today

　現在の日付時刻を得るには、DateTime構造体のNowかTodayを利用します。Nowはミリ秒までの時間を含みます。Todayは日付のみで時刻は0となります。

●現在のDateTime値の取得
```
var now = DateTime.Now;        // 現在の日付、時刻を持つDateTime値を取得
var today = DateTime.Today;    // 現在の日付を取得。時刻は0で初期化される
```

　いずれの呼び出しもDateTimeの種類（Kindプロパティ値）はDateTimeKind.Localとなります。

035 日付の大小を比較したい

DateTime	
関連	041 値の大小を調べたい P.073
利用例	2つの日付の大小を比較する

比較演算子を使った比較

DateTime値は数値と同様に比較演算子（<、<=、==、>=、>、!=）で比較が可能です。

なお、比較は純粋に日付と時刻の数値のみで行われます。Kindプロパティがたとえば DateTimeKind.Utc と DateTimeKind.Local のように異なっていても影響を受けません。

●DateTime値の比較

```
// DateTimeKind.LocalのDateTime値
var d0 = new DateTime(2016, 1, 3, 11, 52, 30, DateTimeKind.Local);
// DateTimeKind.UnspecifiedのDateTime値
var d1 = new DateTime(2016, 1, 3, 11, 52, 30);
Console.WriteLine(d0 == d1); // => True   d0とd1が等しければtrue
Console.WriteLine(d0 != d1); // => False  d0とd1が等しくなければtrue
Console.WriteLine(d0 >= d1); // => True   d0がd1より等しいか大きければtrue
Console.WriteLine(d0 > d1);  // => False  d0がd1より大きければtrue
Console.WriteLine(d0 <= d1); // => True   d0がd1より等しいか小さければtrue
Console.WriteLine(d0 < d1);  // => False  d0がd1より小さければtrue
```

036 2つの日付時刻の間隔を求めたい

| DateTime | TimeSpan |

関連	035 日付の大小を比較したい　P.065 037 1時間後や2時間前の時刻を求めたい　P.067
利用例	2つのDateTimeの差分を取る

■「-」演算子を利用する

「-」演算子を利用して2つのDateTime値の差分を取ることができます。演算結果はTimeSpan構造体に格納されます。

●DateTime値の差を求める

```
var d0 = new DateTime(2016, 1, 3, 10, 22, 40, 100);
var d1 = new DateTime(2016, 2, 4, 11, 23, 41, 101);
var diff = d1 - d0;        // 結果はSystem.TimeSpan構造体の値
// 以下は被減数のほうが大きいため正の値となるが、被減数が小さければ負の値となる
Console.WriteLine(diff.Days);              // => 32   日部の差分
Console.WriteLine(diff.Hours);             // => 1    時部の差分
Console.WriteLine(diff.Minutes);           // => 1    分部の差分
Console.WriteLine(diff.Seconds);           // => 1    秒部の差分
Console.WriteLine(diff.Milliseconds);      // => 1    ミリ秒部の差分
Console.WriteLine(diff.TotalDays);         // => 32.0423726967593  差分を日数で求
                                           //   めた値
Console.WriteLine(diff.TotalHours);        // => 769.016944722222  差分を時数で求
                                           //   めた値
Console.WriteLine(diff.TotalMinutes);      // => 46141.0166833333  差分を分数で求
                                           //   めた値
Console.WriteLine(diff.TotalSeconds);      // => 2768461.001       差分を秒数で求
                                           //   めた値
Console.WriteLine(diff.TotalMilliseconds); // => 2768461001        差分をミリ秒数
                                           //   で求めた値
Console.WriteLine(diff.Ticks);             // => 27684610010000    差分をTick
                                           //   (100ナノ秒単位)で求めた値
```

> **NOTE**
> **参照すべきプロパティに注意**
> TimeSpan値から経過時間を取得するには、たとえば秒数であればTotalSecondsプロパティを参照します。Secondsプロパティを参照しないように注意してください。

037 1時間後や2時間前の時刻を求めたい

| DateTime | TimeSpan | AddHours | AddMinutes | AddSeconds | AddMilliseconds |

| 関連 | 036 2つの日付時刻の間隔を求めたい P.066 |
| 利用例 | 現在の時刻から特定時間経過後のDateTime値を得る |

■ DateTime値を進める（戻す）メソッド

　DateTime構造体のAddHours、AddMinutes、AddSeconds、AddMillisecondsメソッドに正の値を与えることで未来の、負の値を与えることで過去のDateTime値を得られます。各メソッドは、呼び出し対象の要素の上位（Millisecond→Second→Minute→Hour→Day→Month→Year）に対して繰り上がり、繰り下がりを行います。

　なお、これらのメソッドの引数はdouble型です。また、いずれのメソッドも、元のDateTime値は影響を受けず、新たなDateTime値を返します。

●DateTime値の計算（メソッドを利用）

```
var date = new DateTime(2016, 3, 4, 15, 0, 2);  // 2016/03/04 15:00:02
var future = date.AddHours(15);      // 15時間後      2016/03/05 06:00:02
    future = date.AddHours(15.2);    // 15.2時間後    2016/03/05 06:12:02
var past = date.AddSeconds(-20);     // 20秒前        2016/03/04 14:59:42
```

■ TimeSpan値を利用する

　TimeSpan値を利用すると、時、分、秒を同時に足したり引いたりできます。

●DateTime値の計算（TimeSpan値との演算）

```
var date = new DateTime(2016, 3, 4, 15, 0, 2);  // 2016/03/04 15:00:02
// TimeSpanの3引数のコンストラクターは時、分、秒を受け付ける
var future = date + new TimeSpan(3, 52, 1);   // 3時間52分1秒後のDateTime値を求める
Console.WriteLine(future);                    // => 2016/03/04 18:52:03
// 負値を設定したTimeSapn値を与えると過去を求められる
var past = date + new TimeSpan(-3, -52, -1);  // 3時間52分1秒前のDateTime値を求める
Console.WriteLine(past);                      // => 2016/03/04 11:08:01
// DateTime値とTimeSpan値の差を求める
past = date - new TimeSpan(3, 52, 1);         // 3時間52分1秒前のDateTime値を求める
Console.WriteLine(past);                      // => 2016/03/04 11:08:01
// 元の変数へ結果を再代入するには+=、-=を利用する
date += new TimeSpan(-3, -52, -1);            // 3時間52分1秒前のDateTime値を求める
Console.WriteLine(date);                      // => 2016/03/04 11:08:01
```

038 10日後や1年前などの日付を求めたい

| DateTime | TimeSpan | AddYears | AddMonths | AddDays |

| 関連 | 037 1時間後や2時間前の時刻を求めたい P.067 |
| 利用例 | 現在の日付から特定日数（月、年）経過後の日付を得る |

DateTime値を進める（戻す）メソッド

　DateTime構造体のAddYears、AddMonths、AddDaysメソッドに正の値を与えることで未来の、負の値を与えることで過去のDateTime値を得られます。

　各メソッドは、呼び出し対象の要素の上位（Day→Month→Year）に対して繰り上がり、繰り下がりを行います。

　AddDaysメソッドの引数はdouble型、AddYears、AddMonthsメソッドの引数はint型です。

●DateTime値の計算（メソッドを利用）
```
var date = new DateTime(2016, 3, 4, 15, 0, 2);  // 2016/03/04 15:00:02
var future = date.AddYears(10);      // 10年後    2026/03/04 15:00:02
var past = date.AddMonths(-6);       // 6ヶ月前   2015/09/04 15:00:02
past = date.AddDays(-180);           // 180日前   2015/09/06 15:00:02
past = date.AddDays(-0.5);           // 0.5日前   2015/09/06 03:00:02
```

　いずれのメソッドも、元のDateTime値は影響を受けず、新たなDateTime値を返します。

TimeSpan値を利用する

　TimeSpan値を利用すると、日数と時分秒を同時に足したり引いたりできます。

●DateTime値の計算（TimeSpan値との演算）
```
var date = new DateTime(2016, 3, 4, 15, 0, 2);  // 2016/03/04 15:00:02
// TimeSpanの4引数のコンストラクターは日、時、分、秒を受け付ける
var future = date + new TimeSpan(31, 0, 10, 0); // 31日と10分後のDateTime値を求める
Console.WriteLine(future);                      // => 2016/04/04 15:10:02
// 負値を設定したTimeSapn値を与えると過去を求められる
```

```
var past = date + new TimeSpan(-50, 0, 0, 0);  // 50日前のDateTime値を求める
Console.WriteLine(past);                        // => 2016/01/14 15:00:02
// DateTime値とTimeSpan値の差を求める
past = date - new TimeSpan(50, 0, 0, 0);        // 50日前のDateTime値を求める
Console.WriteLine(past);                        // => 2016/01/14 15:00:02
// 元の変数へ結果を再代入するには+=、-=を利用する
date += new TimeSpan(-50, 0, 0, 0);             // 50日前のDateTime値を求める
Console.WriteLine(date);                        // => 2016/01/14 15:00:02
```

039 intやDateTimeなどの値型変数をnullで初期化したい

null許容型 | int? | long? | DateTime? | Nullable<T>

関連	—
利用例	値型の変数をnullで初期化する

null許容型変数

　値型（構造体）の変数をnullで初期化可能とするには、null許容型の変数として宣言します。

　null許容型変数は、型名の後ろに「?」を付加します。

●値型変数をnullで初期化する

```
byte? byteValue = null;          // byteのnull許容型
int? intValue = null;            // intのnull許容型
long? longValue = null;          // longのnull許容型
double? doubleValue = null;      // doubleのnull許容型
// ローカル変数をvarで宣言する場合はasで型名を指定する
var anotherIntValue = null as int?;  // intのnull許容型
```

Nullable<T>構造体

　null許容型の実体は、Nullable<T>構造体です。値そのものはNullable<T>.Valueプロパティを参照する必要があります。

　ただし、単にnull許容型の変数名を書くと、暗黙のうちに格納されている値が取得されます。

　null許容型の変数のプロパティやメソッドを呼び出す場合は、Nullable<T>インターフェイスのValueプロパティを利用する必要があります。これは「.」が、元のNullable<T>値を参照するからです。このため、コンパイルエラーとなります。

●null許容型DateTime値のプロパティにアクセスする

```
DateTime? dt = null;
// Nullable<T>.HasValueは値が設定されているかを判定する
if (!dt.HasValue)    // dt == nullと書いても良い
{
    dt = DateTime.Now;    // 値を設定
```

```
    Console.WriteLine(dt);           // dt.Valueの参照となるため期待通りの動作
となる
    Console.WriteLine(dt.Value.Minute);// 「.」があるため、dt.Minuteとは書けない
}
```

　このプログラムで、dt.Minuteと記述した場合のコンパイルエラーメッセージ（CS1061）は以下のように原因がわかりにくいものです。Visual Studio利用時はインテリセンスに候補が出て来ないので比較的気付きやすいと思いますが、必ずValueプロパティを経由してアクセスするように習慣づけるのが良いと思います。

　特に自作の構造体は、プロパティやフィールドをアクセスすることが多いため、つい行いがちなので注意が必要です。

●エラーメッセージ（CS1061）の例

```
c:¥Documents¥Nullable.cs(54,24): error CS1061: 'System.Nullable<int>' に
'Minute' の定義が含まれておらず、型 'System.Nullable<System.DateTime>' の最初の引数
を受け付ける拡張メソッドが見つかりませんでした。using ディレクティブまたはアセンブリ参照が不
足しています。
```

040 値が等しいか調べたい

== | Equals

関連	—
利用例	値同士を比較する

「==」演算子、「!=」演算子を利用する

int、longやDateTimeなどの値が等しいかを調べるには「==」演算子を利用します。逆に値が等しくないかを調べるには「!=」演算子を利用します。

●数値が等しいか比較する

```
var intValue = 1234;
var longValue = 1234L;
// 等しいか調べるには==演算子を利用する
Console.WriteLine(intValue == longValue);   // => True
// 等しくないか調べるには!=演算子を利用する
Console.WriteLine(intValue != longValue);   // => False
```

Equalsメソッドを利用する

自作の構造体などでは「==」演算子を実装していないことがあります。この場合、Equalsメソッドを利用します。構造体のEqualsメソッドは引数で指定された値とメンバーの値が等しいかどうかを比較するため、この目的に利用できます。

●ユーザー定義の構造体の値が等しいか比較する

```
struct Sample
{
    internal int intValue;
    internal long longValue;
}
...
var x = new Sample { intValue = 3, longValue = 4 };
var y = new Sample { intValue = 3, longValue = 4 };
// xとyは異なる構造体インスタンスだが、保持する値は等しい
Console.WriteLine(x.Equals(y));     // => True
var z = new Sample { intValue = 3, longValue = 5 };
// xとzは保持する値が異なる
Console.WriteLine(x.Equals(z));     // => false
```

041 値の大小を調べたい

`<` | `<=` | `==` | `=>` | `>` | `!=`

関連	035 日付の大小を比較したい P.065
	040 値が等しいか調べたい P.072

利用例	2つの数値の大小を比較する

比較演算子

数値の比較には比較演算子（<、<=、==、>=、>、!=）を利用します（表3.4）。

表3.4 比較演算子一覧

演算子	比較内容	例
<	左項が右項より小さい	3L < 4 // => True
<=	左項が右項より小さいか等しい	3L <= 3 // => True
==	左項と右項が等しい	3 == 4 // => False
>=	左項が右項より大きいか等しい	3L >= 3 // => True
>	左項が右項より大きい	3L > 2 // => True
!=	左項と右項が等しくない	3 != 4 // => True

042 複数の条件を結合したい

| && | || | ショートサーキット |

| 関　連 | — |
| 利用例 | 複数の条件を結合して1つの条件判断で処理する |

「&&」と「||」

条件の結合には「&&（and条件）」と「||（or条件）」を使います。

結合の優先度

結合優先度は||より&&のほうが高く設定されています。そのため、複数のor条件と複数のor条件をand条件で結合する場合、左右のor条件を()で囲みます。

```
(a || b || c) && (d || e || f)   // aまたはbまたはcとdまたはeまたはfの両方がtrueならば
```

逆に、複数のand条件と複数のand条件をor条件で結合する場合、()は不要です。

```
a && b && c || d && e && f       // aかつbかつcとdかつeかつfのいずれかがtrueならば
```

&&と||の2つの演算子は、条件式 レシピ043 と代入式を除けば最も結合優先度が低い演算子です。このため、各種の比較演算子は()でくくらずに上で説明した方法のみで記述が可能です。

●x,y,zの3つの数値が昇順または降順（yが中間の大きさ）か調べる

```
if (x <= y && y <= z || x >= y && y >= z)
{
    Console.WriteLine("yは中間の大きさ");
}
```

ショートサーキット

C#で||による結合を行うと、左から右に順に各項を評価し、trueになった時点で評価は終了します。なお、このような条件の評価手法を短絡評価やショートサーキットと

呼びます。

　副作用を伴うブール値を返すメソッドを列挙する場合は、これを意識する必要があります。

```
if (IsFoo() || IsBar() || IsBaz())
```

　上の条件文で、各Isメソッドのいずれかがtrueを返した時点で、条件判断は終了します。このとき、後続（右側）のメソッドは呼び出されません。

043 条件によって値が変わる式を書きたい（条件式を使いたい）

関連	052 条件に一致したときのみ実行したい　P.088
	174 ラムダ式の書き方を知りたい　P.262

利用例	ラムダ式の記述をできるだけ簡潔にしたい

条件式を利用する

条件式を利用すると、条件がtrueの場合の値とfalseの場合の値を1つの式で記述できます。

●書式

```
条件 ? trueの場合に評価する式 : falseの場合に評価する式
```

条件にはbool型の式を記述します。条件がtrueであれば「trueの場合に評価する式」が評価されて、その値が式の値となります。条件がfalseであれば「falseの場合に評価する式」が評価されて、その値が式の値となります。

●いろいろな条件式の記述例

```
// 条件式の値はIsInitializedがtrueであれば0、falseなら1となり、xに代入される
var x = (IsInitialized) ? 0 : 1;
// xがyより大きいか等しければ条件式の値はx、そうでなければyとなり、maxに代入される
var max = (x >= y) ? x : y;
// successはbool値で処理が成功ならtrueとする
// successがtrueであれば条件式は"OK"、falseなら"NG"となり、returnで返される値となる
return (success) ? "OK" : "NG";
```

条件式の結合優先度

条件式の結合優先度は極めて低いため通常は()を記述する必要はありません。しかし上の記述例の2番目で顕著なように、条件部を()で囲むと可読性が向上します。

ifステートメントを利用する

上の記述例の3番目をifステートメントで書き直すと次のようになります。

●メソッドの戻りで成功ならOKという文字列を失敗ならNGという文字列を返す

```
if (success)
{
    return "OK";
}
else
{
    return "NG";
}
```

> **NOTE**
> **条件式とif-elseのどちらを使うべきか**
>
> 　条件式とif-elseのどちらが読みやすいかは慣れと習慣だけの問題です。その意味ではreturnステートメントの記述にはどちらを使っても構いません。
> 　しかしC#の場合はラムダ式をフル活用するために条件式を使うように習慣づけるべきでしょう。なぜなら、条件式はあくまでも式（値を持つ）なため、ラムダ式の結果の値として本体に直接記述できるからです。
> 　このため条件式を使うことでラムダ式の省略形が利用でき、簡潔で読みやすくなります。

044 加減乗除を行いたい

| + | - | * | / | OverflowException | Math.DivRem |

関連	023 数値型の種類と最大値、最小値を知りたい P.044
利用例	数値を計算する

演算子

数値の四則演算には、表3.5の演算子を利用します。

表3.5 算術演算子

演算子	演算	例	
+	加算	3 + 4	// => 7
-	減算	3 - 4	// => -1
*	乗算	3 * 4	// => 12
/	除算	3 / 4	// => 0 （整数同士の除算は小数点以下を切り捨てる）
%	剰余算	3 % 4	// => 3 （剰余算は除算した余りを得る）

注意点

除算および剰余算では、右項が0の場合はDivideByZeroExceptionの例外となります。

decimal型の演算で演算結果がdecimalの正負の上限を超える場合は、OverflowExceptionの例外となります。

Math.DivRemメソッドを利用する

除算で商と剰余を同時に求めるには、Math.DivRemを利用します。

● 商と剰余を同時に求める

```
int remainder;        // 剰余を受け取る変数を用意
// DivRemは第1引数を第2引数で割った商を返し、第3引数に剰余を設定する
var quotient = Math.DivRem(32, 5, out remainder);
// quotient => 6, remainder => 2
```

045 インクリメント演算子、デクリメント演算子を使いたい

| ++ | -- |

関連	—
利用例	カウンターを更新する

演算子

単項演算子としてインクリメント、デクリメント演算子があります（表3.6）。インクリメント、デクリメント演算子は変数やプロパティにのみ利用でき、リテラルには適用できません。

表3.6 インクリメント、デクリメント演算子

演算子	演算内容
前置 ++	1を加算した結果を返す
前置 --	1を減算した結果を返す
後置 ++	結果を返した後に1を加算する
後置 --	結果を返した後に1を減算する

●インクリメント、デクリメント

```
var n = 3;
var m = ++n;   // m => 4, n => 4
var o = n++;   // o => 4, n => 5
var p = --n;   // p => 4, n => 4
var q = n--;   // q => 4, n => 3
```

前置と後置の使い分け

前置と後置の使い分けが必要となるのは、比較とインクリメント（デクリメント）を同時に行う場合です。

比較後に元の変数がさらに1多い（少ない）ほうが望ましければ後置インクリメント（デクリメント）を使います。そうでなければ前置インクリメント（デクリメント）を使います。

> **NOTE**
> **処理速度面からの比較**
>
> 処理速度の観点からは前置のほうが演算結果の取り出しが不要な分だけ高速です。ただし、数億回というようなレベルの呼び出しが行われなければ、考慮するほどの差とはなりません。

046 計算時の桁あふれ（オーバーフロー）を検出したい

| checked | OverflowException |

関　連	029 数値型を拡大／縮小したい　P.053
	044 加減乗除を行いたい　P.078

| 利用例 | 計算の桁あふれを検出する |

checkedステートメントを利用する

レシピ044 で説明したように、decimal型の演算結果がdecimal型の範囲を超えた場合はOverflowExceptionの例外となります。しかし、他の型は既定では桁あふれは検出されません。

他の型の演算でも範囲を超えた場合に例外で検出できるようにするには、checkedステートメントを利用します。

checkedキーワードに続けて{}で囲んだブロックの内部で桁あふれが起きると、OverflowExceptionの例外となります。

●桁あふれを検出し、型を変えて計算し直す

```
var x = 123456789;
var y = 123456789;
try
{
    checked  // 桁あふれの可能性がある処理をcheckedブロックへ入れる
    {
        Console.WriteLine(x + "*" + y + "=" + (x * y));
    }
}
catch (OverflowException)  // 例外オブジェクトは不要なので省略する
{
    // 桁あふれしたのでlong型として計算する
    Console.WriteLine(x + "*" + y + "=(long)" + ((long)x * y));
    // 実行結果：123456789*123456789=(long)15241578750190521
}
```

047 絶対値、平方根、三角関数などを使いたい

| Math | Math.Abs | Math.Sqrt |

関　連	―
利 用 例	絶対値や平方根などの数学関数を使う

Mathクラスを利用する

Mathクラスには数学計算を行うための静的メソッドが用意されています。

● 数学計算を行う

```
// 絶対値を求めるには、Math.Absメソッドを利用する
var abs = Math.Abs(-3); // => 3
// 平方根を求めるには、Math.Sqrtメソッドを利用する
var sqrt = Math.Sqrt(5);// => 2.23606797749979
```

Mathクラスには他に三角関数や対数などが用意されています。

048 乱数を使って出目などを決めたい

Random | Random.Next | enum

関連　028 数値や文字列と列挙体 (enum) を変換したい　P.052

利用例　乱数を使って適当な制御状態を作る

Randomクラスを利用する

乱数を利用するにはRandomクラスを利用します。

●乱数を得る

```
var random = new Random();    // 時刻を元に新たな乱数系列が生成される
// NextDoubleメソッドで次の乱数をdouble型で取り出す
Console.WriteLine(random.NextDouble());
// Nextメソッドで次の乱数を正の整数で取り出す
Console.WriteLine(random.Next());
```

0以上ある整数未満の正の整数を取得する

　Random.Nextメソッドに正の整数を与えると、その整数未満の0以上の正の整数を取得できます。
　たとえば6を与えれば、0～5のいずれかが得られるので、その結果に1を足してサイコロの目を得られます。
　次のプログラムはRandomとenumを利用してじゃんけんの手を決める例です。

●じゃんけんの手を出す

```
enum Janken { Goo, Choki, Par, MAX };
...
var r = new Random();
// Random.NextにJanken.MAXを与えると、Goo、Choki、Parのいずれかが得られる
Console.WriteLine((Janken)r.Next((int)Janken.MAX));
```

049 ビット演算を行いたい

`~` | `<<` | `>>` | `|` | `&` | `^`

関連	050 論理演算を行いたい P.085
利用例	ビット毎に意味を持つフラグをenumで定義、チェックする

演算子

表3.7にビット演算子を示します。

表3.7　ビット演算子

演算子	項数	内容
~	単項	補数の取得
<<	2項	左項の数値を右項で指定したビット分左へシフト
>>	2項	左項の数値を右項で指定したビット分右へシフト
|	2項	左項と右項のビット毎の論理和
&	2項	左項と右項のビット毎の論理積
^	2項	左項と右項のビット毎の排他論理和

ビット演算子は、int, uint, long, ulongに適用できます。sbyte, short, byte, ushortは自動的にintまたはuintに格上げされるため利用可能です。

● ビット演算（int 32ビットの例）

```
// 補数演算
~31;              // = ~0x0000001f => 0xffffffe0 => -32
// 左シフト
31 << 2;          // = 0x0000001f << 2 => 0x0000007c => 124
// 左シフトは範囲外となる上位ビットを廃棄する
0x81000000 << 2;  // = 0x40000000 => 67108864
// 右シフト
31 >> 2;          // = 0x0000001f >> 2 => 0x00000007 => 7
// 負値(int, long, sbyte, shortの場合)を右シフトすると最上位ビットは常にON
-31 >> 2;         // = 0xffffffe1 >> 2 => 0xfffffff8 => -8
// byte、sbyte、short、ushortはビット演算時にintまたはuintへ格上げされる
byte b = 31;      // byte型の変数b
b << 2;           // = 0x0000001f << 2 => 0x0000007c => 124
// 論理和
0x00110011 | 0x01010101; // => 0x01110111
// 論理積
```

```
0x00110011 & 0x01010101; // => 0x00010001
// 排他論理和
0x00110011 ^ 0x01010101; // => 0x01100110
```

ビット演算の結果

表3.8に論理和、論理積、排他論理和のビットの組み合わせを示します。

表3.8 ビット演算子の結果

左項	演算子	右項	結果
1	|	1	1
1	|	0	1
0	|	1	1
0	|	0	0
1	&	1	1
1	&	0	0
0	&	1	0
0	&	0	0
1	^	1	0
1	^	0	1
0	^	1	1
0	^	0	0

ビット演算とenum

enumはビット演算の対象です。

●enumのビット演算

```
enum BitDef { LSB = 1, Second = 2, Third = 4, LsbAndSecond = 3 };
Console.WriteLine(BitDef.LSB | BitDef.Third); // => 5 (未定義のためintとなる)
Console.WriteLine(BitDef.LSB | BitDef.Second);// => LsbAndSecond
// フラグの設定チェック
var settings = BitDef.LSB | BitDef.Second;
// &の結合優先度は==や!=より低いので()が必要
if ((settings & BitDef.LSB) == BitDef.LSB    // LSBがONか調べる
  || (settings & ~BitDef.Third) != 0)        // Third以外のビットがONか調べる
```

050 論理演算を行いたい

| | & | ^

関連	—
利用例	真偽の組み合わせを判定する

演算子

表3.9に論理演算子を示します。

表3.9 論理演算子

演算子	項数	演算内容
|	2項	左項と右項の論理和
&	2項	左項と右項の論理積
^	2項	左項と右項の排他論理和

論理演算を行う場合、左項と右項はbool型の必要があります。

論理演算の結果

表3.10にすべての演算結果を示します。

表3.10 論理演算子の結果

左項	演算子	右項	結果
true	|	true	true
true	|	false	true
false	|	true	true
false	|	false	false
true	&	true	true
true	&	false	false
false	&	true	false
false	&	false	false
true	^	true	false
true	^	false	true
false	^	true	true
false	^	false	false

051 効率的に行列計算やベクター計算を行いたい

| System.Numerics.Matrix4x4 | SIMD | | .NET Framework 4.6 |

関連	—
利用例	3Dデータを高速に処理する

SIMDを使った計算が可能な構造体

　.NET Framework 4.6以降、System.NumericsネームスペースにSIMDを使った計算が可能な複数の構造体が導入されました（表3.11）。

　ただし、実際にSIMDを使うかどうかはCPUに依存します。

表3.11　SIMDを使った計算が可能な構造体

構造体名	内容
Matrix3x2	3×2行列
Matrix4x4	4×4行列
Vector2	single型2要素のベクトル
Vector3	single型3要素のベクトル
Vector4	single型4要素のベクトル
Plane	3D平面
Quaternion	3Dの回転状態

　ここではMatrix4x4構造体の計算例を示します。

● 4×4行列の和と積を求める

```
// 引数はfloatなのでサフィックスfを付ける
// 単に1.0のように記述するとdoubleとなるためエラー
// この例のように小数点以下が0ならば、
// 自動的にfloat型へ格上げされるためintで記述しても良い
var m0 = new Matrix4x4(1.0f, 1.0f, 1.0f, 1.0f, 2.0f, 2.0f, 2.0f, 2.0f,
                       3.0f, 3.0f, 3.0f, 3.0f, 4.0f, 4.0f, 4.0f, 4.0f);
System.Console.WriteLine(m0 + m0);
// => { {M11:2 M12:2 M13:2 M14:2} {M21:4 M22:4 M23:4 M24:4}
//      {M31:6 M32:6 M33:6 M34:6} {M41:8 M42:8 M43:8 M44:8} }
System.Console.WriteLine(m0 * m0);
// => { {M11:10 M12:10 M13:10 M14:10} {M21:20 M22:20 M23:20 M24:20}
// =>   {M31:30 M32:30 M33:30 M34:30} {M41:40 M42:40 M43:40 M44:40} }
// csc /r:System.Numerics.dll Sample051.cs
```

PROGRAMMER'S RECIPE

第 04 章

ステートメントと特殊な演算子

本章ではC#のステートメントと特殊な演算子を使ったレシピを紹介します。

052 条件に一致したときのみ実行したい

if	
関連	043 条件によって値が変わる式を書きたい（条件式を使いたい） P.076
利用例	ある条件に合致したときのみ処理を行う

ifステートメントを利用する

ifステートメントを利用すると、特定の条件に合致したときに実行するブロックを定義できます。

```
// キーワードifに続けて()にbool型の式を記述する
if (args.Length == 0) // args配列が要素数0の場合、続く{}内を実行する
{
    Console.WriteLine("引数が不足しています");
    Environment.Exit(1);
}
// args.Length != 0ならば、ifステートメントの次へ進む
```

ifに続く()に記述する条件式はbool型でなければなりません（表4.1）。0や空文字列は型が違うためコンパイルエラーとなります。

表4.1 条件式として使用可能か

条件式	値	型	使用可能
(true)	true	bool	○
(false)	false	bool	○
(char.IsDigit('1'))	true	bool	○
(0)	0	int	×
(string.Empty)	""	string	×

053 複数の条件毎に実行したい

`if` | `else`

関連	043 条件によって値が変わる式を書きたい（条件式を使いたい） P.076
利用例	条件毎に異なるブロックを実行する

elseキーワードを利用する

ifステートメントに続けてelseキーワードを置くことで、ifの条件に合致しなかったときに実行するブロックを定義できます。elseの後に空白とifを続けることで新たな条件を加えることも可能です。

```
if (args.Length == 0)       // args配列が要素数0の場合、続く{}内を実行する
{
    Console.WriteLine("引数が不足しています");
    Environment.Exit(1);
}
else if (args.Length > 1)  // args配列が要素数1より大きければ、続く{}内を実行する
{
    Console.WriteLine("引数が多過ぎます");
    Environment.Exit(1);
}
else     // args配列の要素数が0でも1より大きくもなければ、続く{}内を実行する
{
    DoSomething(args[0]);
    Environment.Exit(0);
}
// elseを置くことで、すべての場合の数が網羅される
```

054 条件によって処理を分岐したい

`switch` | `case` | `break` | `goto`

関 連	—
利用例	ある変数の値によって処理を分岐したい

switchステートメントを利用する

switchステートメントは、指定した式（switch式）の値によって処理を分岐させます。分岐先は、switch式に対応する条件を示すcaseラベルによって示します。

caseラベルはキーワードcaseの後ろに1つ以上の空白と条件値を示す定数を置いて、「:」で終結させた文です。caseラベルによって開始した処理はbreakステートメントで終了し、switchブロックを退出します。

caseラベルの直後に他のcaseラベルを続けることで複数の条件時の処理を記述できます。

●switchステートメント

```
switch (args.Length)       // switch（switch式）でブロックを開始する
{
case 0:                    // 式の値が合致するcase（switchセクション）を実行する
    Console.WriteLine("引数なし");
    break;                 // switchセクションはbreakで終了する
case 1:                    // 複数の条件に合致するswitchセクションを記述する場合は
case 2:                    // caseラベルを連続させる
    Console.WriteLine("引数は1または2");
    break;
case 3:
    Console.WriteLine("引数は3または");
    goto case 4;           // 処理記述後に後続のcaseを実行する場合はgotoステートメントで
                           // 飛び先のラベルを指定する
case 4:
    Console.WriteLine("引数は4");
    break;
default:                   // defaultラベルはcaseで指定した条件に合致しない場合に実行される
    Console.WriteLine("引数はたくさん");
    break;
}                          // switchブロックの終端
```

switch式はsbyte、byte、short、ushort、int、uint、long、ulong、char、string、列挙体およびこれらのnull許容型に限定されます。

055 インデックス付きループを作りたい

`for`

関連	045 インクリメント演算子、デクリメント演算子を使いたい　P.079
	057 無限ループを作りたい　P.094
	058 配列やコレクションの要素、LINQの結果を順に処理したい　P.096
	076 変数の値を埋め込んだ文字列（補間文字列）を作りたい　P.120
利用例	配列の要素をインデックス指定でアクセスする

forステートメントを利用する

　forステートメントは、forキーワードに続けて()内に初期化式、継続条件式、反復式をそれぞれ「;」で区切って記述することで、続くブロックを繰り返し実行します。

```
for（初期化式; 継続条件式; 反復式）{ 繰り返し処理 }
```

●forの使用例
```
// 1. 初期化式によってインデックス変数iを0に初期化する
// 2. 継続条件式によってiがargs配列のLengthプロパティ（配列要素数）より
//    小さいか判断する。false（等しいか大きい）ならばforステートメントを終了
// 3. ブロック（iとargs[i]をコンソール出力）を実行
// 4. 反復式によってiを1加算
// 5. 2.へ戻る
for (var i = 0; i < args.Length; i++)  // 初期化式で宣言した変数はforステートメント
                                       // 内でのみ有効
{
    Console.WriteLine($"要素{i}は{args[i]}です");
}
```

　初期化式、継続条件式、反復式はいずれも省略可能です。省略した場合、区切りの「;」のみ記述します レシピ057 。

056 条件付きループを作りたい

`while` | `do`

関連	055 インデックス付きループを作りたい　P.091
利用例	ファイルの最後まで1行単位に読み込みたい

whileステートメントを利用する

　whileステートメントは、whileキーワードに続く()内に記述した継続条件式がtrueである限り続くブロックを実行します。

```
var f = new FileInfo("textfile.txt");
using (var reader = f.OpenText())
{
    // forステートメントの初期化式と異なりwhileステートメントが取るのは
    // 条件式なので継続条件式で利用する変数はあらかじめ定義が必要
    string line;
    // (line = reader.ReadLine())式はlineに代入された値となる
    // ファイルの終端を読み、値がnullになるとwhileステートメントを終了する
    // (継続条件は値がnullではないこと)
    while ((line = reader.ReadLine()) != null)
    {
        Console.WriteLine(line);
    }
}
```

　ここで示したwhileステートメントを利用してファイルから読み込んだデータがnullになるまでループさせる記述方法は、C言語が標準だった時代からのイディオムです。コンパクトな記述でありながら確実にファイル終端でループを抜ける堅実な記法なので、特別な理由がなければ利用すべきです。

doステートメントを利用する

　doステートメントはdoキーワードに続くブロックを実行後に、whileの後ろの()に記述した継続条件式を評価し、trueであればブロックの先頭に戻ります。whileステートメントやforステートメントと異なり、最初に少なくとも1回はループ本体を実行するのがdoステートメントの特徴です。

```
do      // doステートメントはdoの後ろにループ本体を記述
{
    Console.WriteLine("ループを抜けますか?(y/n)");
}       // doステートメントの継続条件式は、ループ本体後にwhileに続けて()内に記述する
while (Console.ReadLine() != "y");    // ここでの継続条件は入力がy[Enter]ではないこと
// y[Enter]が入力されるとループを抜ける
```

MEMO

057 無限ループを作りたい

for | while

関連	055 インデックス付きループを作りたい　P.091
	056 条件付きループを作りたい　P.092
	059 ループの途中で抜けたりスキップしたりしたい　P.098

利用例	定期的にファイルの増分をチェックする

forステートメントやwhileステートメントを利用する

　無限ループには、条件式を記述しないforステートメントか、または条件式にtrueを記述したwhileステートメントを利用します。

```
var log = new FileInfo("log.txt");
var last = 0L;              // 出力した範囲用変数
#if USE_WHILE               // #ifについては レシピ014 を参照
while (true)                // 条件式がtrueなのでループは終了しない
#else
for (;;)                    // 条件式がないのでループは終了しない
#endif
{
    log.Refresh();          // FileInfoの情報を最新状態にする
    if (last < log.Length)  // ファイル長がlastより大きくなったら
    {                       // 以下を実行する
        using (var stm = log.OpenRead())
        {
            // 読み込み開始位置を前回出力した位置に合わせる
            stm.Position = last;
            using (var reader = new StreamReader(stm))
            {
                // 前回出力位置の次から末尾までをコンソール出力する
                Console.Write(reader.ReadToEnd());
            }
        }
        // 出力した位置を更新する
        last = log.Length;
    }
    Thread.Sleep(1000);    // 1秒間待機する
}
```

> **NOTE**
> **無限ループにはforとwhileのどちらを使うべきか**
>
> 　無限ループにfor (;;)を使うかwhile (true)を使うかは好みの問題です。しかしfor(;;)を使うことでデバッグやテストのとき、簡単に上限を設定できるのでforの利用をお勧めします。
>
> 　たとえば、テストが完了するまでは「for (;;)」を「for (var debugLoop = 0; debugLoop < 3; debugLoop++) // 3回だけ実行」のように上限つきで記述しておき、最終版作成時に(;;)に書き直すことはそれほど危険ではありません。

058 配列やコレクションの要素、LINQの結果を順に処理したい

foreach	
関 連	055 インデックス付きループを作りたい P.091
利用例	配列に順次アクセスしたい

foreachステートメントを利用する

　foreachステートメントは、配列やコレクション、LINQの結果に対して先頭要素から最後の要素まで順にアクセスします。

　書式はforeachキーワードに続き、()内に取り出した要素を格納するための変数（反復変数）、inキーワード、式を空白で区切って記述します。反復変数はforeachステートメントのブロック内でのみ有効で、繰り返しの都度、式から順次要素を取り出して割り当てられます。

```
foreach (反復変数宣言 in 式) { 繰り返し処理 }
```

　式に記述できるのは、IEnumerable、IEnumerator、System.Collectionsおよびそれらのジェネリック型です。配列はIEnumerable<T>を実装しているため対象となります。

●配列の各要素を出力する
```
var array = new int[] { 1, 2, 3 };
foreach (var element in array)
{
    Console.WriteLine(element);    // => 1(改行) 2(改行) 3(改行) が出力される
}
```

forとの比較

　foreachステートメントはforステートメントと比較して、保護された反復変数を利用できることと、確実にループが終了できる点で安全かつ洗練されています。

　たとえばforステートメントブロック内でインデックス変数は代入が可能です。そもそもforステートメントの初期化式では必ずしも変数を宣言する必要もありません。それに対してforeachステートメントの反復変数宣言は要素の代入用に特別に宣言された変数です。このため、ブロック内で反復変数を破壊しようとすると、コンパイル時に

CS1656のエラーとなります。

```
error CS1656: 'elem' は 'foreach 繰り返し変数' であるため、割り当てることはできません。
```

LINQを利用する

LINQとの関係についてはforの場合とは事情が異なります。現在はLINQが利用できるため、foreachステートメントが活躍する場面は少なくなっています。

具体的には、要素の集約のように反復処理の結果を値として得る場合は、LINQを利用すべきです。

● LINQを用いて反復処理の結果を値として得る

```
// foreachを利用して奇数番目の要素の和を求める
sum = 0;
var index = 0;
foreach (var element in array)
{
    if (index % 2 == 1)
    {
        sum += element;
    }
    index++;
}
Console.WriteLine(sum); // => 2
// LINQを利用して奇数番目の要素の和を求める
Console.WriteLine(array.Where((element, i) => i % 2 == 1).Sum()); // => 2
```

foreachの最適な利用局面は、全要素に対して適用する処理そのものが主眼となる場合です。たとえば各要素をConsole.WriteLineで出力する処理はLINQではなくforeachの役割です。

> **COLUMN　List<T>に対するForEachとLINQ**
>
> List<T>にはForEach(Action<T>)というforeachステートメントを代替するメソッドが実装されています。
>
> foreachとLINQの使い分けは、値を返すのか、処理そのものに意味があるのかで判断します。List<T>のForEachメソッドが値を返さないAction<T>で、LINQにはForEachがないという点は示唆的です。

059 ループの途中で抜けたり スキップしたりしたい

break | continue

関連	055 インデックス付きループを作りたい　P.091
	056 条件付きループを作りたい　P.092
	058 配列やコレクションの要素、LINQの結果を順に処理したい　P.096

利用例	テキストファイルの行単位の読み込み時に、空行をスキップしたり内容のエラーで中断したりする

breakとcontinue

for、while、do、foreachの各ステートメントのループ内では次の2つのステートメントでブロック内の実行を制御できます。

- break
  breakステートメントは、実行時点でループを抜けます。

- continue
  continueステートメントは、実行時点でブロック内の後続の処理をスキップし、次の繰り返しを開始します。もし最後の繰り返し（たとえばforeachであれば最後の要素の実行時）であればループを抜けます。

●breakとcontinueの例

```
var array = new int[] { 1, 2, 3, 4, 5, -2, 6, 7 };
foreach (var element in array)
{
    if (element < 0)          // もし要素が0より小さければループを終了する
    {
        break;
    }
    if (element % 2 == 1)  // もし要素が奇数であれば後続の処理をスキップする
    {
        continue;
    }
    Console.WriteLine(element); // => 2(改行)4(改行)が出力される
}
```

ループを中断するには、他にもreturnステートメント（メソッドそのものから退出）と レシピ060 で説明するgoto（指定位置へ制御を移す）、レシピ288 で説明するthrowが利用できます。

060 ネストしたループから抜け出したい

`goto`

関連	055 インデックス付きループを作りたい　P.091 056 条件付きループを作りたい　P.092 058 配列やコレクションの要素、LINQの結果を順に処理したい　P.096
利用例	複数のインデックスを利用したループ内で結果を得たら探索を終了する

gotoステートメント

　gotoステートメントは指定したラベル（末尾を「:」で終わらせた識別子）へ制御を移します。有名なgoto有害論（ノートを参照してください）のgotoとほぼ同等の機能です。ただし、飛び先に指定するラベルは、変数の可視性ルールにしたがいます。つまり、ブロックの内側やメソッドをまたがるラベルは指定できません。

> **NOTE**
> **gotoステートメントの是非**
> 　現代では、まるで「くだん（半人半牛の妖怪）」のように実際に使われているコードを見たこともないのに嫌い恐れる人が存在するのが興味深い点です。
> 　gotoを使わずに多重ループを抜けるために、状態変数を導入して複雑なif文と多数のbreakを書くのであれば1つのgotoを記述すべきです。

●x, y, zの3つのループの内側からの脱出

```
for (var x = 1; x < 100; x++)
{
    for (var y = 1; y < 100; y++)
    {
        for (var z = 1; z < 100; z++)
        {
            // xの2乗が3y+5zと等しくなったら処理を終了する
            if (Math.Pow(x, 2) == 3 * y + 5 * z)
            {
                Console.WriteLine($"x^2 == 3 * y + 5 * z; x={x}, y={y}, z={z}");
                goto found;    // ラベル末尾の「:」は書かない
            }
        }
    }
```

```
        }
        Console.WriteLine("unknown");    // 最後までループを走ったら見つからなかったことになる
found:                                   // ラベルは識別子＋「:」で記述する
        Console.WriteLine("end");
```

gotoの便利な利用方法

　gotoは他にもエラー検出時の処理をメソッドの末尾にまとめてそこへ分岐させるといった利用方法があります。VB的なコードなので嫌う人もいますが、出力するメッセージやログの取り方が決まっているような場合はそれなりに良いコードとなります。

●エラー表示を1箇所にまとめる

```
bool func()
{
    ...
    if (!success)
    {
        goto error;    // エラーを検出したらエラー処理へ制御を移す
    }
    ...
    return true;       // 正常時にはここでメソッドから戻る
error:                 // 以下にエラー時の処理を記述する
    Console.WriteLine("errorが発生");
    return false;
}
```

　なお、ラベルはメソッドの末尾には置けません。どうしても末尾にラベルが必要な場合は「;」を配置します。

●メソッドの末尾にラベルを置く

```
void func()
{
    ...
label:
    ;    // TODO:ログの出力（ラベルの後に何も処理が必要なければ空文を作る）
}
```

4.3 リソース管理

061 リソースを自動クローズしたい

using	
関連	—
利用例	ファイルからデータを読み込む

usingステートメントを利用する

　usingステートメントは、usingキーワードに続く()内にIDisposableインターフェイスを実装したクラスまたは構造体の変数宣言を1つ記述します。後続のブロックの実行後、IDisposable.Disposeが呼び出されるため、リソースのリークが防げます。この動作はusingステートメントのブロック内で例外がスローされた場合も保証されます。

●ファイルから1行ずつコンソールへ出力する
```
var f = new FileInfo("textfile.txt");
// FileInfo.OpenTextが返すStreamReaderはIDisposableを実装
using (var reader = f.OpenText())
{
    string line;
    while ((line = reader.ReadLine()) != null)
    {
        Console.WriteLine(line);
    }
}
// usingステートメントを抜ける時点で、自動的にreader.Dispose()が呼び出される。
```

　リソース変数宣言部でIDisposableインターフェイスを実装していないクラス／構造体を指定するとコンパイルエラーとなります。

062 クリティカルセクションを作成したい

`lock`

関　連	—
利用例	複数のスレッドで正しくカウンターを更新する

lockステートメントを利用する

　lockステートメントを利用すると、同時に1つのスレッドのみが実行できる領域を作成できます。同時に複数のスレッドが実行しようとすると、2つ目以降のスレッドは、現在実行中のスレッドがステートメントを抜けるまで待機状態となります。

　lockキーワードに続けて()内にロックに利用するオブジェクトを指定し、ロック状態で実行されるブロックを続けます。

●スレッドセーフなカウンター

```
class Counter
{
    // lockに利用するオブジェクトは参照型の必要がある
    // この例のようにロック対象が値型の場合はprivateなオブジェクトを用意する
    // C#ではアクセス修飾子をつけないメンバーはprivateとなる
    object key = new object();
    // 必ずメソッド経由でlockしてアクセスされるようにprivateとする
    int counter;
    internal int Add()
    {
        lock (key)   // counterのインクリメントと取得をロックする
        {
            return ++counter;
        }
    }
    internal int Current
    {
        get
        {
            lock (key) // counterの取得をロックする
            {
                return counter;
            }
        }
    }
}
```

063 オブジェクトの型を調べたい

is

関　　連	064　オブジェクトの型を例外なしに変換したい　P.104
利 用 例	オブジェクトの型が指定した型かどうか調べる

is演算子

　is演算子は、左項のオブジェクトが右項で指定した型かどうかを調べ、結果をbool型で返す2項演算子です。

　右項に指定できるのはstringなどのC#の組み込み型名、クラス名（ユーザー定義を含む。以下同様）、インターフェイス名、構造体名、enum名、配列宣言など、変数の型宣言に利用できるものと同じです。

●オブジェクトの型を検査する

```
// var stc = "abc"と記述するとコンパイラがstring型と正しく判定するため
// 3番目と5番目のis演算子は警告が表示される
object str = "abc";
Console.WriteLine(str is object);       // => True   string型はobject型から派生
Console.WriteLine(str is string);       // => True   string型
Console.WriteLine(str is IEnumerator);  // => False  string型はIEnumeratorを
                                                     実装しない
Console.WriteLine(str is IEnumerable);  // => True   string型はIEnumerableを実装する
Console.WriteLine(str is char[]);       // => False  string型は文字配列ではない
```

　上の例のコメントにあるように、コンパイル時に判明している型（varで宣言するとstr変数はstring型となる）とis演算子の右項が合わない場合は、コンパイラによってCS0184の警告が出力されます。

064 オブジェクトの型を例外なしに変換したい

as

関連	029 数値型を拡大／縮小したい P.053
	063 オブジェクトの型を調べたい P.103

利用例	object型のコレクションからオブジェクトを取り出す

as演算子を利用する

オブジェクトの型を変換するには、数値と同様 レシピ029 にキャスト式を利用します。もし、キャスト式で指定した型と実際の型が合わない場合にはInvalidCastException例外が通知されます。

as演算子を利用すると、型が合わない場合は例外ではなくnullが返ります。

as演算子は、左項で指定したオブジェクトを右項で指定した型かどうかを判断し、変換できればその型にキャストし、できなければその型にキャストしたnullを返します。

```
// var str = "abc"と記述するとコンパイラがstring型と正しく判定するため
// 3番目と5番目のas演算子はコンパイルエラーとなる
object str = "abc";
Console.WriteLine(str as object);       // => abc
Console.WriteLine(str as string);       // => abc
Console.WriteLine(str as IEnumerator);  // => (nullが返るため空文字列となる)
Console.WriteLine(str as IEnumerable);  // => abc
Console.WriteLine(str as char[]);       // => (nullが返るため空文字列となる)
```

上の例のコメントにあるように、コンパイル時に判明している型（varで宣言するとstr変数はstring型となる）とas演算子の右項が合わない場合は、コンパイラによってCS0039のコンパイルエラーとなります。

as演算子の動作は、レシピ063 を利用した以下の条件式 レシピ043 と同等です。

●left as rightを条件式で記述

```
(left is right) ? (right)left : (right)null
```

4.4 特殊な演算子

065 オブジェクトの型オブジェクトを取得したい

| typeof | object.GetType |

| 関連 | ― |
| 利用例 | リフレクションを使うためにTypeオブジェクトを取得する |

typeof演算子を利用する

typeof演算子に型名を与えることで、該当するTypeオブジェクトを取得できます。
C#の構造体やクラスは、それぞれ対応するTypeクラスのインスタンスとして実装されています。このインスタンスを利用して、メソッドやプロパティに対応するオブジェクトを取得してリフレクションを利用したり、ログへ出力する情報を得ます。

●stringのTypeオブジェクトを取得して完全修飾名とpublicメソッドを表示する

```
// using System.Linq; using System.Reflection; が必要
var strType = typeof(string);
Console.WriteLine(strType.FullName);      // => System.String
// stringは多数のオーバーロードされたメソッドを持つのでメソッド名で一意にしてソートする
foreach (var name in strType.GetMethods().Select(m => m.Name)
                                         .Distinct().OrderBy(s => s))
{
    Console.WriteLine(name);              // => Clone(改行)...TrimStart(改行)
}
```

GetTypeメソッドを利用する

オブジェクトからTypeオブジェクトを取得するには、GetTypeメソッドを利用します。

●32 (int) のTypeオブジェクトを取得して完全修飾名とpublicメソッドを表示する

```
var intType = 32.GetType();      // 数値は構造体のオブジェクトなので直接メソッドを呼べる
Console.WriteLine(intType.FullName);    // => System.Int32
// intは多数のオーバーロードされたメソッドを持つのでメソッド名で一意にしてソートする
foreach (var name in intType.GetMethods().Select(m => m.Name)
                                         .Distinct().OrderBy(s => s))
{
    Console.WriteLine(name); // => CompareTo(改行)...TryParse(改行)
}
```

as | typeof | object.GetType

066 nullならば既定値を与える式を書きたい

??	
関連	172 nullかも知れないオブジェクトのメソッドやプロパティにアクセスしたい P.259
利用例	nullならば既定値を利用する

??演算子

??演算子は、左項がnull以外ならば左項を、左項がnullならば右項を返します。多数の項を連結した場合は、最左端からnullかどうかの評価を行い、最初に出現した非nullの項を返します。

● ??演算子の利用

```
string Foo() { return null; }
string Bar() { return null; }
...
// Foo()とBar()はnullなのでxは"default"となる
var x = Foo() ?? Bar() ?? "default";
Console.WriteLine(x);            // => default
// 最後がBar()なのでxはnullとなる
x = Foo() ?? Bar();
Console.WriteLine(x);            // =>
```

??演算子は、?.演算子 レシピ172 と組み合わせると効果的です。

● 文字列がnullなら長さを0とする

```
string Foo() { return null; }
...
var length = Foo()?.Length ?? 0;
Console.WriteLine(length);       // => 0
```

PROGRAMMER'S RECIPE

第 05 章

文字列

本章では文字列のレシピを取り上げます。
文字列はC#のstring型、.NET FrameworkのSystem.Stringクラスのオブジェクトです。

067 同じ内容の文字列か調べたい

| == | != |

関連	—
利用例	文字列が同じかどうか調べる

同じ文字列かどうかを調べる

C#で2つの文字列が同じ内容かどうかを調べるには、数値などと同様に==を利用します。

●いろいろな作り方をした文字列が等しいか調べる

```
var expected = "string";
Console.WriteLine(expected == new String(
            new char[] {'s', 't', 'r', 'i', 'n', 'g'}));  // => True
var sb = new StringBuilder().Append('s').Append("tri");
Console.WriteLine(expected == sb.ToString() + "ng");      // => True
```

異なる文字列かどうかを調べる

異なる内容の文字列かどうかを調べるには!=を利用します。

●文字列が等しくないか調べる

```
var expected = "string";
Console.WriteLine(expected != new String(
            new char[] {'s', 't', 'r', 'i', 'n', 'g'}));  // => False
```

COLUMN （同一文字列ではなく）同一オブジェクトかどうかを調べる

同一のオブジェクトかどうかは、object型にキャストして==を適用することで判断できます。非ジェネリックコレクションに格納したstringオブジェクトを取り出すとobject型となるため、文字列として正しく比較するにはstring型へキャストする必要がある点に注意してください。

●文字列オブジェクトが同じオブジェクトか調べる

```
var expected = "string";
Console.WriteLine((object)expected == (object)new String(
        new char[] {'s', 't', 'r', 'i', 'n', 'g'}));        // => False
var sb = new StringBuilder().Append('s').Append("tri");
Console.WriteLine((object)expected == (object)sb.ToString() + "ng");
// => False
```

068 文字列の大小を比較したい

string.Compare	string.CompareOrdinal	string.CompareTo
System.Globalization.CompareInfo		

関連	—
利用例	文字列をソートする

大小比較の方法

文字列の大小を比較するには次の3種のいずれかを利用します。

❶静的メソッドの string.Compare(string, string) を利用する

❷静的メソッドの string.CompareOrdinal(string, string) を利用する

❸string.CompareTo(string) を利用する

このうち❸は❶の第1引数をthisにして第2引数を与えるインスタンスメソッドで、string.Compare(a, b) == a.compareTo(b) となります。ただし、aがnullの場合、a.CompareTo(b)はNullReferenceException例外となりますが、string.Compare(a, b)は例外となりません。なお、null < "" == "\0" < "\x01" という関係です。ただし、CompareOrdinalについてはnull < "" < "\0" < "\x01" となります。

CompareとCompareOrdinalはいずれも第1引数のほうが大きければ0よりも大きな数を、等しければ0を、第1引数のほうが小さければ0未満の数を返します。0以外の数については1や-1などの定数とは決まっていない点に注意してください。したがって結果を調べるには「< 0」、「== 0」、「> 0」のように0と比較します。覚え方は、「第1引数－第2引数として求めた値が返る（第1引数が大きければ0よりも大きな数、等しければ0、第1引数が小さければ負値）」です。

CompareとCompareOrdinalの違いは、Compareはカルチャを考慮した照合を行い、CompareOrdinalはユニコードの値の大小で比較することです。漢字の名前などをソートするにはCompareのほうがある程度50音順になるため都合が良いと思います。一方CompareOrdinalのほうが処理が単純なため高速です。

●**Compare と CompareOrdinal による差**

```
// Compareは漢字をシフトJISコード（だいたい音読みの50音順）の大小で判断する
// 日（にち）のコードは0x93fa、英（えい）のコードは0x8970
if (string.Compare("日本語", "英語") < 0)
{   // > 0が返る（ifはfalseとなる）ので以下は出力されない
    Console.WriteLine("Compareでは英語が大きい");
}
// CompareOrdinalはユニコードの値で判断する
// 日は\u65e5、英は\u82f1
if (string.CompareOrdinal("日本語", "英語") < 0)
{   // < 0が返る（ifはtrueとなる）ので以下が出力される
    Console.WriteLine("CompareOrdinalでは英語が大きい");
}
```

仮名および全角半角を区別しない比較

　片仮名と平仮名および半角と全角を区別しない比較を行う場合は、System.Globalization.CompareInfoクラスを利用します。

●**Sample068-2.cs：全角半角を区別しないで比較する**

```
using System;
using System.Globalization;
class CInfo
{
    static void Main()
    {   // 日本語-日本国のカルチャは"ja-JP"を指定する
        var info = CompareInfo.GetCompareInfo("ja-JP");
        // 仮名の違いを無視して比較する => 0 が返る
        Console.WriteLine(info.Compare("あいうえお", "アイウエオ",
            CompareOptions.IgnoreKanaType));
        // 全角半角の違いを無視して比較する => 0 が返る
        Console.WriteLine(info.Compare("アイウエオ", "ｱｲｳｴｵ",
            CompareOptions.IgnoreWidth));
        // 仮名の違いと全角半角の違いを無視して比較する => 0 が返る
        Console.WriteLine(info.Compare("あいうえお", "ｱｲｳｴｵ",
            CompareOptions.IgnoreKanaType | CompareOptions.IgnoreWidth));
    }
}
```

069 文字列がnullまたは長さ0かを調べたい

`string.IsNullOrEmpty`

関連	073 空文字列を使いたい P.117
利用例	設定値がnullか空文字列だったらエラーとする

IsNullOrEmptyメソッドを利用する

stringのIsNullOrEmpty静的メソッドは、引数で与えたstring型データがnullまたは空文字列（長さ0の文字列）であればtrue、そうでなければfalseを返します。

●文字列パラメーターがnullまたは空文字列であれば例外とする

```
void StringIsRequired(string arg)
{
    if (string.IsNullOrEmpty(arg))
    {
        throw new ArgumentException("argパラメーターが空です");
    }
}
```

070 文字列内の文字数を調べたい

| string.Length | サロゲートペア | char.IsLowSurrogate |

| 関連 | 071 文字列の半角数（シフトJISのバイト数）を調べたい P.114 |
| 利用例 | 文字数をチェックする |

Lengthプロパティを利用する

stringオブジェクトのLengthプロパティは文字列内の文字数を返します。

●5文字以内の名前入力

```
Console.WriteLine("名前を5文字以内で入力してください");
for (;;)
{
    var name = Console.ReadLine();
    if (name.Length <= 5)
    {
        Console.WriteLine($"こんにちは{name}さん");
        break;
    }
    Console.WriteLine("5文字以内で入力してください");
}
```

サロゲートペアを考慮する

　ただし、サロゲートペア（2文字分で1文字を表現する文字）は2とカウントされるため、注意が必要です。たとえば名前として最大5文字が入力できる場合、サロゲートペアをユーザーが入力した場合、Lengthプロパティは5を超えます。つまりLengthプロパティは文字数というよりも、char（ユニコード16ビット）数を返すというのが正確です。

　サロゲートペアで表現される文字としてホッケ（魚偏に花）などのJIS第3水準、第4水準の文字や、絵文字があります。これらは単漢字辞書を使えば入力できるため、プログラム内部では利用しなくても、ユーザー入力（ファイルなどを含む）を受け付けるアプリケーションを作成する場合は対応する必要があります。

● サロゲートペアを考慮して書き換えた例

```
for (;;)
{
    var name = Console.ReadLine();
    // LINQを利用して文字列内のサロゲートペアの下位文字以外をカウントする
    if (name.Where(c => !char.IsLowSurrogate(c)).Count() <= 5)
    {
        Console.WriteLine($"こんにちは{name}さん");
        break;
    }
    Console.WriteLine("5文字以内で入力してください");
}
```

071 文字列の半角数（シフトJISのバイト数）を調べたい

Encoding.GetByteCount | Encoding.GetEncoding(932) | Encoding.Default

関連	070 文字列内の文字数を調べたい　P.112
	078 バイト配列から文字列を作りたい　P.122
	086 文字列からバイト配列を作りたい　P.130

利用例	SAやFA用の固定幅プリンタ用に印字データを作る

EncodingオブジェクトのGetByteCountで文字列のバイト数を求める

　SA（ストアオートメーション）やFA（ファクトリオートメーション）に利用されるレシートプリンタは半角／全角といった固定長の角数（桁数）でレイアウトするものが主流です。たとえば42桁プリンタであれば、1行当たり半角が42文字、全角が21文字印字できます。したがってレイアウトするときは、文字列の長さとして角数を意識しなければなりません。

　それに対して レシピ070 で示したように、stringのLengthプロパティで得られるのはユニコードの文字数です。半角であろうが全角であろうが1文字とカウントされるため、そのままでは利用できません。

　ここでは文字列の半角数（CP932のバイト数に等しい）を求める方法を示します。

●stringをCP932（WindowsのシフトJIS）のバイト配列に変換した場合の長さを求める

```
var str = "ｱｲｳｴｵｱｲｳｴｵ";  // str.Length => 10
// EncodingクラスはSystem.Textネームスペースのクラス
// GetEncodingにコードページを指定してEncodingオブジェクトを取得する
// 932は日本語コードページ
var count = Encoding.GetEncoding(932).GetByteCount(str);  // count => 15
// 日本語WindowsではEncoding.Defaultはコードページ932となる
count     = Encoding.Default.GetByteCount(str);           // count => 15
```

　なお元の文字列がサロゲートペアをはじめとしたCP932範囲外の文字を含む場合は、範囲外の各文字は「?」1文字（サロゲートペアであれば「??」の2文字）としてカウントされます。

072 指定した文字や文字列の出現位置を調べたい

string.IndexOf	string.LastIndexOf	StringComparison.OrdinalIgnoreCase
System.Globalization.CompareInfo		

関連	067 同じ内容の文字列か調べたい　P.108
利用例	文字列に特定の文字や文字列が含まれているか調べる

string.IndexOfメソッドやstring.LastIndexOfメソッドを利用する

　string.IndexOfメソッドは引数で指定した文字または文字列の出現位置を返します。見つからない場合は-1を返します。

　string.LastIndexOfメソッドは引数で指定した文字または文字列を末尾から検索した場合の出現位置を返します。見つからない場合は-1を返します。

● IndexOf と LastIndexOf

```
var path = @"c:\Users\user\Documents\test.txt";
if (path.IndexOf(':') == 1)
{
    Console.WriteLine($"ドライブレター {path[0]}が指定されています");
}
var startExt = path.LastIndexOf('.');
if (startExt >= 0)
{
    Console.WriteLine($"拡張子は{path.Substring(startExt)}です");
}
// IndexOf, LastIndexOfの第2引数にStringComparison.OrdinalIgnoreCaseを指定すると
// 大文字小文字を無視した検索となる
startExt = path.LastIndexOf(".TXT", StringComparison.OrdinalIgnoreCase);
if (startExt >= 0)
{
    Console.WriteLine("テキストファイルです");
}
// 出力は
// ドライブレター cが指定されています
// 拡張子は.txtです
// テキストファイルです
```

LINQを組み合わせる

IndexOfとLINQを組み合わせると、文字列の構成文字チェックが容易にできます。

●16進文字列かチェックする

```
// 大文字のみ許可するのであれば"0123456789ABCDEF"に修正する
const string HexChars = "0123456789ABCDEFabcdef";
...
bool IsHexChars(string s)
{
    return s.All(c => HexChars.IndexOf(c) >= 0);
}
```

> **NOTE**
> **仮名や全角半角の違いを無視した検索**
> 　仮名の違いや全角半角の違いを無視した検索を行うには、System.Globalization.CompareInfoのIndexOf、LastIndexOfメソッドを利用します。

073 空文字列を使いたい

`string.Empty`

関連	069 文字列がnullまたは長さ0かを調べたい P.111
利用例	既定の文字列として空文字列で初期化する

string.Empty値を利用する

stringの静的フィールドのstring.Emptyは空文字列（長さ0の文字列）です。

```
// config.Nameプロパティが設定されていたらそれを利用し、そうでなければ空文字列を利用する
var s = (string.IsNullOrEmpty(config.Name)) ? string.Empty : config.Name;
```

074 特殊な文字を含んだ文字列を定義したい

| ￥ | エスケープ |

| 関 連 | 075 改行や￥を含んだ文字列（逐語的文字列）を定義したい　P.119 |
| 利用例 | 文字列に改行やタブを埋め込みたい |

エスケープシーケンス

文字列リテラルに改行やタブなどの制御コードを含めるにはエスケープシーケンスを利用します（**表5.1**）。

表5.1 主なエスケープシーケンス

記法	文字名	16進値	備考
￥"	ダブルクォーテーション	0x27	リテラル終端の「"」と区別
￥￥	円記号（バックスラッシュ）	0x5c	エスケープシーケンスの開始と区別
￥0	Null	0x00	
￥a	ベル	0x07	
￥b	バックスペース	0x08	
￥f	フォームフィード	0x0c	プリンタのフィード
￥n	改行	0x0a	
￥r	復帰	0x0d	
￥t	水平タブ	0x09	
￥v	垂直タブ	0x0b	
￥xNNNN	バイナリNNNN	0xNNNN	￥xに続けて1～4桁16進数で文字コードを指定
￥uNNNN	ユニコードNNNN	0xNNNN	￥uに続けて4桁16進数で文字コードを指定

● 改行、タブとダブルクォーテーションを含んだ文字列の表示

```
// ￥xは後続の文字最大4桁または16進文字以外が出現するまでをエスケープする
// 決まりはないが、ASCII制御文字は￥x2桁を使い、それ以外は￥uNNNNを使うのが良い
Console.WriteLine("01234567￥r￥n￥t￥"文字列￥"￥x0d￥x0a￥x09X");
// 出力は
// 01234567
//         "文字列"
//         X
```

075 改行や¥を含んだ文字列（逐語的文字列）を定義したい

`@""`

関連	074 特殊な文字を含んだ文字列を定義したい　P.118
	087 正規表現を利用してマッチングを行いたい　P.131

利用例	パス名や正規表現などの「¥」を多数含む文字列を定義する

逐次的文字列

　文字列リテラルを「@"」で開始すると逐語的文字列（verbatim string）となります。
　逐語的文字列は、リテラル内に改行や「¥」を直接記述できます。このため、レシピ074 で示したエスケープシーケンスは利用できません。
　逐語的文字列内に「"」を含める場合は「""」と、2重に記述します。

●逐語的文字列の利用

```
var path = @"c:¥Users¥example¥Documents";
var text = @"この
""文字列""は
3行あります。";
Console.WriteLine(path);
Console.WriteLine(text);
// 出力は
// c:¥Users¥example¥Documents
// この
// "文字列"は
// 3行あります。
```

　逐語的文字列は、ソースファイル内にSQLやHTMLを整形して定義したい場合にも役に立ちます。

●SQLの定義

```
const string QueryString = @"
select col1
      ,col2
  from
    FOO_TABLE
  where
      col3 = @param1
  order by col4
";
```

076 変数の値を埋め込んだ文字列（補間文字列）を作りたい

`$"{}"` C#6

関連	030 数値をゼロ埋めや3桁区切りなどの整形した文字列にしたい　P.055
	074 特殊な文字を含んだ文字列を定義したい　P.118

利用例	string.Formatをシンプルに記述する

補間文字列

文字列リテラルを「$"」で開始すると補間文字列となります。

補間文字列は、リテラル内の「{」と「}」の間に埋め込まれた式（変数を含む）を実行時に評価して文字列に組み込みます。

補間文字列は補間以外の機能は通常の文字列と同様なので レシピ074 のエスケープシーケンスはそのまま利用可能です。文字として「{」と「}」を文字列に含めるにはそれぞれ「{{」「}}」とエスケープします。

● 補間文字列の利用

```
var i = 12345;
Console.WriteLine($"{i} + 32 = {i + 32:#,#}");
Console.WriteLine($"補間文字列に{{を含めるには{{{{と入力します");
// 出力は
// 12345 + 32 = 12,377
// 補間文字列に{を含めるには{{と入力します
```

補間文字列に埋め込んだ「{}」内の式の後ろには、string.Formatメソッドのテンプレートと同様に「,配置指定」や「:書式指定」を記述できます。

補間文字列の実体はstring.Formatメソッドの呼び出しです。C#コンパイラは補間文字列内の式を引数インデックスに置き換え、式の値を引数としてstring.Formatへ与えます。

077 同じ文字の繰り返し文字列を作りたい

`new string(char, int)`

関連	—
利用例	ファイルの区切りなどに連続する「-」を使いたい

stringのコンストラクターを利用する

stringのコンストラクター(char, int)を利用すると、第1引数で指定した文字を第2引数で指定した数繰り返した文字列を作成できます。

●出力区切りに80文字の-を利用する

```
var separator = new string('-', 80);
Console.WriteLine(separator); // => ------(略)-------
```

078 バイト配列から文字列を作りたい

> Encoding.GetString

関連	071	文字列の半角数（シフトJISのバイト数）を調べたい　P.114
	086	文字列からバイト配列を作りたい　P.130
	192	バイナリファイルを作りたい　P.294

利用例	ファイルから読み込んだデータを文字列にする

GetStringメソッドを利用する

バイト配列をstringに変換するにはSystem.Text.EncodingのGetStringメソッドを利用します。このとき、元のバイト配列のエンコーディングに合った適切なEncodingオブジェクトを利用します。

●シフトJISの文字列を含むバイト配列から文字列を得る

```
// バイト配列recordの最初の要素には後続の文字列の長さが格納されているものとする
// ここでは、12バイトの配列に文字列の長さ6、シフトJISの「バイト」、フィラーの255が入っている
var record = new byte[] { 6, 131, 111, 131, 67, 131, 103, 255, 255, 255,
255, 255 };
// GetStringにはバイト配列、変換開始位置、バイト数を与える
var text = Encoding.Default.GetString(record, 1, record[0]);
Console.WriteLine(text);        // => バイト
```

GetStringメソッドには引数としてバイト配列のみを与えることもできます。その場合、与えたバイト配列全体がstringに変換されます。

Encodingオブジェクトの取得方法

通常利用するEncodingオブジェクトは表5.2のいずれかの方法で取得します。

表5.2　Encodingオブジェクトの取得方法

呼び出し	内容
Encoding.GetEncoding(932)	コードページ932（WindowsのシフトJIS）のエンコーディング
Encoding.Default	WindowsのANSIコードページ（日本語Windowsであれば932）
Encoding.ASCII	ASCII
Encoding.UTF8	UTF-8
Encoding.Unicode	UTF-16

079 連結した文字列を作りたい

string.Concat	string.Join	string.Join<T>(string, IEnumerable<T>) および
関連	—	string.Concat<T>(IEnumerable<T>) は .Net Framework 4.0
利用例	配列を文字列化する	

「+」演算子を利用する

オブジェクトを連結して文字列を作成する場合、文字列が含まれていれば「+」演算子を利用します。

●文字列と数値を連結した文字列を作成する
```
Console.WriteLine(0 + "a" + 2);   // => 0a2
```

string.Concatとstring.Joinメソッドを利用する

文字列が含まれないか、出現位置より前に数値演算が行われる場合は、string.Concatを利用します。

●数値を連結した文字列を作成する
```
// 以下は文字列の+演算ではないため、数値の合計となる
Console.WriteLine(0 + 1 + 2);                    // => 3
// string.Concatは与えられたobjectを文字列として結合する
Console.WriteLine(string.Concat(0, 1, 2));       // => 012
```

string.JoinメソッドはConcatと同様に与えたオブジェクトを連結しますが、第1引数で指定した文字列を各オブジェクト間に挟みます。つまり、string.Concat(a, b) == string.Join(string.Empty, a, b) という関係が成り立ちます。

string.Concat、string.Joinは、.NET Framework 4.0以降はLinq (IEnumerable<T>) を引数に与えられます。それ以前のバージョンでは、string配列、object配列および複数のobject引数または複数のstring引数のみが指定できます。

●カンマ区切りで配列の内容を表示する
```
var data = new string[] { "Man", "Seven", "Ace", "Taro" };
// 先頭と末尾に「"」を付けて、配列要素間を「","」で結合した文字列を作成する
Console.WriteLine(string.Concat("¥"", string.Join("¥",¥"", data), "¥""));
// 出力は
// "Man","Seven","Ace","Taro"
```

080 部分文字列を取得したい

`string.Substring`

関連	072 指定した文字や文字列の出現位置を調べたい P.115
利用例	文字列の最後の¥を削除する

string.Substringメソッドを利用する

string.Substringを利用すると、文字列から部分文字列を取り出せます。
Substring(int)は、指定したインデックス以降の文字列、Substring(int, int)は第1引数で指定したインデックスから第2引数で指定した文字数分の文字列を取り出して新しい文字列を返します。

●部分文字列の取り出し

```
var str = "0123456789";
Console.WriteLine(str.Substring(4));      // => 456789
Console.WriteLine(str.Substring(4, 2));   // => 45
Console.WriteLine(str.Substring(9));      // => 9
Console.WriteLine(str.Substring(10));     // => 空文字列
Console.WriteLine(str.Substring(4, 0));   // => 空文字列
```

第1引数をstart、第2引数をlengthとした場合、string.Length >= start + length && start >= 0 && length >= 0を満たさないとArgumentOutOfRangeException例外となります。

●文字列pathの最後が¥だったら削除する

```
if (path.LastIndexOf('¥') == path.Length - 1)
{
    // Substringは新しい文字列を返すので必要であれば変数へ再代入する
    path = path.Substring(0, path.Length - 1);
}
```

081 文字列から文字を取り出したい

関連	—
利用例	文字列から文字を取り出す

インデクサーを利用する

文字列を構成する文字を取り出すにはインデクサー[int]を利用します。

●str変数の先頭文字が数字でなければエラーとする

```
// 既にstring.IsNullOrEmpty(str)で1文字以上あることは確認済みとする
// char.IsNumberメソッドは引数の文字が数字ならtrueを返す
if (!char.IsNumber(str[0]))
{
    throw new ArgumentException("文字列の先頭は数字にしてください");
}
```

LINQを利用する

文字列内の文字を文字単位に先頭から順に処理したい場合は、LINQを利用します。

●数字以外の文字が含まれていたらエラーとする

```
// using System.Linq; が必要。Anyはラムダ式がtrueを返せばtrueを返す
if (str.Any(c => !char.IsNumber(c)))
{
    throw new ArgumentException("数字以外の文字が含まれています");
}
```

082 左右の空白を除去したい

| string.Trim | string.TrimStart | string.TrimEnd |

関　連	―
利用例	入力データの前後の空白や改行を除去する

string.Trimメソッドを利用する

string.Trimメソッドは文字列の先頭と末尾の空白を除去した新しい文字列を返します。string.TrimStartは先頭、string.TrimEndは末尾の空白を除去した文字列を返します。

```
var s = Console.ReadLine().Trim();    // 入力された文字の前後の空白を除去する
// 空白にはタブ(\t)、キャリッジリターン(\r)、ラインフィード(\n)を含む
s = "  　\tabc\te　　\t\r\n";
Console.WriteLine(s.Trim());          // => abc     e
```

Trimメソッドにはchar配列で除去する文字を指定するオーバーロードメソッドがあります。char配列の指定は、文字列先頭の除去を行うTrimStartおよび文字列末尾の除去を行うTrimEndでも利用可能です。

なお、引数のchar配列はparamsで修飾されているので、配列を作成しなくとも文字の列挙で利用できます。

```
var s = "aaabbbcccddd";
// 先頭および末尾から'a'および'd'を除去する
Console.WriteLine(s.Trim('a', 'd'));         // => bbbccc
// 先頭から'a'および'd'を除去する(先頭には'd'はないので'a'のみ除去される)
Console.WriteLine(s.TrimStart('a', 'd'));    // => bbbcccddd
// 末尾から'a'および'd'を除去する(末尾には'a'はないので'd'のみ除去される)
Console.WriteLine(s.TrimEnd('a', 'd'));      // => aaabbbccc
```

083 タブ区切り文字列を配列にしたい

| string.Split | string.Trim |

| 関連 | 082 左右の空白を除去したい P.126 |
| 利用例 | CSVファイルの1行を読み込んで配列として操作する |

string.Splitメソッドを利用する

string.Splitメソッドは、文字列を指定した区切り文字で配列に分割します。

●タブ区切り文字列をタブで配列の要素に分割する

```
// 2カラム目はタブの前後に空白がある。3カラム目は""で囲まれている
var record = "1st\t 2nd \t\"3rd\"\t4th";
var elements = record.Split('\t'); // elementsはstring[]
foreach (var elem in elements)
{
    Console.WriteLine(elem);    // => 1st（改行） 2nd （改行）"3rd"（改行）4th
}
```

string.Trimメソッドを利用する

各要素の前後の空白や""を除去するには、レシピ082 のstring.Trimを利用します。

●タブ区切り文字列をタブで配列の要素そのものに分割する

```
// using System.Linq;が必要
// 2カラム目はタブの前後に空白がある。3カラム目は""で囲まれている
var record = "1st\t 2nd \t\"3rd\"\t4th";
var elements = record.Split('\t').Select(elem => elem.Trim(' ', '"'));
foreach (var elem in elements)
{
    Console.WriteLine(elem);    // => 1st（改行）2nd（改行）3rd（改行）4th
}
```

正規表現を利用する

ここで示した方法では、「"」だけで構成された文字列は正しく処理できずに空文字列となります。このような文字列を含む場合は、正規表現を利用してください レシピ088 。
正規表現を利用して分割するには、Regex.Splitを利用します。

084 文字列内の指定した文字や文字列を置換したい

string.Replace	
関連	―
利用例	文字列内の特定の単語を指定した単語に置き換える

string.Replaceメソッドを利用する

　string.Replaceメソッドは、第1引数で指定した文字または文字列を第2引数で指定した文字または文字列に置換した新しい文字列を返します。

●パス名区切りの/を¥に置き換える

```
var url = "/webapp/foo/bar/baz.html";
Console.WriteLine(url.Replace('/', '¥¥')); // => ¥webapp¥foo¥bar¥baz.html
```

●文字列内のmanをpersonに置き換える

```
var politicalText = "The brave fireman helps a policeman.";
Console.WriteLine(politicalText.Replace("man", "person"));
// => The brave fireperson helps a policeperson.
```

> **NOTE**
> 正規表現を利用した置換
> 　正規表現を利用して置換するには、Regex.Replaceを利用します。

085 文字列から指定した文字や文字列を削除したい

`string.Replace`

関連	082 左右の空白を除去したい P.126
	084 文字列内の指定した文字や文字列を置換したい P.128

利用例	文字列内の特定の文字を削除する

置換先を空の文字列にする

　文字列から特定の文字や文字列を削除するメソッドは提供されていません。

　しかしstring.Replace(string, string)を利用して置換先の文字列を空文字列とすれば、所定の結果を得られます。

●文字列内の空白文字を削除した文字列を得る

```
var filename = "s p a c e c o n t a i n e d.txt";
Console.WriteLine(filename.Replace(" ", string.Empty)); // => spacecontained.txt
```

> **NOTE**
>
> **正規表現を利用した置換**
>
> 　正規表現を利用して置換するには、Regex.Replaceを利用します。

086 文字列からバイト配列を作りたい

| Encoding.GetBytes | Encoding.GetEncoding(932) | Encoding.Default |

| 関 連 | 071 文字列の半角数（シフトJISのバイト数）を調べたい　P.114 |
| | 078 バイト配列から文字列を作りたい　P.122 |

| 利用例 | 文字列をストリームへ出力する |

Encoding.GetBytesメソッドを利用する

　文字列をバイト配列に変換するには、System.Text.EncodingのGetBytesメソッドを利用します。
　このとき、変換先のバイト配列のエンコーディングに合った適切なEncodingオブジェクトを利用します。

●文字列をバイト配列に変換する

```
var str = "文字列";
// コードページ932（シフトJIS）のバイト配列を得る
var cp932 = Encoding.GetEncoding(932).GetBytes(str);
// UTF-8のバイト配列を得る
var utf8 = Encoding.UTF8.GetBytes(str);
```

　主なEncodingオブジェクトの取得方法については、レシピ078 を参照してください。
　また変換後のバイト数のみが必要な場合は、レシピ071 のEncoding.GetByteCountメソッドを利用します。

087 正規表現を利用してマッチングを行いたい

| System.Text.RegularExpressions | Regex.Match | Match |

関連	075 改行や¥を含んだ文字列（逐語的文字列）を定義したい　P.119
	089 正規表現で利用できる主な文字クラスや量指定子を知りたい　P.135

利用例	文字列から特定パターンを抽出する

正規表現の一般的な使い方

　C#で正規表現を利用するには、System.Text.RegularExpressionsネームスペースのRegexクラスとMatchクラスを利用します。
　一般的な使い方は以下の手順を取ります。

❶Regexクラスのコンストラクターに正規表現を指定してRegexオブジェクトを生成します。

❷Matchメソッドに対象の文字列を与えてMatchオブジェクトを取得します。

❸Match.Successプロパティがfalseなら、マッチしていないので処理を終了します。

❹MatchオブジェクトのValueプロパティにアクセスしてマッチした文字列を取得します。

❺Match.NextMatchメソッドを呼び出して、次のMatchオブジェクトを取得します。

　❶と❷は、Regexクラスの静的メソッドMatchで代替することも可能です。
　繰り返しマッチ処理が不要な場合は、上記の手順で❺を省略します。逆に必ず繰り返すことが明らかであれば、以下の手順をとることも可能です。

❶Regexクラスのコンストラクターに正規表現を指定してRegexオブジェクトを生成します。

❷Matchesメソッドに対象の文字列を与えてMatchオブジェクトのコレクションを取得します。コレクションに含まれるMatchオブジェクトのSuccessプロパティは必ずtrueとなります。

❸foreachを利用してコレクション内のMatchオブジェクトを順に処理します。

　❶と❷は、Regexクラスの静的メソッドMatchesで代替することも可能です。
　MatchメソッドとMatchesメソッドのどちらを利用するかは、マッチング対象のテキストサイズや生成されるMatchオブジェクトの予定数などから決定します。途中でマッチングをやめる可能性がある、あるいは結果のMatchオブジェクトがあまりに多

くなるようならMatchメソッドで1つずつ処理するほうが良いでしょう。

　正規表現は文法チェックなどの事前処理が行われるので、実行時に繰り返し利用する正規表現についてはオブジェクトを生成してreadonly静的フィールドに格納して再利用すると効率的です。Regexオブジェクトはスレッドセーフなので同時に複数のスレッドが同じオブジェクトを操作しても問題ありません（マッチング結果が設定されるMatchオブジェクトはスレッドセーフではありません）。

Regexクラスの静的メソッドを利用する

　単純な正規表現であればRegexクラスの静的メソッドの利用が簡便です。

●html変数に格納された文字列からアンカータグ（「<a」から「</a>」まで）を抽出する

```
var html = @"<html>
<body>
  <a href=""text/ch01.html"">第1章</a>
  <p>1章の内容</p>
  <a href=""text/ch02.html"">第2章</a>
  <p>2章の内容</p>
</body>
</html>";
// 正規表現は「¥」を多用するので、逐語的文字列 レシピ075 を利用するのが良い
var anchorCheck = new Regex(@"<a¥s[^>]+>[^<]*</a¥s*>");
// Match.NextMatchは新たなMatchオブジェクトを返すので、反復式で代入する
for (var match = anchorCheck.Match(html); match.Success; match = match.NextMatch())
{
    Console.WriteLine(match.Value);
}
// 出力は
// <a href="text/ch01.html">第1章</a>
// <a href="text/ch02.html">第2章</a>
//
// またはMatchesメソッドを利用する
// Matchesメソッドが返すMatchCollectionはジェネリック対応ではないので
// LinqのOfTypeメソッドで要素をMatchオブジェクトに型付けする
foreach (var match in anchorCheck.Matches(html).OfType<Match>())
{
    Console.WriteLine(match.Value);
}
```

ここで利用している正規表現の構造を図5.1で示します。

図5.1　正規表現の例

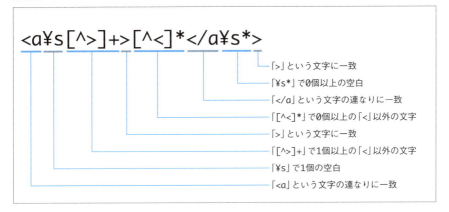

COLUMN　正規表現について

　正規表現は上で示した「¥s」や「*」などの記号を利用してマッチ条件を記述するDSL（ドメイン特化言語）です。このため、正規表現自身の文法を知らないと記述することも読むことも不可能です。

　しかし、一度覚えれば多少の文法上の差異はあってもJavaScript、Ruby、Java、sedなど各種プログラミング言語やツールで利用できます。このため正規表現は学習する価値が大いにあります。

　MSDNを「.NET Frameworkの正規表現」で検索して表示されたページおよびリンクされている各トピックを読むか、または以下に挙げる学習書などを入手することをお勧めします。

　参考　反復学習ソフト付き 正規表現書き方ドリル　杉山貴章著　技術評論社
　　　　ISBN-13: 978-4774145099

088 正規表現のグルーピングを利用して部分文字列を取り出したい

| System.Text.RegularExpressions | Regex.Match | Match.Groups | Group |

関連	075	改行や¥を含んだ文字列（逐語的文字列）を定義したい　P.119
	087	正規表現を利用してマッチングを行いたい　P.131
	089	正規表現で利用できる主な文字クラスや量指定子を知りたい　P.135

利用例	入力データから有意なデータを抽出する

正規表現をグループにする

正規表現内に()を含めると、「(」の出現順序に応じて1からの連番が振られて後から取り出すことができます。

()によって示される文字群をグループと呼び、MatchオブジェクトのGroupsプロパティのインデクサーに出現番号を指定することで該当するGroupオブジェクトを取り出せます。

● 正規表現とグループの関係

```
// using System.Text.RegularExpressions; が必要
var str = "abcdefghijklmn";
// 4グループを指定。グループ1（1文字目から5文字）、グループ2（2文字目と3文字目）、
// グループ3（5文字目）、グループ4（7文字目）となる
// グループ0はマッチした文字列全体として暗黙のうちに作成される
var m = Regex.Match(str, @"¥A(.(..).(.)).(.)");
// Groupオブジェクトから該当する文字列を取得するにはValueプロパティを利用する
Console.WriteLine(m.Groups[0].Value);  // => abcdefg
Console.WriteLine(m.Groups[1].Value);  // => abcde
Console.WriteLine(m.Groups[2].Value);  // => bc
Console.WriteLine(m.Groups[3].Value);  // => e
Console.WriteLine(m.Groups[4].Value);  // => g
```

5.5 正規表現

089 正規表現で利用できる主な文字クラスや量指定子を知りたい

| System.Text.RegularExpressions | Regex |

関　連	—
利用例	正規表現を組み立てる

正規表現の言語要素

　Regexクラスで利用可能な正規表現の言語要素一覧は、MSDNで「正規表現言語クイック リファレンス」で検索します。

　便宜のために、主な言語要素を表5.3に示します。なお、レシピ074 で示したエスケープシーケンスは「￥xNN」が正規表現では2桁固定なことを除いてそのまま利用できます。

表5.3　主な言語要素

表現	種類	意味
[文字グループ]	文字クラス	文字グループで指定した1文字。文字グループは「first-last」形式で範囲指定可能（例:A-Za-z）
[^文字グループ]	文字クラス	文字グループで指定した文字を含まない1文字
.	文字クラス	改行を除く任意の1文字
￥s	文字クラス	空白文字1文字
￥S	文字クラス	空白文字以外1文字
￥w	文字クラス	記号以外（英数字仮名漢字など）の1文字
￥W	文字クラス	英数字仮名漢字以外の1文字
￥d	文字クラス	数字1文字
￥D	文字クラス	数字以外1文字
^	アンカー	文字列または行の先頭
$	アンカー	文字列または行の最後（改行の前）
￥A	アンカー	文字列の先頭
￥Z	アンカー	文字列の最後（改行で終わる場合は改行の前まで）
￥z	アンカー	文字列の最後
(式)	グループ化構成体	式をグルーピングするのに利用
(?<名前>式)	グループ化構成体	名前をつけてグルーピング
(:?式)	グループ化構成体	キャプチャ（インデックス付け）しないグループ
￥数値	前方参照構成体	数値で指定したグループにマッチしたテキストに置き換わる
￥k<名前>	名前付き前方参照構成体	名前で指定したグループにマッチしたテキストに置き換わる
?	量指定子	直前の式の0または1回の出現

表5.3次ページへ続く

135

表5.3の続き

表現	種類	意味
*	量指定子	直前の式の最大一致の0回以上の繰り返し
+	量指定子	直前の式の最大一致の1回以上の繰り返し
*?	量指定子	直前の式の最小一致の0回以上の繰り返し
+?	量指定子	直前の式の最小一致の1回以上の繰り返し
{数}	量指定子	直前の式の数で指定した回数の繰り返し
{数,}	量指定子	直前の式の数で指定した以上の回数の繰り返し
{数1,数2}	量指定子	直前の式の数1で指定した以上、数2以下の回数の繰り返し
|	代替構成体	選択（左項または右項）
(?(式)真|偽)	代替構成体	式とマッチすれば真、そうでなければ偽とマッチ
(?(名前)真|偽)	代替構成体	名前（または番号）で指定したグループとマッチすれば真、そうでなければ偽とマッチ
(?オプション)	その他	オプションを適用する
(?-オプション)	その他	オプションを適用しない

上記の要素に対しては、表5.4のオプションが利用可能です。

表5.4　利用可能なオプション

オプション	内容
i	大文字小文字の無視
s	「.」は改行文字にも一致
n	?<名前>を指定しないグループはキャプチャ対象としない

特にわかりにくいと考えられる代替構成体の使用例を示します。

● 代替構成体を利用したマッチ

```
var text = "abcdAbcdaBCDa0123";
foreach (var m in Regex.Matches(text, "(?(a)a[B-D]{3}|A[b-d]{3})").OfType<Match>())
{
    Console.WriteLine(m.Value);
}
// 出力は
// Abcd
// aBCD
```

最初に「a」がマッチするため「abcd」と「a[B-D]{3}」が調べられますが、マッチしません。以降「a」とマッチしないため「A[b-d]{3}」とのマッチングが行われて4文字目以降の「Abcd」がマッチします。後続の「aBCD」は「a」とマッチし、かつ「a[B-D]{3}」とマッチします。

PROGRAMMER'S RECIPE

第 06 章

配列

配列は同じ型のオブジェクトを固定長の領域に格納するオブジェクトです。
本章では配列のレシピを取り上げます。

090 配列に初期値を与えたい

new	配列初期化子
関 連	—
利用例	初期値を持つ配列を定義する

配列初期化子

　配列に初期値を与えるにはnew演算子による領域確保に続けて配列初期化子を記述します。

　配列初期化子は、{}内に要素を「,」で区切って記述します。末尾の要素の後の「,」はつけてもつけなくても構いません。

● 配列変数の宣言

```
// 4要素のint配列
var array1 = new int[] { 1, 2, 3, 4 };
// new int[] { 1, 2, 3, 4, } と記述しても良い
// 型宣言を行った場合はnew演算子を省略可能
string[] array2 = { "ab", "bc", "cd" };
// { "ab", "bc", "cd", } と記述しても良い
```

要素数を記述する方法

　new演算子に配列要素数を記述する場合は、配列初期化子内の要素数と一致させる必要があります。

　配列初期化子を与えない場合は、newの[]内に要素数を指定します。各要素は数値型なら0、bool型ならfalse、参照型ならnullで初期化されます。

● 要素数を指定する配列変数の宣言

```
var allzero = new int[8];           // 8要素のint配列。各要素は0で初期化される
var allfalse = new bool[4];         // 4要素のbool配列。各要素はfalseで初期化される
var allnull = new string[4];        // 4要素のstring配列。各要素はnullで初期化される
var array1 = new int[4] { 1, 2, 3, 4 };  // 4要素のint配列。各要素は1, 2, 3, 4で
                                         // 初期化される
// var array2 = new int[3] { 1, 2, 3, 4 };  // コンパイルエラー
// var array2 = new int[5] { 1, 2, 3, 4 };  // コンパイルエラー
```

　配列初期化子に多数の要素を記述する場合は、要素の抜け漏れチェック用にnew演算子に要素数を指定したほうが良いでしょう。

091 読み取り専用の配列を作りたい（公開APIで配列を返したい）

Array.AsReadOnly<T> | ReadOnlyCollection<T>

関 連	093	空配列を使いたい　P.142
	111	読み取り専用のコレクションを作成したい（公開APIでコレクションを返したい）　P.162

利 用 例	公開APIで内部データの配列を返す

読み取り専用コレクションを作成する

　配列は読み取り専用にはできません。しかし、Array.AsReadOnly<T>静的メソッドによって、引数で指定した配列をSystem.Collections.ObjectModel.ReadOnlyCollection<T>にラップした読み取り専用コレクションを作成できます。ReadOnlyCollection<T>にはインデクサーが用意されているため、呼び出し側は返されたオブジェクトを配列のように扱えます。

●Sample091.cs：読み取り専用配列

```csharp
using System;
using System.Collections.ObjectModel;
public class ArraySupplier
{
    int[] internalData = { 1, 2, 3 };
    public ReadOnlyCollection<int> GetData()
    {
        return Array.AsReadOnly(internalData);
    }

    static void Main()
    {
        var x = new ArraySupplier();
        var data = x.GetData();
        Console.WriteLine(data.Count);   // => 3
        Console.WriteLine(data[1]);      // => 2
    }
}
```

092 配列の配列を定義したい

| 配列の配列 | ジャグ配列 |

| 関　連 | 094　配列の要素数を調べたい　P.143 |
| 利用例 | CSVファイルの内容を配列として持つ |

▍書式

配列の配列（jagged array、ジャグ配列）は、要素に配列を持つ配列です。
型指定は以下の形式を取ります。型は最内の配列の型となります。

```
型名[外側の要素数][] { 初期化指定子 }
```

▍要素数

要素数で指定可能なのは外側の配列のみです。

●初期化指定子を伴う配列の配列

```
var jag1 = new int[][] { new int[] { 1, 2 }, new int[] { 3, 4 } };
// 型宣言した場合はnew演算子は不要 (配列初期化子内では必要)
// int[][] jag1 = { new int[] { 1, 2 }, new int[] { 3, 4 } };

// 配列の配列とインデックスの関係を示す
// 配列の配列のLengthプロパティは外側の配列の要素数となる (この例では2)
for (var i = 0; i < jag1.Length; i++)          // jag1.Lengthは外側の要素数
{
    for (var j = 0; j < jag1[i].Length; j++)// 要素は配列なので個々にLengthを持つ
    {
        Console.WriteLine(jag1[i][j]);    // => 1(改行)2(改行)3(改行)4(改行)
    }
}
// foreachでアクセスする場合
foreach (var intarray in jag1)
{
    foreach (var number in intarray)
    {
        Console.WriteLine(number);         // => 1(改行)2(改行)3(改行)4(改行)
    }
}
```

配列内の配列の要素数は互いに異なっていても構いません。

● 複数行のカンマ区切り文字列を配列の配列に変換

```
// using System.Linq; が必要
var orgdata = @"a,b,c
A,B
1,2,3,4";
// カラム毎の配列を持つ行毎の配列に変換
var data = orgdata.Split('¥n').Select(line => line.Split(',')).ToArray();
// => string[][]
foreach (var line in data)
{
    foreach (var column in line)
    {
        Console.WriteLine(column); // => a(改行)b(改行)c(改行)A(改行)B(改行)…
    }
}
```

多重の入れ子構造

配列の配列は必要なだけ入れ子にできます。

● 配列の配列の配列の配列の定義

```
int[][][][] quadarray =
{
    new int[][][] {
        new int[][] {
            new int[] {1, 2, 3}, new int[] {4, 5}
        },
        new int[][] {
            new int[] {6, 7, 8}, new int[] {9, 10}
        },  // 要素毎に改行する場合は、末尾要素の後ろに「,」を記述したほうが良いでしょう
    },
    new int[][][] {
        new int[][] {
            new int[] {11, 12, 13}, new int[] {14, 15}
        },
        new int[][] {
            new int[] {16, 17, 18}, new int[] {19, 20}
        },
    },  // 要素毎に改行する場合は、末尾要素の後ろに「,」を記述したほうが良いでしょう
};
```

093 空配列を使いたい

Array.Empty<T>		.NET Framework 4.6
関　連	112　読み取り専用の空のコレクションを利用したい　P.164	
利 用 例	処理対象の配列がない場合にnullの替わりに利用する	

▍Array.Empty<T>静的メソッドを利用する

　ArrayクラスのEmpty<T>静的メソッドは、指定した型の要素数0の配列を返します。

●List<T>がnullまたは要素数0ならば空配列を返す

```
string[] MemberNames
{
    get
    {           // memberListはList<string>型のオブジェクト
        return ((memberList?.Count ?? 0) == 0)
            ? Array.Empty<string>()
            : memberList.ToArray();
    }
}
```

▍new演算子を利用する

　.NET Framework 4.6より前のバージョンで空配列を作るにはnew演算子に0を与えます。

●List<T>がnullまたは要素数0ならば空配列を返す

```
// 空配列はシングルトンで実装する。.NET 4.6以降は右項をArray.Emptyに変更可能
static readonly string[] EmptyStringArray = new string[0];
string[] MemberNames
{
    get
    {
        return (memberList == null || memberList.Count == 0)
            ? EmptyStringArray
            : memberList.ToArray();
    }
}
```

094 配列の要素数を調べたい

`Array.Length`

関連	—
利用例	配列の長さまで要素を列挙する

Lengthプロパティを利用する

配列の要素数はLengthプロパティで取得します。

● 配列の要素を列挙する

```csharp
string[] array = { "book", "koodoo", "orange" };
// 要素0から要素2(= Length - 1)までを列挙する
for (var i = 0; i < array.Length; i++)
{
    Console.WriteLine(array[i]); // => book(改行)koodoo(改行)orange
}
```

095 配列内のデータを順次処理したい

| for | foreach | Array.ForEach |

関連	055	インデックス付きループを作りたい P.091
	058	配列やコレクションの要素、LINQの結果を順に処理したい P.096
	094	配列の要素数を調べたい P.143
	116	コレクション内のデータを順次処理したい P.168

利用例	配列の要素を列挙する

要素を列挙する方法

配列の要素を列挙する方法は3種類あります。

- **for**ステートメントを利用して**Length**プロパティとインデクサー**[ ]**で各要素にアクセスする
  目的：ブロック内でループインデックス値を利用する
  　　　インデクサーを利用して要素を更新する

- **foreach**ステートメントを利用する
  目的：読み取り専用で要素をアクセスする

- **Array.ForEach**静的メソッドを利用する
  目的：コンパクトに読み取り専用で要素をアクセスする
  　　　2行以上の処理を記述するのであればforeachを利用すべき

●配列の要素を列挙する

```
string[] array = { "book", "koodoo", "orange" };
// インデックスアクセス
for (var i = 0; i < array.Length; i++)
{
    Console.WriteLine(array[i]);
}
// foreachでアクセス
foreach (var word in array)
{
    Console.WriteLine(word);
}
// Array.ForEachでアクセス
Array.ForEach(array, word => Console.WriteLine(word));
// いずれも book（改行）koodoo（改行）orange（改行）を出力する
```

096 配列内のデータをソートしたい

Array.Sort

関　連	097 配列内のデータを高速に検索したい（バイナリサーチを行いたい）　P.146
利用例	配列に格納したデータをソートする

ArraySort静的メソッドを利用する

Array.Sort静的メソッドを利用して配列内のデータをソートします。
Array.Sortは用途に応じて2つの配列を引数に取るもの、開始インデックスと要素数を引数に取るものなど複数用意されています。

●整数配列のソートと逆順ソート

```
int[] data = { 32, -1, 2, 5, -82, 129 };
// 配列のみ与えると、要素のIComparableインターフェイスを利用してソートする
Array.Sort(data);                                    // => -82, -1, 2, 5, 32, 129
// IComparerを与えてソートさせる（以下の例は引数の順序を入れ替えた逆順ソート）
Array.Sort(data, (e0, e1) => e1.CompareTo(e0));      // => 129, 32, 5, 2, -1, -82
```

Array.Sortメソッド利用時の注意点

Array.Sortは引数に与えられた配列の内容を直接入れ替えます。
元の配列の格納順序を維持したい場合は、コピーを作ってからソートする（レシピ098）かLINQを利用して新たな配列を作成してください。

●LINQを利用してソート済み配列を作成する

```
int[] data = { 32, -1, 2, 5, -82, 129 };
// OrderByメソッドにキーを返すラムダ式を与えてソート後に配列を作成する
var newdata = data.OrderBy(e0 => e0).ToArray();
```

097 配列内のデータを高速に検索したい（バイナリサーチを行いたい）

`Array.BinarySearch`

関連	096 配列内のデータをソートしたい P.145
利用例	配列内に所定データがあるか調べる

Array.BinarySearch静的メソッドを利用する

Array.BinarySearch静的メソッドを利用してソート済み配列内のデータを検索します。指定したデータが格納されているとインデックス番号が返されます。データが見つからない場合は負値で次に大きな値の（1から開始される）インデックス値を返します。

Array.BinarySearchは用途に応じて開始インデックスと要素数を引数に取るものなど複数用意されています。

●配列内にデータが存在するかチェックする

```
int[] data = { -82, -1, 2, 5, 32, 129 };
// 格納されている値5の検索
Console.WriteLine(Array.BinarySearch(data, 5));     // => 3
// 最小値よりも小さい格納されていない値
Console.WriteLine(Array.BinarySearch(data, -90));   // => -1
// 格納されていない中間値
Console.WriteLine(Array.BinarySearch(data, 3));     // => -4
// 最大値よりも大きい格納されていない値
Console.WriteLine(Array.BinarySearch(data, 130));   // => -7
```

配列に複数の同一値が含まれている場合、返されるインデックス値が同一値の要素の何番目の値になるかは不定です。

098 配列のコピーを作りたい

Array.Clone | Array.Copy | Array.ConstrainedCopy

関連	—
利用例	Array.Sortの操作前に元の格納順序を保存する

■ Cloneメソッドを利用する

配列のコピーを作成する最も簡便な方法はCloneメソッドの利用です。

● 配列のコピーを作成する

```
int[] data = { 1, 2, 3 };
// Cloneメソッドはobject型を返すので、as演算子を利用して元の配列の型に変換する
var copied = data.Clone() as int[];
```

■ Array.Copy静的メソッドを利用する

既に存在する別の配列にデータをコピーする場合は、Array.Copy静的メソッドを利用します。

Array.Copyは用途に応じて開始インデックスと要素数を引数に取るものなど複数用意されています。

● 配列のコピーを作成する

```
int[] data = { 1, 2, 3 };
// コピー先の配列を用意する
var newdata = new int[data.Length];
// dataの内容をnewdataへコピーする。第3引数（必須）でコピーする要素数を指定する
Array.Copy(data, newdata, data.Length);
// 配列のCopyToメソッドを利用しても良い。第1引数で指定した配列の第2引数で指定したインデックス位置から全体をコピーする
data.CopyTo(newdata, 0);
```

■ Array.ConstrainedCopy静的メソッドを利用する

Array.ConstrainedCopy静的メソッドはArray.Copy静的メソッドに対して、コピー時の例外がコピー先の配列に影響しないことを保証します。

099 配列内のデータを移動したい

| Array.Copy | Array.ConstrainedCopy |

関　連	098　配列のコピーを作りたい　P.147
利用例	配列内のデータをローテーションする

Array.Copyメソッドを利用する

　Array.Copyメソッドの重要な機能に、同一配列内での要素の移動があります。
　forステートメントを利用して自力で配列内のデータの移動を実装する場合、コピー元とコピー先の重なりに応じてアルゴリズムを変更する必要がありますが、Array.Copyは重なった場合の処理が考慮されています。
　次のプログラムで同一配列内の要素を1つ前後にずらす例を示します。

●配列の要素を1つずらす例

```
int[] data = { 1, 2, 3, 4 };
// Array.Copy(Array, int, Array, int, int)は、
// 第1引数の配列の第2引数要素目以降を第3引数の配列の第4引数目以降に、第5引数個数分コピーする

// 先頭要素から1つ後ろにずらす
// 第1引数と第3引数が同じ配列の場合、重なりを考慮したコピーが行われる
Array.Copy(data, 0, data, 1, data.Length - 1);   // => { 1, 1, 2, 3 }
// 必要に応じてdata[0]に新しいデータを代入する
data[0] = 0;                                      // => { 0, 1, 2, 3 }
// 2番目の要素から1つ前にずらす
Array.Copy(data, 1, data, 0, data.Length - 1);   // => { 1, 2, 3, 3 }
// 必要に応じてdata[data.Length - 1]に新しいデータを代入する
data[data.Length - 1] = 4;                        // => { 1, 2, 3, 4 }
```

100 配列の要素数を変更したい

Array.Resize<T>		.NET Framework 3.5
関連	―	
利用例	配列に新しい要素を追加する	

Array.Resize<T>静的メソッドを利用する

配列のサイズを変更するにはArray.Resize<T>静的メソッドを利用します。

> **NOTE**
> **Array.Resize静的メソッドの特徴**
> メソッド名はResizeですが、引数で与えた配列に要素が追加／削除されるのではなく、新たな配列の作成と元の配列からの要素のコピーが行われます。

サイズを増やした場合は元の配列の末尾に新たな要素が追加され、数値は0、boolはfalse、参照型はnullで初期化されます。なおサイズを減らした場合は、末尾が切り捨てられます。
第1引数にはref指定で対象の配列を指定し、第2引数には新たな要素数を指定します。

●配列のサイズを変える

```
int[] data = { 1, 2, 3, 4 };
// 第1引数の配列にはref指定をする
Array.Resize(ref data, data.Length + 2);   // => { 1, 2, 3, 4, 0, 0 }
// Lengthプロパティには新しいサイズが反映される
data[data.Length - 1] = data.Length;       // => { 1, 2, 3, 4, 0, 6 }
Array.Resize(ref data, 2);                 // => { 1, 2 }
```

新規の配列を作成する

Array.Resize<T>を利用して新規の配列を作成することも可能です。

●配列を作成する

```
int[] data = null;
// nullを与えると新しい配列を指定した要素数で作成する
Array.Resize(ref data, 4);    // data => { 0, 0, 0, 0 }
```

101 配列を文字列にしたい

string.Join

関　連	079　連結した文字列を作りたい　P.123
利用例	配列の内容をログする

string.Joinメソッドを利用する

配列を文字列にするには、.NET Framework 4.0以降であればstring.Join<T>(string, IEnumerable<T>)を使います。

> **NOTE**
> **.NET Framework 4.0より前の場合**
> それより前の.NET FrameworkであればSystem.Text.StringBuilderを、.NET Framework 3.5以降であればLINQとstring.Join(string, string[])を利用します。

● オブジェクトのToStringメソッドが配列の内容を出力するようにする

```
// .NET Framework 4.0以降であればstring.Joinを利用する
return "{" + string.Join(",", arrayData) + "}";
/* それ以外は、System.Text.StringBuilderを使う
var builder = new StringBuilder("{");
foreach (var e in arrayData)
{
    builder.Append(e).Append(',');
}
// 先頭の「{」を除いてデータが格納されていれば末尾の「,」を削除する
if (builder.Length > 1)
{
    builder.Length--;
}
builder.Append('}');
return builder.ToString();
*/
/* 3.5以降でコンパクトに記述するのであればLINQを利用しても良い
return "{" + string.Join(",", arrayData.Select(e => e.ToString()).ToArray())
        + "}";
*/
```

102 バイト配列から16進文字列を作りたい

| BitConverter.ToString | StringBuilder |

| 関連 | 103 16進文字列をバイト配列にしたい P.152 |
| 利用例 | バイト配列内のデータを16進文字列にダンプする |

BitConverter.ToStringメソッドを利用する

バイト配列を16進文字列にするにはBitConverter.ToStringメソッドを利用します。

●BitConverter.ToStringを利用してバイト配列を16進ダンプする

```
var b = new byte[] { 0, 1, 2, 10, 11, 12, 128, 129, 130, 224, 225, 226 };
// BitConverter.ToStringは各バイト2桁を「-」で接続した文字列を作成する
var hexString = BitConverter.ToString(b);
Console.WriteLine(hexString);      // => 00-01-02-0A-0B-0C-80-81-82-E0-E1-E2
// 「-」を削除するにはstring.Replaceを利用する
Console.WriteLine(hexString.Replace("-", string.Empty));
                                   // => 0001020A0B0C808182E0E1E2
```

BitConverter.ToStringが作成する文字列は「-」が各バイトの間に入ります。

最初から「-」なしの文字列を作るのであればSystem.Text.StringBuilderを利用するのが良いでしょう。

```
var b = new byte[] { 0, 1, 2, 10, 11, 12, 128, 129, 130, 224, 225, 226 };
var sb = new StringBuilder();
foreach (var c in b)
{
    sb.Append(c.ToString("X2"));  // 書式指定子X2を利用して16進文字2桁を作成する
}
Console.WriteLine(sb.ToString());
```

103 16進文字列をバイト配列にしたい

| byte.Parse | NumberStyles.HexNumber |

| 関連 | 102 バイト配列から16進文字列を作りたい P.151 |
| 利用例 | 16進文字列の入力値からバイトデータを得る |

16進文字列を2文字ずつパースする

　16進文字列からバイト配列を作るには、1バイト（2文字）ずつ16進文字列としてパースします。

　byte.Parseメソッドの第2引数にSystem.Globalization.NumberStyles.HexNumberを与えると、16進文字列としてパースされます（第2引数省略時の既定は10進文字列です）。

●16進文字列から元のバイトデータを復元する
```
// using System.Globalization; が必要
var hexString = "0001020A0B0C808182E0E1E2";
// 格納するバイト配列を確保する
var b = new byte[hexString.Length / 2];
for (var i = 0; i < b.Length; i++)
{   // 2文字ずつbyte.Parseメソッドを利用してバイト化する。第2引数を指定して16進文字を示す
    b[i] = byte.Parse(hexString.Substring(i * 2, 2), NumberStyles.HexNumber);
}
// 作成したバイト配列を文字列化して等しくなるか確認する => True
System.Console.WriteLine(BitConverter.ToString(b).Replace("-", string.Empty)
        == hexString);
```

第 07 章

コレクション

本章ではコレクションのレシピを取り上げます。
コレクションはプログラム内で利用するデータを格納するためのオブジェクトです。ジェネリックコレクションとLINQを組み合わせることで、単なるデータ格納オブジェクトの枠を超えた多様な処理が記述できます。このためコレクションはプログラミング上、極めて重要な役割を持ちます。
本章のすべてのコードは
using System;
using System.Collections.Generic;
が必要です。
特に記述がない限り、本章でコレクションと呼んだ場合、System.Collections.Genericネームスペースのコレクションを意味します。

104 リストを作成したい

`List<T>` | `LinkedList<T>`

関　連	―
利用例	データをリストに保持して後で参照する

List<T>を利用する

List<T>は、データを1次元配列として保持するコレクションクラスです。
List<T>はほとんどのユースケースに対応できるため、最初に利用を考えるべきコレクションです。

●リストの作成、データの追加と参照

```
var list = new List<string>();
list.Add("abc");                    // データの追加にはAddメソッドを利用する
list.Add("def");
Console.WriteLine(list[1]);         // データの参照にはインデクサーを利用する => def
list[1] = "DEF";                    // データの更新にはインデクサーを利用する
Console.WriteLine(list[1]);         // => DEF
```

LinkedList<T>を利用する

リストには他にLinkedList<T>が用意されています。

LinkedList<T>は、配列としてデータを保持するList<T>に対して、LinkedListNode<T>というデータを保持するオブジェクトを連鎖させます（図7.1）。これによりリストの途中のデータの挿入と削除は、データ全体の移動を必要としないため一定の処理時間で解決します。ただしそれ以外の点に関しては、List<T>に対してメモリ消費量、アクセス速度ともに劣ります。頻繁なデータの途中挿入／削除が必要で、かつデータ数が3桁以上になるような場合にのみ利用を考えれば良いでしょう。

図7.1　List<T>とLinkedList<T>

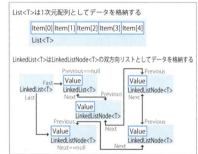

105 同じオブジェクトを含まないコレクションを作成したい

HashSet<T>		.NET Framework 3.5
関 連	—	
利 用 例	重複を無視してオブジェクトを格納し、取り出し時には一意となるようにする	

HashSet<T>を利用する

　HashSet<T>は、格納時に追加するオブジェクトと等しい（GetHashCodeメソッドの結果が等しく、かつEqualsが等しくなる）オブジェクトが存在するかチェックして、なければ追加し、あれば無視します。

●ある文に含まれている文字種をカウントする

```
var text = "the quick brown fox jumps over the lazy dog";
var set = new HashSet<char>();
foreach (var ch in text.Replace(" ", string.Empty))
{   // Addメソッドは追加した場合はtrue、既に値が含まれていて追加しなかった場合はfalseを返す
    set.Add(ch);    // textに含まれている空白以外の文字を格納する
}
// Countプロパティは格納しているオブジェクト数を返す
Console.WriteLine(set.Count);           // => 26 （英字26文字）
// Containsメソッドは該当オブジェクトが格納済みならtrueを返す
Console.WriteLine(set.Contains('x'));   // => True
```

　HashSet<T>は格納されたデータを取り出すことよりも、格納時にフィルタリングすることが主たる目的のコレクションです。データにアクセスするには、foreachステートメントを利用して列挙するか、またはContainsメソッドを利用して格納チェックをします。

106 先入れ先出し（FIFO）コレクションを作成したい

`Queue<T>`

関連	—
利用例	後から発生順に処理するためのデータを格納する

Queue<T>コレクションを利用する

Queue<T>は先入れ先出し（先にコレクションへ格納したオブジェクトが先に取り出される）コレクションです。

●Queue<T>の作成、データの追加と取り出し

```
var text = "the quick brown fox jumps over the lazy dog";
var queue = new Queue<string>();
foreach (var word in text.Split(' '))
{
    queue.Enqueue(word);  // Queue<T>にオブジェクトを格納するにはEnqueueメソッドを使う
}
// Peekメソッドは先頭のオブジェクトを返す
// 空の場合はInvalidOperationException例外となる
Console.WriteLine(queue.Peek());   // => the
// Countプロパティは格納しているオブジェクト数を返す
while (queue.Count > 0)
{
    // Dequeueメソッドは先頭のオブジェクトを取り出して（キューから削除して）返す
    Console.WriteLine(queue.Dequeue());  // =>the(改行)quick(改行)…dog(改行)
}
```

ワーカスレッドに対して他のスレッドが処理を依頼するデザインのときには、Queue<T>の利用を考えるべきです。

107 後入れ先出し（LIFO）コレクションを作成したい

Stack<T>

関　連	―
利用例	後から発生の逆順に処理するためのデータを格納する

Stack<T>コレクションを利用する

Stack<T>は後入れ先出し（後からコレクションに格納したオブジェクトが先に取り出される）コレクションです。

● Stack<T>の作成、データの追加と取り出し

```
var text = "the quick brown fox jumps over the lazy dog";
var stack = new Stack<string>();
foreach (var word in text.Split(' '))
{
    stack.Push(word);   // Stack<T>にオブジェクトを格納するにはPushメソッドを使う
}
// Peekメソッドは先頭の（最後に追加した）オブジェクトを返す
// 空の場合はInvalidOperationException例外となる
Console.WriteLine(stack.Peek());   // => dog
// Countプロパティは格納しているオブジェクト数を返す
while (stack.Count > 0)
{
    // Popメソッドは先頭のオブジェクトを取り出して（スタックから削除して）返す
    Console.WriteLine(stack.Pop());   // =>dog（改行）lazy（改行）……the（改行）
}
```

108 キーで値を検索できるコレクションを作成したい

`Dictionary<TKey, TValue>`

関 連	123 コレクションの特定のオブジェクトにアクセスしたい　P.176
利用例	メモリ上に簡易データベースを作る

Dictionary<TKey, TValue> コレクションを利用する

Dictionary<TKey, TValue>はキーとなるオブジェクトと値となるオブジェクトのペアをコレクションとして保持します。

●Dictionary<TKey, TValue>の作成、データの追加と取り出し

```
var dictionary = new Dictionary<string, string[]>();
// Addメソッドは第1引数のキーと第2引数の値を格納する
dictionary.Add("JVM", new string[] {"Java", "Scala", "Clojure"});
dictionary.Add(".NET Framework", new string[] {"C#", "F#", "MC"});
// ContainsKeyメソッドは指定したキーが存在すればtrueを返す
if (dictionary.ContainsKey(".NET Framework"))
{
    // インデクサー [TKey]で値を得る
    // 指定したキーが存在しなければKeyNotFoundException例外となる
    Console.WriteLine(string.Join(",", dictionary[".NET Framework"]));
        // => C#,F#,MC
```

Dictionary<TKey, TValue>にデータを格納するときには、重複したキーをAddメソッドに与えると例外となることに注意してください レシピ121 。

109 自動的にソートされるコレクションを作成したい

| SortedList<TKey, TValue> | SortedSet<T> | SortedDictionary<TKey, TValue> |

関連	104	リストを作成したい　P.154
	105	同じオブジェクトを含まないコレクションを作成したい　P.155
	108	キーで値を検索できるコレクションを作成したい　P.158
	123	コレクションの特定のオブジェクトにアクセスしたい　P.176

利用例	オブジェクトを格納時にソートすることで、後の列挙時に昇順にアクセス可能とする

ソート機能を追加したコレクション

SortedList<TKey, TValue>、SortedSet<T>、SortedDictionary<TKey, TValue>は、それぞれList<T>、HashSet<T>、Dictionary<TKey, TValue>に対して、格納時のソート機能を追加したコレクションです。

● SortedSet<T>に文字を追加し、列挙する

```
var text = "the quick brown fox jumps over the lazy dog";
var set = new SortedSet<char>();
foreach (var ch in text.Replace(" ", string.Empty))
{
    // Addメソッドは追加した場合はtrue、既に値が含まれていて追加しなかった場合はfalseを返す
    set.Add(ch);   // textに含まれている空白以外の文字を格納する
}
foreach (var ch in set) // 列挙時にはソートされている
{
    Console.Write(ch);  // => abcdefghijklmnopqrstuvwxyz
}
```

SortedList<TKey, TValue>の使い方

これらのコレクションのうち特に重要なのはSortedList<TKey, TValue>です。
SortedList<Tkey, TValue>はList<T>に対してソートおよびアクセスのためのキーが追加されているため、ほとんどDictionary<TKey, TValue>と同様に扱えます。さらにキーのソート済みリストのKeysプロパティおよびキーのソート順に対応する値のリストのValuesプロパティに対してインデックスでアクセスできます。

●SortedList<TKey, TValue>にオブジェクトを追加し、キーに対応した値を表示する

```
var list = new SortedList<int, string>();
// Addメソッドは第1引数のキーと第2引数の値を格納する
// 既にキーが存在する場合はArgumentExceptionとなる
list.Add(1, "one");
list.Add(3, "three");
list.Add(2, "two");
list.Add(0, "zero");
// IndexOfKeyメソッドは引数で指定したキーに対応するインデックスを返す
Console.WriteLine(list.IndexOfKey(1));              // => 1
// IndexOfValueメソッドは引数で指定した最初の値に対応するインデックスを返す
Console.WriteLine(list.IndexOfValue("three"));      // => 3
// IndexOfKey、IndexOfValueとも、存在しないキーまたは値を指定すると-1を返す
Console.WriteLine(list.IndexOfValue("four"));       // => -1
// Valuesプロパティ（値のリスト）に対してインデックスアクセスが可能
Console.WriteLine(list.Values[0]);                   // => zero
Console.WriteLine(list.Values[3]);                   // => three
// Keysプロパティ（キーのリスト）に対してインデックスアクセスが可能
Console.WriteLine(list.Keys[3]);                     // => 3
```

SortedDictionaryは二分探索木

　SortedDictionary<TIkey, TValue>は、機能的にはSortedList<TKey, TValue>と同等です。異なるのはSortedDictionary<TKey, TValue>が二分探索木を使って実装されている点です。

　このため、キーの挿入／削除が頻繁に発生する場合はSortedDictionary<TKey, TValue>のほうが高速です。

　一方、メモリ使用量および一括挿入についてはSortedList<TKey, TValue>のほうが効率的に動作します。

110 コレクションを配列にしたい

ToArray	
関連	—
利用例	現在のコレクションの内容を配列にする

配列を返すコレクション

List<T>、Queue<T>、Stack<T>のToArrayメソッドは、現在のコレクションの内容を配列として返します。

SortedList<T>のKeysプロパティおよびValuesプロパティが返すリストもToArrayメソッドを持ちます。

LINQのToArray拡張メソッドを利用する

それ以外のコレクションはToArrayメソッドを持ちません。しかしLINQのToArray拡張メソッドが適用できます。同様にDictionary<TKey, TValue>、SortedDictionary<TKey, TValue>のKeysプロパティおよびValuesプロパティのコレクションもLINQのToArray拡張メソッドが適用されます。

```
// using System.Linq;が必要
var text = "the quick brown fox jumps over the lazy dog";
var set = new SortedSet<string>();
foreach (var word in text.Split(' '))
{
    set.Add(word);
}
// SortedSet<T>はToArrayメソッドを持たないがLINQによって追加できる
var array = set.ToArray();
// ソート済み配列なのでバイナリサーチ可能
if (Array.BinarySearch(array, "fox") >= 0)
{
    Console.WriteLine("a fox is in the text"); // => a fox is in the text
}
```

111 読み取り専用のコレクションを作成したい（公開APIでコレクションを返したい）

ReadOnlyCollection<T> | List<T>.AsReadOnly | ReadOnlyDictionary<TKey, TValue>

ReadOnlyDictionary<TKey, TValue>は .NET Framework 4.5

関連	091 読み取り専用の配列を作りたい（公開APIで配列を返したい） P.139
利用例	クラスがコレクションに保持するデータを、公開用に読み取り専用リストで返送する

読み取り専用APIを提供するコレクション

System.Collections.ObjectModelネームスペースのReadOnlyCollection<T>およびReadOnlyDictionary<TKey, TValue>は、それぞれIList<T>インターフェイスおよびIDictionary<TKey, TValue>インターフェイスを実装するオブジェクトに対して、読み取り専用APIセットを提供します。

●読み取り専用のDictionaryを作成する

```
// using System.Collections.ObjectModel; が必要
var dic = new SortedList<string, string>();   // SortedListはIDictionaryを
実装するコレクション
dic["C#"] = ".NET Framework";
dic["Java"] = "JVM";
// ReadOnlyDictionary<TKey, TValue>のコンストラクターに与えて読み取り専用とする
var roDic = new ReadOnlyDictionary<string, string>(dic) as IDictionary<string,
string>;
// 元のDictionary<string, string>は書き込み可能
dic["F#"] = ".NET Framework";
// ReadOnlyDictionary側は書き込み不可
roDic["Ruby"] = "YARV";   // => System.NotSupportedException: コレクションは読み
取り専用です
```

List<T>.AsReadOnlyメソッドを利用する

List<T>のAsReadOnlyメソッドは、thisを引数にしたReadOnlyCollection<T>のコンストラクターの呼び出し結果を返すヘルパメソッドです。

●読み取り専用のリストを返すメソッドの実装

```
class Foo
{
    List<string> list;
    public Foo()
    {
        list = new List<string> {"ab", "cd", "ef"};
    }
    // 読み取り専用リストで保持するデータを返す
    // 読み取り専用オブジェクトを返す場合はAPIドキュメントにその旨記述する
    public IList<string> GetContents()
    {
        return list.AsReadOnly();
    }

    static void Main()
    {
        var foo = new Foo();
        var list = foo.GetContents();
        // 読み取りは可能
        foreach (var data in list)
        {
            Console.WriteLine(data);    // => ab(改行)cd(改行)ef(改行)
        }
        // 書き込みは例外となる
        list.Add("gh");                 // => System.NotSupportedException: コレ
クションは読み取り専用です
    }
}
```

112 読み取り専用の空のコレクションを利用したい

Enumerable.Empty<T>		.NET Framework 3.5

関 連	066 nullならば既定値を与える式を書きたい　P.106 093 空配列を使いたい　P.142
利用例	処理対象のコレクションが存在しない場合にnullの代わりに利用する

空のコレクションを返すメソッドを利用する

System.Linq.Enumerable.Empty<T>メソッドは、空のIEnumerable<T>オブジェクトを返します。

●まだ初期化が完了していなければ空のコレクションを返すメソッド実装
```
// using System.Linq;が必要
class Foo
{
    List<string> list;
    public IEnumerable<string> GetCurrentData()
    {
        return list ?? Enumerable.Empty<string>();
    }
    public void Setup(params string[] initvalues)
    {
        list = new List<string>(initvalues);
    }
}
```

113 スレッドセーフなコレクションを利用したい

| SynchronizedCollection<T> | SynchronizedCollection<T>.SyncRoot | .NET Framework 3.0 |

| 関連 | — |
| 利用例 | 同時に複数のスレッドからアクセスされても安全なコレクションを使う |

SynchronizedCollection<T> を利用する

SynchronizedCollection<T>は、スレッドセーフなList<T>として利用できます。

●複数のワーカスレッドがデータを追加する

```
// using System.Threading;が必要
var list = new SynchronizedCollection<int>();
// ワーカスレッドを3個作成する
for (var i = 0; i < 3; i++)
{
    ThreadPool.QueueUserWorkItem(o => {
        var start = (int)o * 10;
        for (var n = 0; n < 10; n++)
        {   // 各スレッドは0～9、10～19、20～29をリストに追加する
            list.Add(start + n);
        }
    }, i);
}
while (list.Count < 30)   // 30アイテム格納されるまで待機する
{
    Thread.Sleep(1000);
}
foreach (var n in list)
{
    Console.WriteLine(n);   // => 0から29が出力される
}
```

114 ListやDictionaryに初期値を設定したい

| List<T> | Dictionary<TKey, TValue> | コレクション初期化子 | C#3 |

| 関　連 | — |
| 利用例 | コレクションにあらかじめ既定値を設定する |

コレクションに初期値を設定する

　List<T>やDictionary<TKey, TValue>のようにIEnumerableを実装し、Addメソッドを持つコレクションは、コンストラクター呼び出しに続いて{}内にデータを「,」で区切って列挙することで初期値を設定できます。

●コレクションに初期値を設定する

```
// この例はSystem.Drawing.Colorを利用しているのでusing System.Drawing;が必要
// コンストラクター呼び出しの()は省略可能
var list = new List<string> {"red", "blue", "yellow"};
Console.WriteLine(list.Contains("blue"));           // => True
// Dictionary<TKey, TValue>の場合はTKeyとTValueのペアを{}内に記述する
var dict = new Dictionary<string, Color>
{
    {"red", Color.Red},
    {"blue", Color.Blue},    // 配列初期化子同様、最後のエントリーの後に「,」を付けても良い
};
Console.WriteLine(dict["red"]);                     // => Color [Red]
```

115 Dictionary に初期値を設定したい

| Dictionary<TKey, TValue> | インデックス初期化子 | C#6 |

| 関連 | 114 List や Dictionary に初期値を設定したい　P.166 |
| 利用例 | Dictionary<TKey, TValue> にあらかじめ既定値を設定する |

初期値の設定方法

Dictionary<TKey, TValue>のようにインデクサーを利用してデータを追加できるコレクションは、コンストラクター呼び出しに続けて {} 内に、「インデクサー＝値」のペアを「,」で区切って列挙することで初期値を設定できます。

> **NOTE**
>
> **List<T> の場合**
>
> 　List<T>はインデクサーを利用してデータを参照／更新できますが、追加はできないためインデックス初期化子は利用できません。

●Dictionary<TKey, TValue> に初期値を設定する

```
// この例はSystem.Drawing.Colorを利用しているのでusing System.Drawing;が必要
var dict = new Dictionary<string, Color>
{
    ["red"] = Color.Red,
    ["blue"] = Color.Blue    // 最後の代入式の後ろに「,」を付けても良い
};
Console.WriteLine(dict["red"]);                    // => Color [Red]
```

対応バージョン

　C#6より前のバージョンを利用する場合は、レシピ114 のコレクション初期化子を利用してください。

116 コレクション内のデータを順次処理したい

| foreach | List<T>.ForEach |

関連	055 インデックス付きループを作りたい　P.091 058 配列やコレクションの要素、LINQの結果を順に処理したい　P.096 095 配列内のデータを順次処理したい　P.144 117 Dictionaryのキーを列挙したい　P.170
利用例	コレクション内の全データを表示する

foreachステートメントを利用する

　コレクション内の全データを順次処理するには、foreachステートメント レシピ058 を利用します。

> **NOTE**
> **foreachを使う際の注意点**
> 　foreachステートメントによる列挙処理中のコレクションに対するデータの追加、削除、変更は禁止されています。行った場合の振る舞いは不定です。
> 　変更後に列挙を継続しようとするとInvalidOperationExceptionがスローされます。

●Dictionary<TKey, TValue>のキーと値を列挙する

```
var dict = new Dictionary<string, int> { { "eleven", 11 }, { "two", 2 } };
// Dictionaryのforeachで列挙されるのはKeyValuePair<TKey, TValue>オブジェクトで
// Keyプロパティでキー、Valueプロパティで値を参照可能
foreach (var pair in dict)
{
    Console.WriteLine($"key={pair.Key}, value={pair.Value}");
}
// 出力は
// key=eleven, value=11
// key=two, value=2
```

List<T>ではForEachメソッドも利用できる

　List<T>についてはforeachステートメント以外にForEachメソッドを利用することも可能です。

●List<T>の内容を列挙する

```
var list = new List<string> { "sky", "ocean", "mountain" };
// ForEachの引数はAction<T>で、列挙中のアイテムを引数として呼び出される
list.ForEach(item => Console.WriteLine(item));  // => sky(改行)ocean(改行)
mountain(改行)
```

すべての値を更新する場合

列挙してすべての値を更新する場合は以下の方法を採ります。

・List<T>の場合はインデックスアクセスを利用する

・それ以外のコレクションについては、LINQのSelectメソッドを利用して変形する

●List<T>の全データに1を加算する

```
// using System.Linq;が必要
var list = new List<int> { 1, 2, 3 };
for (var i = 0 ; i < list.Count; i++)
{
    list[i]++;      // インデクサーを利用した参照と更新
}
list.ForEach(item => Console.WriteLine(item));  // => 2(改行)3(改行)4(改行)
// LINQのSelectを利用して新しいListを作る
// この例ではToListを呼び出してList<T>にして元のList<T>を置き換えているが
// 特に必要なければIEnumerable<T>のまま連続して処理を続行するほうが効率的である
list = list.Select(item => item + 1).ToList();
list.ForEach(item => Console.WriteLine(item));  // => 3(改行)4(改行)5(改行)
```

117 Dictionaryのキーを列挙したい

	Dictionary<TKey, TValue>.Keys
関連	―
利用例	Dictionaryのキーを検証する

Keysプロパティを利用する

Dictionary<TKey, TValue>.Keysプロパティはキーのコレクションを返します。

●Dictionaryのキーをチェックする
```
// using System.Linq;が必要
var dict = new Dictionary<string, int> { { "read", 12 }, { "write", 13 } };
// Keysプロパティはキーのコレクション
foreach (var key in dict.Keys)
{
    Console.WriteLine(key);            // => read(改行)write(改行)
}
var keys = dict.Keys;
// ContainsはLINQのメソッド
Console.WriteLine(keys.Contains("create")); // => False
dict["create"] = 0;
// Keysプロパティから取得したコレクションは元のDictionaryに連動する
Console.WriteLine(keys.Contains("create")); // => True
```

Keysプロパティを利用するとデバッグなどのために1行程度でDictionaryのデータを出力できます。

●Dictionaryのデータを出力する
```
// using System.Linq;が必要
var dict = new Dictionary<string, int> { { "read", 12 }, { "write", 13 } };
// List<T>.ForEachを利用するためにLINQのToListメソッドを呼ぶ
dict.Keys.ToList().ForEach(k => Console.WriteLine($"{k}={dict[k]}"));
```

118 Dictionaryの値を列挙したい

Dictionary<TKey, TValue>.Values

関連	—
利用例	Dictionaryの値を検証する

Valuesプロパティを利用する

Dictionary<TKey, TValue>.Valuesプロパティは値のコレクションを返します。

```
// using System.Linq;が必要
var dict = new Dictionary<string, int> { { "read", 12 }, { "write", 13 } };
// Valuesプロパティは値のコレクション
foreach (var value in dict.Values)
{
    Console.WriteLine(value);          // => 12 (改行) 13 (改行)
}
var values = dict.Values;
// ContainsはLINQのメソッド
Console.WriteLine(values.Contains(0)); // => False
dict["create"] = 0;
// Valuesプロパティから取得したコレクションは元のDictionaryに連動する
Console.WriteLine(values.Contains(0)); // => True
```

119 コレクション内のオブジェクト数を調べたい

ICollection<T>.Count | IDictionary<TKey, TValue>.Count | Count<T> Count<T>は.NET Framework 3.5

関連	094 配列の要素数を調べたい　P.143
利用例	コレクションが格納しているデータ数を照会する

CountプロパティやLINQのCountメソッドを利用する

コレクションのCountプロパティは現在のアイテム数を返します。

.NET Framework3.5以降ではLINQのCountメソッドを利用することで、コレクション、配列、文字列といったIEnumerable<T>を実装するすべてのオブジェクトを統一して扱えます。

●オブジェクト数を表示する

```csharp
// using System.Linq;が必要
// LINQのCount()メソッドを呼び出すメソッド
int GetCount<T>(IEnumerable<T> col)
{
    return col.Count();
}
...
var list = new List<string> { "a", "b", "c" };
var dict = new Dictionary<int, int> { { 0, 10 }, { 1, 11 } };
// List<T>.Countプロパティの参照
Console.WriteLine(list.Count);                          // => 3
// Dictionary<TKey, TValue>.Countプロパティの参照
Console.WriteLine(dict.Count);                          // => 2
// IEnumerable<T>.Count()の呼び出し
Console.WriteLine(GetCount(list));                      // => 3
Console.WriteLine(GetCount(dict));                      // => 2
Console.WriteLine(GetCount("abcdef"));                  // => 6
Console.WriteLine(GetCount(new int[] { 1, 2, 3, 4, 5 }));// => 5
```

サンプルからわかるように、コレクションのCountプロパティもLINQのCountメソッドも同じ結果を返します。Countメソッドの利用は、サンプルのGetCountメソッドのようにIEnumerable<T>オブジェクトを共通に扱うメソッド内で利用するのであれば意味を持ちますが、そうでなければコレクションオブジェクト自身のCountプロパティを呼び出すほうが効率的です。

120 コレクションにデータを追加したい

| ICollection<T>.Add | IDictionary<TKey, TValue>.Add |

関連	104 リストを作成したい　P.154
	105 同じオブジェクトを含まないコレクションを作成したい　P.155
	106 先入れ先出し（FIFO）コレクションを作成したい　P.156
	107 後入れ先出し（LIFO）コレクションを作成したい　P.157
	108 キーで値を検索できるコレクションを作成したい　P.158
	109 自動的にソートされるコレクションを作成したい　P.159
	123 コレクションの特定のオブジェクトにアクセスしたい　P.176
利用例	コレクションに値を追加する

利用できるメソッド

　List<T>、Dictionary<TKey, TValue>、SortedSet<T>などのコレクションに値を追加するにはAddメソッドを利用します。

　Queue<T>に値を追加するにはEnqueueメソッド、Stack<T>に値を追加するにはPushメソッド、LinkedList<T>に値を追加するにはAddFirstまたはAddLastを利用します。

　サンプルプログラムは、レシピ104　レシピ105　レシピ106　レシピ107　レシピ108　レシピ109 の各項を参照ください。

121 Dictionaryに例外を起こさせずにデータを設定したい

| Dictionary<TKey, TValue> | SortedDictionary<TKey, TValue> |
| SortedList<TKey, TValue> | インデクサー |

| 関連 | 108 キーで値を検索できるコレクションを作成したい　P.158 |
| | 120 コレクションにデータを追加したい　P.173 |

| 利用例 | Dictionaryの値を更新したい |

Dictionaryの値の更新はインデクサーを利用する

　Dictionary<TKey, TValue>は、同じように一意のコレクションを作るHashSet<T>と異なり、Addメソッドに既に格納済みのキーを与えるとArgumentException例外となります。

　この動作は同じくAddメソッドにキーと値を取るSortedDictionary<TKey, TValue>、SortedList<TKey, TValue>も同様です。

　これらのコレクションの既存のキーに対応する値を更新するにはインデクサー[TKey]を利用します。

●Dictionaryのエントリーを更新する

```csharp
var dictionary = new Dictionary<string, string[]>();
// Addメソッドは第1引数のキーと第2引数の値を格納する
dictionary.Add("JVM", new string[] {"Java", "Scala", "Closure"});
dictionary.Add(".NET Framework", new string[] {"C#", "F#", "MC"});
// 既存キーの値の更新にはインデクサーを利用する
dictionary[".NET Framework"] = new string[] { "C#", "F#", "MC", "VB" };
// インデクサーに指定したキーが存在しない場合は追加される
dictionary["YARV"] = new string[] { "Ruby" };
Console.WriteLine(string.Join(",", dictionary["YARV"]));            // => Ruby
Console.WriteLine(string.Join(",", dictionary[".NET Framework"]));  // =>
C#,F#,MC,VB
```

122 リストに一度に複数のオブジェクトを追加したい

List<T>.AddRange

関連	120 コレクションにデータを追加したい　P.173
利用例	収集したデータをリストに格納する

List<T>.AddRangeメソッドを利用する

List<T>.AddRangeメソッドは与えられたIEnumerable<T>の内容をリスト内にコピーします。

●AddRangeメソッドを利用してリストにデータを追加する

```
// using System.Linq;が必要
var list = new List<string>();
// 配列の内容を追加
list.AddRange(new string[] { "a", "b" }); // list => "a", "b"
var anotherList = new List<string> { "c", "d" };
// 他のList<T>の内容を追加
list.AddRange(anotherList);                // list => "a", "b", "c", "d"
// LINQの結果を追加
list.AddRange(anotherList.Select(s => s.ToUpper())); // list => "a", "b",
"c", "d", "C", "D"
```

123 コレクションの特定の オブジェクトにアクセスしたい

インデクサー | Where | FirstOrDefault | ElementAtOrDefault

関　連	—
利用例	リストにインデックスアクセスする

インデクサーを利用する

List<T>には、配列同様にインデックスでアクセスできるインデクサーが用意されています。

Dictionary<TKey, TValue>には、キーを指定するインデクサーが用意されています。

●インデクサーを利用してコレクションにアクセスする
```
var list = new List<string> { "a", "b", "c" };
for (var i = 0; i < list.Count; i++)
{
    Console.WriteLine(list[i]);     // => a(改行) b(改行) c(改行)
}
var dict = new Dictionary<string, string> { { "sun", "日" }, { "mon", "月" } };
Console.WriteLine(dict["mon"]);     // => 月
var anotherDict = new Dictionary<int, string> { { 0, "zero" }, { 1, "one" } };
Console.WriteLine(anotherDict[1]);  // => one
```

foreachを利用する

インデクサーでアクセスする場合、存在しないインデックス（List<T>であれば負値や格納数以上の数値、Dictionary<TKey, TValue>であれば存在しないキー）を指定すると例外となります。このため、単純に列挙する場合は、foreachを利用するべきです　レシピ116　。

LINQを利用する

.NET Framework3.5以降ではLINQのWhereメソッドとFirstOrDefaultメソッドを利用することでコレクションの種類を問わずに条件にマッチした最初のデータを取得できます。またElementAtOrDefaultメソッドを利用するとインデックスアクセスが可能となります。

●Queue<T>からの検索したデータの取得とインデックスアクセス

```
// using System.Linq;が必要
// Queue<T>は値取得用にPeekとDequeueメソッドのみを持つ
var q = new Queue<string>();
q.Enqueue("a");
q.Enqueue("aa");
q.Enqueue("aaa");
// LINQを利用することで特定条件に一致するデータを取得できる
Console.WriteLine(q.Where(e => e.Length == 2).FirstOrDefault()); // => aa
// LINQのFirstOrDefaultメソッドはデータが含まれていない場合はnull(数値であれば0)が返る
Console.WriteLine(q.Where(e => e.Length == 4).FirstOrDefault()); // =>
// ElementAtOrDefaultは0からのインデックスを指定する
Console.WriteLine(q.ElementAtOrDefault(2)); // => "aaa"
// ElementAtOrDefaultでインデックスが範囲外の場合はnull(数値であれば0)が返る
Console.WriteLine(q.ElementAtOrDefault(5)); // =>
```

MEMO

124 コレクションを空にしたい

| ICollection<T>.Clear | IDictionary<TKey, TValue>.Clear |

| 関 連 | 120 コレクションにデータを追加したい　P.173 |
| 利用例 | コレクションをクリアする |

Clearメソッドを利用する

　ICollectionまたはIDictionaryを継承するコレクションは、格納しているデータを全消去するClearメソッドを持ちます。

●リストをクリアする

```
var list = new List<string> { "a", "b", "c" };
Console.WriteLine(list.Count); // => 3
list.Clear();
Console.WriteLine(list.Count); // => 0
```

125 コレクションに特定のオブジェクトが含まれているか調べたい

| ICollection<T>.Contains | IDictionary<TKey, TValue>.ContainsKey | Any<T> は .NET Framework 3.5 |
| IDictionary<TKey, TValue>.ContainsValue | Any<T> | |

| 関連 | — |
| 利用例 | コレクションに特定のオブジェクトが含まれているか調べる |

利用できるメソッド

ICollection<T>を実装したコレクション（List<T>など）はContainsメソッドを利用して、指定したオブジェクトに等しいオブジェクトが含まれているかを調べられます。

IDictionary<TKey, TValue>を実装したコレクション（Dictionary<TKey, TValue>など）は指定したオブジェクトに等しいキーが含まれているかを調べるContainsKeyと、指定したオブジェクトに等しい値が含まれているかを調べるContainsValueメソッドが用意されています。

●リストやディクショナリがデータを含むか調べる

```
var list = new List<string> { "a", "b", "c" };
list.Contains("c");    // => True
list.Contains("d");    // => False
var dict = new Dictionary<string, int> { { "a", 1 }, { "b", 2 }, { "c", 3 } };
dict.ContainsKey("b");// => True
dict.ContainsKey("e");// => False
dict.ContainsValue(3);// => True
dict.ContainsValue(4);// => False
```

LINQを利用する

.NET Framework 3.5以降ではLINQのAny<T>メソッドを利用することでコレクションの種類を問わずに指定したオブジェクトがコレクションに含まれているかどうかを調べられます。

●リストやディクショナリがデータを含むか調べる（LINQ）

```
// using System.Linq;が必要
var list = new List<string> { "a", "b", "c" };
list.Any(s => s == "c");        // => True
list.Any(s => s == "d");        // => False
var dict = new Dictionary<string, int> { { "a", 1 }, { "b", 2 }, { "c", 3 } };
dict.Keys.Any(k => k == "b");   // => True
dict.Keys.Any(k => k == "e");   // => False
dict.Values.Any(v => v == 3);   // => True
dict.Values.Any(v => v == 4);   // => False
```

MEMO

126 コレクションから特定のオブジェクトを削除したい

| ICollection<T>.Remove | IDictionary<TKey, TValue>.Remove |

| 関　連 | 124　コレクションを空にしたい　P.178 |
| 利用例 | コレクションから特定のオブジェクトを削除する |

利用できるメソッド

コレクションのRemoveメソッドを利用するとICollection<T>を実装したコレクション（List<T>など）は指定したオブジェクトに等しい最初のデータを削除し、IDictionary<TKey, TValue>を実装したコレクション（Dictionary<TKey, TValue>など）は指定したオブジェクトに等しいキーを持つエントリーを削除します。

●リストやディクショナリからデータを削除する

```
var list = new List<string> { "a", "b", "c", "b" };
list.Remove("b");  // list => "a", "c", "b" (2個目の"b"は削除されない)
var dict = new Dictionary<string, int> { { "a", 1 }, { "b", 2 }, { "c", 3 } };
dict.Remove("b");  // dict => { "a", 1 }, { "c", 3 }
```

Queue<T>からデータを削除するにはDequeueメソッドを利用します。同様にStack<T>からデータを削除するにはPopメソッドを利用します。

LinkedList<T>にはRemoveメソッド以外に先頭のデータを削除するRemoveFirstメソッドと最後のデータを削除するRemoveLastメソッドが用意されています。

List<T>では、削除するオブジェクトのインデックスが明らかな場合、RemoveAtメソッドが最も高速に削除できます。

●インデックス指定でリストからデータを削除する

```
var list = new List<string> { "a", "b", "c" };
list.RemoveAt(1);  // list => "a", "c" (インデックス1の"b"を削除し、全体を左に詰める)
```

127 コレクションから条件を満たす要素を一度に削除したい

List<T>.RemoveAll

関連	126 コレクションから特定のオブジェクトを削除したい　P.181
利用例	ファイルのリストから特定日付以降のファイルを除外する

RemoveAllメソッドを利用する

List<T>.RemoveAll(Predicate<T>)は、引数で指定した式がtrueを返したオブジェクトをリストから削除します。

●FileInfoのリストから更新日付が当日より前のものを削除する

```
// using System.IO;が必要
var today = DateTime.Today;
var currentDirectory = new DirectoryInfo(Directory.GetCurrentDirectory());
var list = new List<FileInfo>(currentDirectory.GetFiles());
list.RemoveAll(f => f.LastWriteTime < today);
list.ForEach(f => Console.WriteLine(f.Name));
```

LINQを利用する

.NET Framework 3.5以降では、すべてのファイルのリストから条件に合うものを削除するのではなく、LINQを利用して必要なもののみをリストにするほうが効率的です。

●FileInfoのリストから更新日付が当日より前のものを削除する（LINQ）

```
// using System.IO;とusing System.Linq;が必要
var today = DateTime.Today;
var currentDirectory = new DirectoryInfo(Directory.GetCurrentDirectory());
var list = currentDirectory.GetFiles().Where(
        f => f.LastWriteTime >= today).ToList();
list.ForEach(f => Console.WriteLine(f.Name));
```

.NET Framework4以降の場合

　.NET Framework 4以降では、DirectoryInfo.GetFilesで最初に配列を作るのではなく、DirectoryInfo.EnumerateFilesを利用するほうがより効率的です。

● FileInfoのリストから更新日付が当日より前のものを削除する（LINQ + Enumerate）

```
// using System.IO;とusing System.Linq;が必要
var today = DateTime.Today;
var currentDirectory = new DirectoryInfo(Directory.GetCurrentDirectory());
var list = currentDirectory.EnumerateFiles().Where(
        f => f.LastWriteTime >= today).ToList();
list.ForEach(f => Console.WriteLine(f.Name));
```

MEMO

PROGRAMMER'S RECIPE

第 08 章

クラス

C#のプログラミングは、クラスの定義に始まり、クラスの実装で終わります。
本章は、このC#で最も重要なプログラミング要素であるクラスのレシピです。

128 クラスを定義したい

| class宣言 | 型宣言 |

関連	129 フィールドを定義したい　P.190
	130 静的フィールドの初期化処理を記述したい（静的コンストラクターを宣言したい）　P.192
	132 コンストラクターを定義したい（インスタンスの初期化処理を記述したい）　P.194
	134 プロパティを定義したい　P.197
	140 メソッドを定義したい　P.206
	145 インスタンスを生成できないクラスを定義したい　P.216
	153 基本クラスの実装を省略したい　P.228
	154 ジェネリッククラスを定義したい　P.230

利用例	クラスを定義する

クラスの定義方法

クラスを定義するには、以下の書式のクラス宣言を利用します（[ ]内は省略可能）。これは型宣言です。

●クラス宣言

```
[属性]
[修飾子] class クラス名[型パラメーター] [: 継承元[, 継承元...]] [型パラメーター制約指
定節]
{
    // 定数宣言
    // フィールド宣言
    // コンストラクター宣言
    // デストラクター宣言
    // プロパティ宣言
    // イベント宣言
    // メソッド宣言
}
```

クラスは、トップレベル、ネームスペース直下および他の型（クラス、構造体など）内で宣言できます。

属性

このクラスに付与する属性を [ ]内に指定します。

修飾子

修飾子には以下の種類があります。

- new 修飾子
  派生クラスにおいて、派生元のクラス内で宣言されたクラスと同名の新たなクラスを宣言するときに指定します。

- abstract 修飾子
  抽象クラス（メソッドなどが宣言のみで定義本体を含まないクラス）を宣言するときに指定します。

- sealed 修飾子
  派生できないクラスを宣言するときに指定します。

- static 修飾子
  インスタンス化できない（new できない）クラスを宣言するときに指定します。

- partial 修飾子
  部分宣言を示します。同じクラスの宣言を複数ファイルに分割するときに指定します。これを部分クラスと呼び、すべてのファイルの該当クラスを partial で修飾します。なお、クラスの属性は1つのクラス宣言にしか付けられません。

- アクセス修飾子
  クラスのアクセシビリティ（表 8.1）を指定します。

表 8.1 クラスのアクセシビリティ

キーワード	意味	備考
public	外部のアセンブリから参照可能	
internal	このプログラム内（Visual Studio のプロジェクト）から参照可能	トップレベルと namespace 直下の省略時の既定値
protected	継承先から参照可能	トップレベルと namespace 直下では指定不可
protected internal	継承先とプログラム内から参照可能	トップレベルと namespace 直下では指定不可
private	このクラス内から参照可能	トップレベルと namespace 直下では指定不可。他の型内の省略時の既定値

クラス名

クラス名は識別子のルール（**NOTE**参照）に従います。

標準的なクラス名の命名規約は、大文字始まりのキャメルケース（単語の先頭文字を

大文字とする）です。

たとえば、「C#の本」クラスを作るのであれば「CSharpBook」クラスが標準的な名前です。「C#Book」は識別子のルールに外れているのでコンパイルエラー、「Csharp_book」は非標準的なクラス名です。

また、.NET Frameworkの標準的な命名規約では、頭語（頭文字を取ってつけた名前。例：SQL＝Structured Query Language、IP＝Internet Protocol）は、2文字まではすべて大文字（例：System.Net.IPEndPoint）、3文字以上は先頭のみ大文字（例：System.Data.SqlClient）とします。

> **NOTE**
> **C#仕様　識別子のルール**
> C#の仕様により、C#の識別子は「_」もしくはユニコードのレター文字（char.IsLetterがtrueとなる文字）で開始し、ユニコードの数字、レター文字、結合文字（char.GetUnicodeCategoryの結果がUnicodeCategory.NonSpacingMarkまたはUnicodeCategory.SpacingCombiningMark）コネクタ区切り記号文字（char.GetUnicodeCategoryの結果がUnicodeCategory.ConnectorPunctuation）を続けます。
> C#のキーワード（class、ifなど）を識別子に利用する場合は「@」を先頭に付けます。

▍型パラメーター

ジェネリッククラスの型パラメーターを<>内に記述します。ジェネリッククラスの定義については レシピ154 を参照ください。

▍継承元

継承元には1つの基本クラスと複数のインターフェイスを「,」で区切って指定します。System.Objectから直接派生するクラスについては基本クラスの記述は不要です。

派生クラスの定義については レシピ146 を参照ください。

型パラメーター制約指定節

型パラメーター制約指定節は、型パラメーターで指定した型の制約を指定し、「where 型パラメーター : 制約」の形式で記述します。

制約には、classキーワード（参照型に制約）、structキーワード（値型に制約）、クラス名（該当型かその派生型に制約。非シールクラスのみを指定可能）、インターフェイス名（該当型かその派生型に制約）、他の型パラメーター名、new()キーワード（無引数コンストラクターを持つ型に制約）を指定できます。

インターフェイス名と型パラメーター名は「,」で区切って複数指定できます。またnew()を他のパラメーターと組み合わせる場合は最後に「,」で区切って記述します。

宣言ブロック

クラスの型宣言ブロック（{}）内の記述順には文法的な規則はありません。

しかし上記の書式で示した順に記述すると、「Visual Studio利用時にフィールドやプロパティをメソッド定義時に常にインテリセンスで参照できる」というメリットがあります。

インテリセンスは出現順序に関わりなくクラス定義のブロック内をカバーします。しかし、メソッドの定義中は{}や()の整合性が一時的に取れなくなることがあります。このとき、整合性を失った箇所より行番号が後ろにあるフィールド定義やプロパティ定義はインテリセンスによって参照できません。しかし行番号が前にあるフィールド定義などはその場合でも参照可能です。

129 フィールドを定義したい

フィールド	
関連	128　クラスを定義したい　P.186
利用例	フィールドを定義する

フィールドの定義方法

フィールドを定義するには、以下の書式のフィールド宣言を利用します（[ ]内は省略可能）。

●フィールド宣言

```
[属性]
[修飾子]型名 フィールド名[ = 初期化子][, フィールド名 [ = 変数初期化子] ...];
```

フィールドはクラス宣言と構造体宣言の宣言ブロック内でのみ宣言できます。

属性

このフィールドに付与する属性を [ ]内に指定します。

修飾子

修飾子には以下の種類があります。

- **new 修飾子**
  派生クラスにおいて、派生元のクラス内で宣言されたフィールドと同名の異なるフィールドを宣言するときに指定します。

- **static 修飾子**
  静的フィールドであることを宣言します。静的フィールドは、クラスのすべてのインスタンスに共有されます。static 修飾子を付けないフィールドはインスタンスフィールドとなり、インスタンス毎に独立した領域が確保されます。

- **readonly 修飾子**
  読み込み専用フィールドであることを宣言します。読み込み専用フィールドに対する代入は宣言の初期化子またはコンストラクター内でのみ許可されます。
  static readonly で修飾したフィールドは定数のように利用できます レシピ026 。
  readonly 修飾子を利用した場合、**volatile** 修飾子は指定できません。

・volatile修飾子

volatileフィールドを指定すると、最適化による実行順序の置き換えなどが行われません。この修飾子はlockステートメントを利用せずに複数のスレッドが同時にこのフィールドを更新／参照する場合の整合性を維持するためのものです。最悪のケースでJITが生成したネイティブコードを調査できないのであれば、volatileを利用するのではなく、以下の2点を検討してください。

    ❶スレッド間で同一のフィールドを参照／更新しないように設計する
    ❷複数のスレッドが更新／参照する箇所をlockステートメントで同期する

また、volatile修飾子を利用した場合、readonly修飾子は指定できません。

・アクセス修飾子

フィールドのアクセシビリティ（表8.2）を指定します。

表8.2 フィールドのアクセシビリティ

キーワード	意味	備考
public	外部のアセンブリから参照可能	
internal	このプログラム（Visual Studioのプロジェクト）内から参照可能	
protected	継承先から参照可能	
protected internal	継承先とプログラム内から参照可能	
private	このクラス内から参照可能	省略時の既定値

型名

フィールドの型を指定します。

フィールド名

フィールド名は識別子のルール（レシピ128 NOTE参照）に従います。
　標準的なフィールド名の命名規約は、小文字始まりのキャメルケース（単語の先頭文字を大文字とする）です。

変数初期化子

　フィールドは最初に値型であれば0（bool型の場合はfalse）、参照型であればnullに初期化されます。
　次に静的フィールドの場合はクラスの静的コンストラクター呼び出し直前（静的コンストラクターがなければクラスの初期化の最後の段階）に出現順に初期化が行われます。
　インスタンスフィールドの場合は、クラスのコンストラクター呼び出し直前に出現順に初期化が行われます。

130 静的フィールドの初期化処理を記述したい（静的コンストラクターを宣言したい）

static	静的コンストラクター

関　連	129　フィールドを定義したい　P.190
利用例	ファイルから読み込んだ値で静的フィールドを初期化する

変数初期化子や静的コンストラクターを利用する

　インスタンスフィールドか静的フィールドかを問わず、フィールドの初期化には変数初期化子を利用します。1つの式で完結する変数初期化子では機能不足の場合、コンストラクターによって初期化します。

　なお静的コンストラクターはインスタンスのコンストラクターと異なり、パラメーターを取ることはできません。

●ファイルから読み込んだ値で静的フィールドを初期化する

```
class Foo
{
    // 静的フィールド
    // このフィールドは参照型なので静的コンストラクター実行前にnullで初期化される
    static string message;
    // コンストラクターは型を持たないクラス名と同名のメソッド
    // 静的コンストラクターはstatic修飾子で修飾する。他の修飾子は取らない
    static Foo()
    {
        var config = new FileInfo("ConfigFoo.txt");
        if (!config.Exists)
        {   // カレントディレクトリにConfigFoo.txtがなければ既定値を設定する
            message = "Hello World!";
        }
        else
        {   // ConfigFoo.txtが存在したら最初の1行目を設定する
            using (var fin = config.OpenText())
            {   // ConfigFoo.txtはUTF-8のテキストファイル
                message = fin.ReadLine();
            }
        }
    }
    static void Main()
    {   // 静的コンストラクターはMainより前に実行されるのでmessageフィールドは初期化済み
        Console.WriteLine(message);
        ...
```

131 読み取り専用フィールドを定義したい

| readonly | フィールド |

関　連	129　フィールドを定義したい　P.190
利用例	他のクラスへ与える情報を読み取り専用フィールドで実装する

▎readonly 修飾子を利用する

readonly修飾子をつけたフィールドは読み取り専用となります。

●他のクラスにフィールドを公開する

```
public class PathInfo
{
    // 他のクラスに公開するのでpublicアクセシビリティとするが
    // 記述ミスで内容を破壊されないようにreadonlyで修飾する
    public readonly string loadedPath;
    // コンストラクター
    public PathInfo()
    {
        // このプログラムのファイル名から起動ディレクトリ名を取得する
        var fi = new FileInfo(Assembly.GetExecutingAssembly().Location);
        // readonlyフィールドは変数初期化子かコンストラクターで設定する
        loadedPath = fi.Directory.FullName;
    }
}
```

readonlyフィールドに対して代入するコードを記述するとコンパイル時にエラーとなります（コンストラクター、変数初期化子では可）。

```
error CS0191: 読み取り専用フィールドに割り当てることはできません
```

▎readonly 修飾子の注意点

　注意が必要なのは、readonly修飾子では配列や書き込み可能なプロパティを持つ構造体やクラスのインスタンスの内容を保護できない点です。

　公開情報を内容を含めて読み取り専用とする場合は、フィールドを直接公開するのではなく、ゲッタプロパティかメソッドを利用してクローンや列挙を返すようにします。構造体の場合はゲッタプロパティから直接返しても値が呼び出し側へコピーされるため問題ありません。

132 コンストラクターを定義したい(インスタンスの初期化処理を記述したい)

コンストラクター	
関 連	130 静的フィールドの初期化処理を記述したい(静的コンストラクターを宣言したい) P.192
利用例	インスタンスの初期化情報を与える

コンストラクターの定義方法

コンストラクターを定義するには、以下の書式のコンストラクター宣言を利用します([ ]内は省略可能)。

●コンストラクター宣言

```
[属性]
[修飾子]クラス名(パラメーターリスト)[コンストラクター初期化子]
{
    // オブジェクトの初期化処理
}
```

属性

このコンストラクターに付与する属性を[ ]内に指定します。

修飾子

修飾子には以下の種類があります。

・アクセス修飾子
コンストラクターのアクセシビリティ(表8.3)を指定します。

表8.3　コンストラクターのアクセシビリティ

キーワード	意味	備考
public	外部のアセンブリから参照可能	
internal	このプログラム(Visual Studioのプロジェクト)内から参照可能	
protected	継承先から参照可能	
protected internal	継承先とプログラム内から参照可能	
private	このクラス内から参照可能	省略時の既定値

クラス名

このコンストラクターを宣言するクラス名を指定します。

パラメーターリスト

()内に型と仮引数名の0個以上のペアを「,」で区切って列記します。

コンストラクター初期化子

「:」の後ろにキーワードbaseを指定して基本クラスのコンストラクター呼び出しか、またはthisを指定して同じクラスのコンストラクター呼び出しを記述します。

コンストラクター初期化子を省略した場合、「: base()」が指定されたものとみなされます。

コンストラクター宣言の省略

コンストラクター宣言を省略した場合は、抽象クラスの場合はprotected、それ以外の場合はpublicな無引数コンストラクターで、コンストラクター初期化子がbase()のものが内部的に生成されます。

> **NOTE**
>
> **ユーティリティクラス**
>
> 　コンストラクターのアクセシビリティをprivateにすると、クラスの外部からはインスタンスを生成できなくなります。これを利用して静的メソッドのみを保持するユーティリティクラスを定義する実装パターンがあります。
> 　C#2以降はstatic修飾 レシピ128 によってインスタンス化できないクラス レシピ145 を宣言できるため、インスタンス化できなくするためのprivateコンストラクターを定義する必要はありません。

133 同じクラスの別のコンストラクターを呼び出したい

this

関　連	132　コンストラクターを定義したい（インスタンスの初期化処理を記述したい）　P.194
利用例	コンストラクターを共通処理とそれ以外に分離する

コンストラクター初期化子で「this(引数)」を指定する

　同じクラスの別のコンストラクターを呼び出すには、コンストラクター初期化子にキーワードthisに続けて()内に引数リストを指定します。

●Sample133.cs：共通処理を行うコンストラクターを呼び出すユーザー指定の初期化を行うコンストラクター

```
using System;
class CtrSample
{
    internal string Message1 { get; }
    internal string Message2 { get; }
    CtrSample()                     // コンストラクター1
    {
        Message2 = "world!";
    }
    internal CtrSample(string s)    // コンストラクター2
        : this()                    // => コンストラクター1の呼び出し
    {
        Message1 = s;
    }
    internal CtrSample(int n)       // コンストラクター3
        : this(n.ToString())        // => コンストラクター2の呼び出し
    {
    }
    static void Main()
    {
        var c1 = new CtrSample("hello"); // 2→1の順にコンストラクターが呼ばれる
        Console.WriteLine($"{c1.Message1} {c1.Message2}"); // => hello world!
        var c2 = new CtrSample(32);      // 3→2→1の順にコンストラクターが呼ばれる
        Console.WriteLine($"{c2.Message1} {c2.Message2}"); // => 32 world!
    }
}
```

134 プロパティを定義したい

プロパティ		
関連	135	読み取り専用プロパティを定義したい　P.200
	136	自動実装プロパティを定義したい　P.201
	149	基本クラスのプロパティをオーバーライドしたい／派生クラスでオーバーライドできるプロパティを作成したい　P.221
利用例	プロパティを定義する	

プロパティの定義方法

プロパティを定義するには、以下の書式のプロパティ宣言を利用します（[]内は省略可能）。

● プロパティ宣言

```
[属性]
[修飾子]型名 プロパティ名
{
    // ゲッタ宣言
    // セッタ宣言
}
```

属性

このプロパティに付与する属性を []内に指定します。

修飾子

修飾子には以下の種類があります。

- new 修飾子
  派生クラスにおいて、派生元のクラス内で宣言されたプロパティと同名の異なるプロパティを宣言するときに指定します。

- sealed 修飾子
  シールプロパティを宣言するときに指定します。シールプロパティは派生クラスでのオーバーライドを禁止します。シールプロパティを指定する場合は override 修飾子の指定も必要です。

- **abstract修飾子**
  抽象プロパティを宣言するときに指定します。抽象プロパティは実装を伴わないプロパティで、派生クラスで必ずオーバーライドされることを前提にしています。抽象プロパティを指定できるのは、抽象クラスの場合だけです。
  抽象プロパティは、プロパティ本体のブロックを記述せずに「;」で終了させます。

- **virtual修飾子**
  仮想プロパティを宣言するときに指定します。仮想プロパティは派生クラスでオーバーライドが可能です。

- **override修飾子**
  基本クラスの仮想プロパティをオーバーライドすることを指定します。

- **static修飾子**
  静的プロパティであることを宣言します。静的プロパティは、静的メンバーにのみアクセスできるプロパティで、クラスのすべてのインスタンスに共有されます。
  static修飾子を付けないプロパティはインスタンスプロパティとなり、各インスタンスが持つインスタンスメンバーを利用できます。

- **アクセス修飾子**
  プロパティのアクセシビリティ（表8.4）を指定します。

表8.4　プロパティのアクセシビリティ

キーワード	意味	備考
public	外部のアセンブリから参照可能	
internal	このプログラム（Visual Studioのプロジェクト）内から参照可能	
protected	継承先から参照可能	
protected internal	継承先とプログラム内から参照可能	
private	このクラス内から参照可能	省略時の既定値

型名

プロパティの型を指定します。

プロパティ名

プロパティ名は識別子のルール（レシピ128 NOTE参照）に従います。
　標準的なプロパティ名の命名規約は、大文字始まりのキャメルケース（単語の先頭文字を大文字とする）です。

ゲッタ（ゲットアクセサ）

ゲッタは型名で指定した型のオブジェクトを返すメソッドで以下の書式を取ります（[ ]内は省略可能）。

● ゲッタ宣言

```
[属性]
[修飾子] get     // キーワードgetに続けてブロックを作る
{
    // コード
    return 型名で指定した型のオブジェクト;
}
```

修飾子にはアクセス修飾子のみが指定可能です。このとき、プロパティ全体のアクセス修飾子よりも狭い範囲のアクセシビリティのみが指定できます。このため、public修飾子は利用できません。省略するとプロパティのアクセス修飾子がそのまま利用されます。

ゲッタ宣言を省略すると書き込み専用プロパティとなります。

セッタ（セットアクセサ）

セッタは型名で指定した型のオブジェクトを受け取るメソッドで以下の書式を取ります（[ ]内は省略可能）。

呼び出し側が与える引数は通常のメソッドのようにパラメーターリストを使わずに、キーワードvalueに設定されます。

● セッタ宣言

```
[属性]
[修飾子] set     // キーワードsetに続けてブロックを作る
{
    // コード 呼び出し側が与えたオブジェクトにはキーワードvalueでアクセスする
}
```

修飾子にはアクセス修飾子のみが指定可能です。このとき、プロパティ全体のアクセス修飾子よりも狭い範囲のアクセシビリティのみが指定できます。このため、public修飾子は利用できません。省略するとプロパティのアクセス修飾子がそのまま利用されます。

セッタ宣言を省略すると読み込み専用プロパティとなります。

135 読み取り専用プロパティを定義したい

`get` | プロパティ

関連	134 プロパティを定義したい P.197
利用例	オブジェクトが保持する情報をプロパティとして公開する

読み取り専用プロパティの作成方法

読み取り専用プロパティを作るには2つの方法があります。

1つは、セッタを省略する方法です。セッタを省略したプロパティに対して「=」でアクセスするコードはCS0200のコンパイルエラーとなります。

もう1つは、セッタのアクセス修飾子をprivateとして外部からはアクセスできなくすることです。privateなセッタに対して「=」でアクセスするとCS0272のコンパイルエラーとなります。

どちらを利用するかは、クラスの実装設計に依存します。プロパティに相当するインスタンス変数を持つ必要があるのであれば、自動プロパティ レシピ136 にprivateセッタを使うのが良いでしょう。プロパティ呼び出し時になんらかの処理結果を返すのであればセッタを省略すべきです。

●2種類の読み取り専用プロパティ

```
public class Foo
{
    public Foo()
    {
        CreationDateTime = DateTime.Now;   // privateセッタを使って初期化
    }
    public DateTime CreationDateTime
    {
        get;            // ゲッタはpublicで公開
        private set;    // セッタはprivateで非公開
    }
    public DateTime CreationDate
    {
        get
        {   // 既に保持しているデータの一部の切り出しなのでゲッタのみ定義
            return CreationDateTime.Date;
        }
    }
}
```

136 自動実装プロパティを定義したい

| get | set | 自動実装プロパティ | | C#3 |

| 関連 | 134 プロパティを定義したい P.197 |
| 利用例 | フィールドを定義せずにプロパティを実装する |

自動実装プロパティとは

　プロパティのブロックにキーワードget、setと終端子「;」のペアのみを記述したものを自動実装プロパティと呼びます。

　自動実装プロパティは、privateフィールドに対する外部アクセスを提供するプロパティ宣言を自動化したものです。

●自動実装プロパティの例

```
class Hello
{
    internal Hello()
    {   // セッタを呼び出して初期化
        Message = "Hello World!";
    }
    internal string Message { get; set; }
}
...
var hello = new Hello();
Console.WriteLine(hello.Message);  // => Hello World!
hello.Message = "Goodby";          // セッタの呼び出し
Console.WriteLine(hello.Message);  // => Goodby
```

> **NOTE**
> 疑似的な読み取り専用プロパティ
> 　setにprivate修飾子を付けると疑似的な読み取り専用プロパティを作れます レシピ135 。

137 自動実装プロパティに初期値を設定したい

自動実装プロパティ		C#6
関　連	136　自動実装プロパティを定義したい　P.201	
利用例	コンストラクターの記述を省略する	

変数初期化子を利用する

　C#6から自動実装プロパティに変数初期化子を利用して初期値を設定できるようになりました。

　これを利用すると レシピ136 のコードは次のように書き換えられます。

●自動実装プロパティに初期値を設定する

```
class Hello
{
    // 自動実装プロパティのブロックの直後に変数初期化子で初期値を設定する
    internal string Message { get; set; } = "Hello World!";
}
```

138 読み取り専用自動実装プロパティに初期値を設定したい

自動実装プロパティ | 読み取り専用　　　　　　　　　　　　　　　　　C#6

関連	136 自動実装プロパティを定義したい　P.201
	137 自動実装プロパティに初期値を設定したい　P.202

利用例	ゲッタのみの自動実装プロパティに初期値を設定する

C#6以降に強化された機能

　C#5までの自動実装プロパティはソースコードからアクセス可能なフィールドを持たないため、セッタを定義しなければ値の設定ができませんでした。

　C#6では、ゲッタのみの自動実装プロパティについても レシピ137 の変数初期化子およびコンストラクター内で値を設定できるように機能が強化されました。

●ゲッタのみの自動実装プロパティに初期値を設定する

```
class Greeting
{
    internal Greeting()
    {   // ゲッタのみの自動実装プロパティにコンストラクターで値を設定する
        Hello = "Hello World!";
    }
    internal string Hello { get; }
    // ゲッタのみの自動実装プロパティであっても変数初期化子は記述可能
    internal string Goodbye { get; } = "Goodbye";
}
...
var g = new Greeting();
Console.WriteLine(g.Hello);     // => Hello World!
Console.WriteLine(g.Goodbye);   // => Goodbye
```

139 [ ]内にインデックスを指定してアクセスするプロパティ（インデクサー）を定義したい

インデクサー

関連	134 プロパティを定義したい P.197
利用例	配列やディクショナリのように利用できるクラスを提供する

インデクサーの実装方法

インデクサーはメソッドの呼び出し引数を [ ]内に記述できる特殊なプロパティです。
書式はプロパティ宣言 レシピ134 とほぼ同様ですが、プロパティ名の代わりにキーワードthisに続けて [ ]内にパラメーターリストを記述します。

●Sample139.cs：インデクサーの実装例

```
using System;
using System.Collections.Generic;
class PseudoCollection
{
    internal int this[int index]
    {
        get                 // ゲッタのみを宣言すると読み取り専用となる
        {
            return index;   // 単に引数をそのまま返すだけのテスト用インデクサー
        }
    }
    Dictionary<string, string> dict = new Dictionary<string, string>();
    // このインデクサーは与えられた2つの引数からDictionaryのキーを作る
    // []内には複数のパラメーターを設定可能（インデクサーはメソッドオーバーロード可能）
    internal string this[int key1, string key2]
    {
        get
        {
            return dict[$"{key1:D8}{key2}"];
        }
        set
        {   // プロパティと同様に「=」の右辺で指定された引数はキーワードvalueでアクセスする
            dict[$"{key1:D8}{key2}"] = value;
        }
    }
    static void Main()
```

```
    {
        var pc = new PseudoCollection();

        Console.WriteLine(pc[10]);          // => 10
        Console.WriteLine(pc[20]);          // => 20
        pc[3, "foo"] = "W3";                // セッタ呼び出し
        pc[5, "foo"] = "5cc";               // セッタ呼び出し
        Console.WriteLine(pc[3, "foo"]);    // => W3
        Console.WriteLine(pc[5, "foo"]);    // => 5cc
    }
}
```

140 メソッドを定義したい

メソッド	
関連	150 基本クラスのメソッドをオーバーライドしたい／ 派生クラスでオーバーライドできるメソッドを作成したい　P.223
利用例	メソッドを定義する

メソッドの定義方法

メソッドを定義するには、以下の書式のメソッド宣言を利用します（[ ]内は省略可能）。

●メソッド宣言

```
[属性]
[修飾子] 返り値の型名　メソッド名 [型パラメーター] (パラメーターリスト) [型パラメーター制約⏎
指定節]
{
    // メソッド本体
}
```

属性

このメソッドに付与する属性を [ ] 内に指定します。

修飾子

修飾子には以下の種類があります。

- new 修飾子
  派生クラスにおいて、派生元のクラス内で宣言されたメソッドと同名の異なるメソッドを宣言するときに指定します。

- sealed 修飾子
  シールメソッドを宣言するときに指定します。シールメソッドは派生クラスでのオーバーライドを禁止します。シールメソッドを指定する場合は override 修飾子の指定も必要です。

- abstract 修飾子
  抽象メソッドを宣言するときに指定します。抽象メソッドは実装を伴わないメソッドで、派生クラスで必ずオーバーライドされることを前提にしています。抽象メソッドを指定で

きるのは、抽象クラスの場合だけです。
抽象メソッドは、メソッド本体のブロックを記述せずに「;」で終了させます。

- virtual修飾子
  仮想メソッドを宣言するときに指定します。仮想メソッドは派生クラスでオーバーライドが可能です。

- override修飾子
  基本クラスの仮想メソッドをオーバーライドすることを指定します。

- static修飾子
  静的メソッドであることを宣言します。静的メソッドは、静的メンバーにのみアクセスできるメソッドで、クラスのすべてのインスタンスに共有されます。
  static修飾子を付けないメソッドはインスタンスメソッドとなり、各インスタンスが持つインスタンスメンバーを利用できます。

- partial修飾子
  部分メソッド(部分宣言したクラスにメソッドの定義部と実装部を分離したメソッド)を宣言します。

- async修飾子
  非同期メソッドであることを宣言します。非同期メソッドについては レシピ283 を参照ください。

- アクセス修飾子
  メソッドのアクセシビリティ(表8.5)を指定します。

表8.5 メソッドのアクセシビリティ

キーワード	意味	備考
public	外部のアセンブリから参照可能	
internal	このプログラム(Visual Studioのプロジェクト)内から参照可能	
protected	継承先から参照可能	
protected internal	継承先とプログラム内から参照可能	
private	このクラス内から参照可能	省略時の既定値

返り値の型名

　メソッドが返すオブジェクトの型を指定します。メソッドが何も返さない場合はキーワードvoidを指定します。
　非同期メソッドの返り値の型はvoid、Task、Task<T>のいずれかの必要があります。

メソッド名

メソッド名は識別子のルール（ レシピ128 NOTE 参照）に従います。

標準的なメソッド名の命名規約は、大文字始まりのキャメルケース（単語の先頭文字を大文字とする）です。

型パラメーター

ジェネリックメソッドの型パラメーターを<>内に記述します。ジェネリックメソッドの定義については レシピ155 を参照ください。

パラメーターリスト

()内に型と仮引数名の0個以上のペアを「,」で区切って列記します。
パラメーターの書式を以下に示します（[]内は省略可能）。

```
[属性][修飾子]型名 仮引数名[既定値]
```

・属性
  []内に属性を記述します。

・修飾子
  ref修飾子
    呼び出し側と呼ばれた側の双方が引数に値を設定することを指定します。
  out修飾子
    呼ばれた側が引数に値を設定することを指定します。
  this修飾子
    拡張メソッドを宣言します。this修飾子は静的メソッドの最初の引数にのみ指定可能です。
    拡張メソッドについては レシピ169 を参照してください。
  params修飾子
    配列型のパラメーターを引数リスト内に直接「,」で区切って記述できることを示します。最後のパラメーターの必要があります。
    params修飾子については レシピ163 を参照してください。

・既定値
  「= 式」の形式で省略時の既定値を指定します。省略可能なパラメーターについては レシピ164 を参照してください。

> **NOTE**
> **paramsの扱い**
> paramsは、C#の文法上は修飾子ではありませんが、ここでは便宜上修飾子として扱います。

型パラメーター制約指定節

　型パラメーター制約指定節は、型パラメーターで指定した型の制約を指定し、「where 型パラメーター：制約」の形式で記述します。

　制約には、classキーワード（参照型に制約）、structキーワード（値型に制約）、クラス名（該当型かその派生型に制約。非シールクラスのみを指定可能）、インターフェイス名（該当型かその派生型に制約）、他の型パラメーター名、new()キーワード（無引数コンストラクターを持つ型に制約）を指定できます。

　インターフェイス名と型パラメーター名は「,」で区切って複数指定できます。またnew()を他のパラメーターと組み合わせる場合は最後に「,」で区切って記述します。

　ジェネリックメソッドの定義については レシピ155 を参照してください。

141 イベントを定義したい

| event | delegate | イベント | デリゲート | EventHandler | EventArgs |

関連	140 メソッドを定義したい　P.206 142 イベントハンドラを定義したい（デリゲートとラムダ式の関係を知りたい）　P.213
利用例	イベントハンドラ登録用のメンバーをクラスに用意する

イベントの定義方法

イベントを定義するには、以下の書式のイベント宣言を利用します（[ ]内は省略可能）。

●イベント宣言

```
［属性］
［修飾子］ event 型名 イベント名；
```

属性

このイベントに付与する属性を[ ]内に指定します。

修飾子

修飾子には以下の種類があります。

- new修飾子
  派生クラスにおいて、派生元のクラス内で宣言されたイベントと同名の異なるイベントを宣言するときに指定します。

- sealed修飾子
  シールイベントを宣言するときに指定します。シールイベントは派生クラスでのオーバーライドを禁止します。シールイベントを指定する場合はoverride修飾子の指定も必要です。

- abstract修飾子
  抽象イベントを宣言するときに指定します。抽象イベントは実装を伴わないイベントで、派生クラスで必ずオーバーライドされることを前提にしています。抽象イベントを指定できるのは、抽象クラスの場合だけです。

- virtual修飾子
  仮想イベントを宣言するときに指定します。仮想イベントは派生クラスでオーバーライドが可能です。

- **override修飾子**
  基本クラスの仮想イベントをオーバーライドすることを指定します。

- **static修飾子**
  静的イベントであることを宣言します。静的イベントは、静的メンバーにのみアクセスできるイベントで、クラスのすべてのインスタンスに共有されます。
  static修飾子を付けないイベントはインスタンスイベントとなり、各インスタンスが持つインスタンスメンバーを利用できます。

- **アクセス修飾子**
  イベントのアクセシビリティ（表8.6）を指定します。

表8.6 イベントのアクセシビリティ

キーワード	意味	備考
public	外部のアセンブリから参照可能	
internal	このプログラム（Visual Studioのプロジェクト）内から参照可能	
protected	継承先から参照可能	
protected internal	継承先とプログラム内から参照可能	
private	このクラス内から参照可能	省略時の既定値

型名

イベントの型を指定します。イベントの型はデリゲート型（後述）です。

イベント名

イベント名は識別子のルール（レシピ128 NOTE参照）に従います。
標準的なイベント名の命名規約は、大文字始まりのキャメルケース（単語の先頭文字を大文字とする）です。

> **COLUMN　イベントアクセサについて**
>
> イベント宣言にはここで示したイベント変数を指定する方法以外に、イベントアクセサ（アッダとリムーバ）を指定する方法があります。イベントアクセサを定義すると独自のメモリ管理ができるため、1イベントに1フィールドを使う変数方式よりもストレージコストが低減できることがメリットとされています。しかしコードの煩雑さ以上の効果を上げることは難しいと考えられるので、本書では取り上げません。
>
> イベントアクセサを省略した場合（つまりイベント変数を宣言する記法では）、イベントアクセサは自動生成されます。アクセシビリティ設定によって外部に公開される情報はイベント変数と、デリゲートを登録する「+=」演算子およびデリゲートの登録を解除する「-=」演算子です。

イベントを実装するメリット

C#3以降では、ラムダ式を利用してメソッドに簡単に関数を与えることができるため、イベントを実装する必要があるのは、GUI用のコントロールなどの限られたプログラムです。ただし、発行－購読パターンを実装する場合、イベントは複数購読者を簡単に管理できるというメリットがあります。

イベント宣言に必要なデリゲート型

イベント宣言には対応するデリゲート型が必要です。.NET Frameworkには汎用のデリゲートとしてSytem.EventHandler<TEventArgs>が用意されているので、これを利用するのが簡単です。

EventHandler<TEventArgs>デリゲートは、イベント通知元のthisと、イベント内容を指定するTEventArgs型の2つの引数を取ります。正確な型は public delegate void EventHandler<TEventArgs>(object sender, TEventArgs e); です。TEventArgsには制約はありません。

引数に特別な情報が必要なければSystem.EventArgsを第2引数に利用するSystem.EventHandlerを利用すると良いでしょう。

独自のデリゲート定義

独自にデリゲートを定義するには、以下の書式のデリゲート宣言を利用します（[]内は省略可能）。

●デリゲート宣言

```
[属性]
[修飾子] delegate 返り値の型名 デリゲート名[型パラメーター](パラメーターリスト)[型パラ
メーター 制約指定節];
```

デリゲート宣言はキーワードdelegateを付加することとメソッド本体のブロックを記述せずに「;」で終結させることを除けば レシピ140 で説明しているメソッド宣言と同様です。ただし、修飾子に指定できるのは、new修飾子とアクセス修飾子に限定されます。

イベントとデリゲートの関係については レシピ142 を参照ください。

142 イベントハンドラを定義したい（デリゲートとラムダ式の関係を知りたい）

delegate

関　連	141　イベントを定義したい　P.210
利用例	イベントを登録する

イベントハンドラ用のデリゲート

　C#3以降はラムダ式が利用できるのでイベントハンドラ用のデリゲートを特別に用意する必要はありません（ レシピ007 のSample007.csでのClickイベントハンドラの登録箇所を参照）。

　ただし登録したデリゲートをイベントから解除するには、登録に利用したものと同じデリゲートを与える必要があります。同じデリゲートというのは、以下のいずれかです。

- ・同一のデリゲートインスタンス
- ・同一のメソッドを指定したデリゲート（デリゲートのインスタンスは異なっても良い）

イベントハンドラにラムダ式を指定する際の注意点

　イベントハンドラとしてラムダ式を指定すると、個々のラムダ式毎に異なるメソッドが内部的に生成されるため、後者の方法は利用できません。したがって、イベント登録を解除するには登録時に指定したラムダ式のインスタンスを保持する必要があります。

143 インスタンスを生成したい

`new`

関 連	—
利用例	クラスからオブジェクトを生成する

キーワードnewを利用する

インスタンスを生成するには、キーワードnewに続けてクラス名または構造体名とコンストラクターの引数リストを()内に記述します。

●クラス宣言とインスタンス生成

```
class Foo
{
    string message;
    Foo()
    {
        message = "hello world!";
    }
    Foo(string msg)
    {
        message = msg;
    }
    void Show()
    {
        Console.WriteLine(message);
    }
    static void Main()
    {
        var foo = new Foo();         // 無引数コンストラクターを利用して作成
        foo.Show();                  // => hello world!
        foo = new Foo("goodbye");    // 文字列引数のコンストラクターを利用して作成
        foo.Show();                  // => goodbye
    }
}
```

144 プロパティ設定付きでインスタンスを生成したい

new	オブジェクト初期化子		C#3
関　連	—		
利用例	インスタンス生成時にプロパティを設定する		

オブジェクト初期化子を利用する

　コンストラクター呼び出しに続けて{}内に「プロパティ名＝値」のペアを「,」で区切って列挙することで、インスタンスの生成とプロパティ設定が同時にできます。これをオブジェクト初期化子と呼びます。また無引数コンストラクターの呼び出しであれば()は省略可能です。

```
class Foo
{
    Foo()
    {
        Message = "Hello";
    }
    Foo(string msg)
    {
        Message = msg;
    }
    void Show()
    {
        Console.WriteLine($"{Message} {Name}");
    }
    string Message { get; set; }
    string Name { get; set; }
    static void Main()
    {
        // 無引数コンストラクターを利用して作成
        var foo = new Foo { Name = "Charley", Message = "Hi" };
        // コンストラクターの実行後にオブジェクト初期化子が実行されるため、MessageはHi
        foo.Show();              // => Hi Charley
        // 文字列引数のコンストラクターを利用して作成
        // プロパティ初期化子の最後のペアの後ろに「,」を付けてもエラーとはならない
        foo = new Foo("Goodbye") { Name = "President Nixon", };
        foo.Show();              // => Goodbye President Nixon
    }
}
```

145 インスタンスを生成できないクラスを定義したい

`static` | `class` | 静的クラス

関連	128 クラスを定義したい　P.186
利用例	拡張メソッドをまとめたクラスなどのユーティリティクラスを宣言する

静的クラスとして宣言する

　インスタンスを生成できないクラスを定義するには、class宣言にstatic修飾子をつけて静的クラスとして宣言します。
　静的クラスにnew演算子を適用するとコンパイルエラー（CS0712）となります。また、静的クラスの型の変数宣言もコンパイルエラー（CS0723）となります。

●静的クラスを宣言する（このコードはコンパイルできません）

```
static class Utility    // ユーティリティクラスなのでstatic修飾子をつけて静的クラスとする
{
    static int Add(int x, int y)    // 静的メソッドを提供する
    {
        return x + y;
    }
    static int Main(string[] args)
    {   // 静的クラスはインスタンス化できない
        var util = new Utility(); // => コンパイルエラー CS0712, CS0723
        // 静的メソッドはクラス名.メソッド名(Utility.Add)で呼び出す
        // 下の行はインスタンス名.メソッド名の形式なのでコンパイルエラー（CS0176）となる
        return util.Add(int.Parse(args[0]), int.Parse(args[1]));
    }
}
```

146 派生クラスを定義したい

関連	128 クラスを定義したい P.186
利用例	テンプレートメソッドパターンを実装する

クラスの継承方法

クラスを継承するには、クラス宣言で「:」の後ろに継承元のクラス名やインターフェイス名を「,」で区切って記述します。

継承元に利用できるクラスは1つ、インターフェイスについては制限はありません。

> **NOTE**
> **複数の継承元でメソッド名が重複する場合**
>
> 継承元に利用できるインターフェイス数に制限はありませんが、複数のインターフェイスでメソッド名が重複する場合は特別な考慮が必要です レシピ152 。

●Sample146.cs：環境変数から設定値を取得するクラスと引数から設定値を取得するクラスを可換とする例

```
using System;
using System.Linq;
abstract class BaseClass
{
    internal string ComputerName { get; set; }
    internal void Setup()
    {
        // 派生クラスに環境変数の取得を委譲する
        ComputerName = GetEnvironmentValue("COMPUTERNAME");
    }
    // 委譲するメソッドを抽象メソッドとして宣言する
    abstract protected string GetEnvironmentValue(string keyword);
}
// BaseClassを継承するクラス（環境変数から情報を取得）
class SubClassByEnvironmentVariable : BaseClass
{
    override protected string GetEnvironmentValue(string keyword)
    {   // 環境変数から引数に対応する値を取得する
        return Environment.GetEnvironmentVariable(keyword);
    }
}
```

```csharp
// BaseClassを継承するクラス(コマンドラインから情報を取得)
class SubClassByCommandLineArgs : BaseClass
{
    // このクラスはデバッグ用なので例外を放置している
    override protected string GetEnvironmentValue(string keyword)
    {
        // コマンドライン引数から引数に対応する値を取得する
        return Environment.GetCommandLineArgs()
            .Where(s => s.IndexOf($"{keyword}=") == 0)
            .Select(s => s.Substring($"{keyword}=".Length))
            .First(); // コマンドラインに情報が設定されていなければ例外となる
    }
}
// デバッグ指定ならコマンドラインから環境を取得し、そうでなければ環境変数を利用する
static void Main(string[] args)
{
    var obj = (args.Any(s => s == "/DEBUG"))    // デバッグ実行指定なら
        ? new SubClassByCommandLineArgs()        // コマンドラインから環境を得る
        : new SubClassByEnvironmentVariable()    // そうでなければ環境変数を利
                                                 // 用する
        as BaseClass;                            // 基本クラスとして扱う
    obj.Setup();                                 // 基本クラスのメソッド呼び出し
    Console.WriteLine(obj.ComputerName);         // 基本クラスのプロパティ取得
}
```

●実行例

```
C:\Documents>Sample146.exe
MyComputer     ←実行したマシンのコンピューター名

C:\Documents>Sample146.exe /DEBUG COMPUTERNAME=TestServer    ←デバッグ実行
TestServer     ←コマンドラインで指定したコンピューター名
```

147 派生できないクラスを定義したい

`sealed`

関連	128　クラスを定義したい　P.186
利用例	内部実装に実行順序やメソッド呼び出しのタイミングなどの適切さが要求されるなどの理由で継承クラスを作ることが不可能であったり、機能がアトミックで継承することに意味がないクラスを継承できないようにする

シールクラスにする

　sealed修飾子をつけて宣言したクラス（シールクラス）は継承しようとするとコンパイルエラー（CS0509）となります。
　また、シールクラスのメソッドをvirtualで修飾してもコンパイルエラー（CS0549）となります。

●シールクラスの継承（このコードはコンパイルできません）

```
sealed class SealedClass
{
    internal virtual void CanNotDefineVirtual()   // => CS0549
    {
        // 継承できないので仮想メソッドは宣言不可（コンパイルエラー）
    }
    class CanNotDeclareDerivedClass : SealedClass  // => CS0509
    {
        // シール型を継承することはできないのでコンパイルエラー
    }
}
```

　上のサンプルをC#6でコンパイルすると、CS0549（'SealedClass.CanNotDefineVirtual()' はシールクラス 'SealedClass' の新しい仮想メンバーです。）と、CS0509（'SealedClass.CanNotDeclareDerivedClass': シール型 'SealedClass' から派生することはできません。）のコンパイルエラーとなります。C#コンパイラのバージョンによっては、いずれか一方のみのコンパイルエラーとなります。

148 基本クラスのコンストラクターを呼び出したい

base	コンストラクター初期化子

関 連	132 コンストラクターを定義したい（インスタンスの初期化処理を記述したい） P.194
利用例	基本クラスのコンストラクターを利用する

キーワードbaseを利用する

　基本クラスの引数付きのコンストラクターを呼び出すには、コンストラクター初期化子にキーワードbaseに続けて()内に引数リストを指定します。

●基本クラスのコンストラクターの呼び出し

```
using System;
class BaseClass
{
    internal string Message1 { get; }
    internal string Message2 { get; }

    internal BaseClass(string s1, string s2)
    {
        Message1 = s1;
        Message2 = s2;
    }
}
class DerivedClass : BaseClass
{
    internal string Message3 { get; }
    DerivedClass(string s1, string s2, string s3)
        : base(s1, s2)     // 基本クラスのコンストラクター呼び出し
    {
        Message3 = s3;
    }

    static void Main()
    {
        var d = new DerivedClass("A", "B", "C");
        Console.WriteLine($"{d.Message1}{d.Message2}{d.Message3}"); // => ABC
    }
}
```

149 基本クラスのプロパティをオーバーライドしたい／派生クラスでオーバーライドできるプロパティを作成したい

| virtual | override |

関　　連	134 プロパティを定義したい　P.197
利 用 例	派生クラスでプロパティの実装を変える

virtual修飾子とoverride修飾子

　派生クラスで基本クラスのプロパティをオーバーライドするには、あらかじめ基本クラスのプロパティをvirtualで修飾して仮想プロパティであることを宣言する必要があります。

　仮想プロパティとして宣言されていれば、派生クラスではoverride修飾子を利用してオーバーライドできます。

●仮想プロパティをオーバーライドする

```
class BaseClass
{
    // virtual修飾子をつけて仮想プロパティとして宣言
    internal virtual string Name { get; set; }
}
class DerivedClass : BaseClass
{
    // override修飾子をつけてオーバーライドを宣言
    // 型を元の仮想プロパティと一致させる
    internal override string Name
    {
        get
        {
            // baseは基本クラスのメソッド／プロパティを呼ぶためのキーワード
            return $"{base.Name}さん";
        }
        set
        {
            base.Name = (value.LastIndexOf("さん") == value.Length - 2)
                ? value.Substring(0, value.Length - 2)
                : value;
        }
    }
    static void Main()
    {
```

```
        var name1 = new BaseClass { Name = "しょうえい" };
        // BaseClassとしてアクセスする
        BaseClass name2 = new DerivedClass { Name = "レシピ" };
        Console.WriteLine(name1.Name); // => しょうえい
        Console.WriteLine(name2.Name); // => レシピさん
    }
}
```

MEMO

150 基本クラスのメソッドをオーバーライドしたい／派生クラスでオーバーライドできるメソッドを作成したい

virtual | override

関連	140 メソッドを定義したい P.206
利用例	派生クラスでメソッドの実装を変える

virtual修飾子とoverride修飾子

派生クラスで基本クラスのメソッドをオーバーライドするには、あらかじめ基本クラスのメソッドをvirtualで修飾して仮想メソッドであることを宣言する必要があります。

仮想メソッドとして宣言されていれば、派生クラスではoverride修飾子を利用してオーバーライドできます。

● 仮想メソッドをオーバーライドする

```
class BaseClass
{
    // virtual修飾子をつけて仮想メソッドとして宣言
    internal virtual void ConsoleOut(string msg)
    {
        Console.WriteLine(msg);
    }
}
class DerivedClass : BaseClass
{
    // override修飾子をつけてオーバーライドを宣言
    // 返り値の型、引数リストを元の仮想メソッドと一致させる
    internal override void ConsoleOut(string msg)
    {
        Console.WriteLine($"{DateTime.Now}: {msg}");
    }
    static void Main()
    {
        var obj = new BaseClass();
        obj.ConsoleOut("Hello World!");   // => Hello World!
        // objは上の代入からBaseClass型の変数
        obj = new DerivedClass();
        obj.ConsoleOut("Hello World!");   // => 20xx/mm/dd hh:mm:ss: Hello ↵
World!
    }
}
```

151 基本クラスのメソッドやプロパティを呼び出したい

`base`

関連	148 基本クラスのコンストラクターを呼び出したい　P.220
	149 基本クラスのプロパティをオーバーライドしたい ／派生クラスでオーバーライドできるプロパティを作成したい　P.221
	150 基本クラスのメソッドをオーバーライドしたい ／派生クラスでオーバーライドできるメソッドを作成したい　P.223
利用例	オーバーライドしたメソッドやプロパティ内で基本クラスのプロパティやメソッドを呼び出す

「base.」を利用する

レシピ148 ではbaseキーワードを利用して基本クラスのコンストラクターを呼び出せることを示しました。

baseキーワードはそれ以外に「.」でプロパティ／メソッド名を接続すると、基本クラスのプロパティ／メソッドの呼び出しとなります。

●基本クラスの仮想メソッドを呼び出す

```
class BaseClass
{
    internal virtual void SayHello()
    {
        Console.WriteLine("C# is great!");
    }
    internal virtual void Noop()
    {   // 何もしないメソッド
    }
}
class DerivedClass : BaseClass
{
    internal override void SayHello()
    {
        base.SayHello();        // 基本クラスのメソッドを呼び出す
        // SayHello();           // base.を付けないと再帰呼び出しになるので注意
        Console.WriteLine("F# is also great!");
        Noop();                  // オーバーライドしていなければ「base.」を付ける必要はない
    }
    static void Main()
    {
```

```
        var obj = new DerivedClass();
        obj.SayHello(); // => C# is great!(改行)F# is also great!
    }
}
```

　上の例でNoopメソッドはオーバーライドしていないため「base.」を付けずに呼び出しています。派生クラスによるオーバーライドが適用されなかったり、ソースコードが煩雑になったりするので「base.」は基本的に記述しません。ただしオーバーライドしたメソッド内で「base.」を付け忘れると、そのメソッドに対する再帰呼び出しとなる（最終的にはStackOverflowException例外となる）ので注意してください。

152 同名メソッドを持つ異なるインターフェイスを実装したい

interface	明示的なインターフェイスの実装
関　連	146　派生クラスを定義したい　P.217
利用例	複数のインターフェイスを継承したい

メソッド名の衝突と明示的なインターフェイスの実装

　C#では複数のインターフェイスを継承できます。このとき、インターフェイスが同名のメソッドを持つと名前が衝突します。衝突した場合、既定ではどちらのインターフェイスを経由して呼び出しても同じメソッドの呼び出しとなります。

　インターフェイス毎に異なる実装をしたい場合は、メソッドをインターフェイス名で修飾します。これを明示的なインターフェイスの実装と呼びます。明示的にインターフェイスを実装する場合、アクセス修飾子は指定できません。

　なお、次の例で示すように、1つのインターフェイス内のメソッドを個々に明示的に実装することも、共通実装とすることも可能です。

●3つのインターフェイスを実装する

```
interface Sample1
{
    void SayHello();    // インターフェイスで宣言したメソッドはpublicアクセシビリティを持つ
    void SayGoodbye();
}
interface Sample2
{
    void SayHello();
    void SayGoodbye();
}
interface Sample3
{
    void SayHello();
    void SayGoodbye();
}
class Sample : Sample1, Sample2, Sample3
{
    // public修飾しているので、Sample1、Sample2のSayHello実装となる
```

```csharp
    // Sample3は後ろで明示的に実装しているため、このメソッド定義とは結合しない
    public void SayHello()
    {
        Console.WriteLine("Hello!");
    }
    // Sample3を明示した実装（アクセス修飾子は付けられない）
    void Sample3.SayHello()
    {
        Console.WriteLine("Say Hello!");
    }
    // すべてのインターフェイスのSayGoodbye
    public void SayGoodbye()
    {
        Console.WriteLine("Goodbye!");
    }
    static void Main()
    {
        var obj = new Sample();
        // Sample1インターフェイスの呼び出し
        ((Sample1)obj).SayHello();   // => Hello!
        ((Sample1)obj).SayGoodbye();// => Goodbye!
        // Sample2インターフェイスの呼び出し
        ((Sample2)obj).SayHello();   // => Hello!
        ((Sample2)obj).SayGoodbye();// => Goodbye!
        // Sample3インターフェイスの呼び出し。SayHelloは明示的実装が呼ばれる
        ((Sample3)obj).SayHello();   // => Say Hello!
        ((Sample3)obj).SayGoodbye();// => Goodbye!
    }
}
```

153 基本クラスの実装を省略したい

`absolute`

関　連	128　クラスを定義したい　P.186
利用例	派生クラスでオーバーライドすべきプロパティ/メソッドの実装を省略する

▍抽象クラス、抽象プロパティ、抽象メソッド

　基本クラスは派生クラスに対して既定の実装を与えることができますが、常に既定の実装があるとは限りません。

　abstract修飾子をつけて宣言したクラスは抽象クラスとなります。抽象クラスはインスタンス化の対象ではないため実装なしのプロパティやメソッドを宣言できます。宣言があるため、クラスの利用側は抽象型の変数を利用してコードを記述できます。この宣言のみのプロパティやメソッドを抽象プロパティ、抽象メソッドと呼び、abstract修飾子を付けて示します。

　サンプルは、FizzBuzz（3で割り切れればFizz、5で割り切れればBuzz、3と5で割り切れればFizzBuzz、それ以外はその数値自身を出力するプログラム）をチェインオブレスポンシビリティパターンで実装したものです。

●Sample153.cs：チェインオブレスポンシビリティパターンを利用したFizzBuzz

```
using System;
using System.Linq;
class FizzBuzzProblem
{   // 抽象クラスを基本クラスとして用意する
    abstract class FizzBuzzBase
    {   // 派生クラスでオーバーライドしたDivisorプロパティを呼び出して割り切れるか調べる
        internal virtual bool HasResponsibility(int n) { return n % Divisor == 0; }
        internal abstract int Divisor { get; }         // 除数は決定できないので抽象プロパティ
        internal abstract string GetLine(int n);       // 出力行が何かは不明なので抽象メソッド
    }
    class Fizz : FizzBuzzBase
    {   // 3で割り切れたらFizz
        internal override int Divisor { get; } = 3;
        internal override string GetLine(int n) { return "Fizz"; }
```

```csharp
    }
    class Buzz : FizzBuzzBase
    {   // 5で割り切れたらBuzz
        internal override int Divisor { get; } = 5;
        internal override string GetLine(int n) { return "Buzz"; }
    }
    class FizzBuzz : FizzBuzzBase
    {   // 3と5で割り切れたらFizzBuzz
        internal override int Divisor { get; } = 15;
        internal override string GetLine(int n) { return "FizzBuzz"; }
    }
    class End : FizzBuzzBase
    {   // それ以外なら数値
        // 必ず実行するのでHasResponsibilityを直接オーバーライドしてtrueを返す
        internal override bool HasResponsibility(int n) { return true; }
        // 抽象プロパティ(メソッド)は必ずオーバーライドする必要がある
        internal override int Divisor { get; }  // ダミー
        internal override string GetLine(int n) { return n.ToString(); }
    }
    static void Main()
    {   // 利用側はすべてのオブジェクトを抽象クラス型として扱う
        var responsibilities = new FizzBuzzBase[] { new FizzBuzz(), new ⏎
Fizz(), new Buzz(), new End() };
        for (var i = 1; i < 35; i++)
        {
            Console.WriteLine(responsibilities.Where(e =>
                    e.HasResponsibility(i)).First().GetLine(i));
        }
    }
}
// 出力
// 1(改行)2(改行)Fizz(改行)4(改行)Buzz(改行)Fizz(改行)7...
```

154 ジェネリッククラスを定義したい

ジェネリック	型パラメーター

関連	128 クラスを定義したい　P.186
	155 ジェネリックメソッドを定義したい（ジェネリック型を引数にするメソッドを定義したい）　P.232

利用例	独自のコレクションクラスを作成する

型パラメーターを<>内に指定する

　ジェネリッククラスを定義するには、クラス名に続けて型パラメーターを<>内に指定します。また、必要に応じて継承元リストの後ろに型パラメーター制約指定節を指定します。

　型パラメーター制約指定節を記述しなかった場合、その型はobject型として扱われます。

ジェネリッククラスを定義するメリット

　ジェネリッククラスを定義する利点は、下のコードで示したように、クラスが持つメソッド全般に渡って、特定の型パラメーターを利用できる点です。

　定義するクラスの一部のプロパティやメソッドのみに型パラメーターを利用したい場合は、ジェネリッククラスを定義するのではなく、個々のメソッドをジェネリックにすることを勧めます。 レシピ155

●Sample154.cs：大小比較の原点となるオブジェクト用クラス

```csharp
using System;
// 型パラメーター TをIComparable<T>型に制限する
class CompareBase<T> where T : IComparable<T>
{
    T standard;
    internal CompareBase(T arg)
    {
        standard = arg;
    }
    internal bool IsBigger(T arg)
    {
        // 型パラメーター制約によってstandard.CompareToメソッドを呼び出し可能
        return standard.CompareTo(arg) < 0;
    }
```

```csharp
        internal bool IsSmaller(T arg)
        {
            return standard.CompareTo(arg) > 0;
        }
        internal bool IsSame(T arg)
        {
            return standard.CompareTo(arg) == 0;
        }
    }
    class GenSample
    {
        static void Main() // static void Mainはジェネリッククラスには定義できない
        {
            var numBase = new CompareBase<int>(10);       // intはIComparable<int>↵
を実装
            Console.WriteLine(numBase.IsBigger(11));    // => True
            Console.WriteLine(numBase.IsBigger(9));     // => False
            Console.WriteLine(numBase.IsSmaller(8));    // => True
            var strBase = new CompareBase<string>("A");// stringは↵
IComparable<string>を実装
            Console.WriteLine(strBase.IsBigger("B"));   // => True
            Console.WriteLine(strBase.IsBigger("9"));   // => False
            Console.WriteLine(strBase.IsSmaller("C"));  // => False
// 型制約を宣言しているため、IComparable<T>を実装していない型を与えるとコンパイルエラー↵
(CS0311)となる
//          var consBase = new CompareBase<Uri>(new Uri("http://example.com"));
        }
    }
```

COLUMN ＜T＞のTとは何か？

　ジェネリッククラスやジェネリックメソッドを定義する場合、型パラメーターは「T」という何か特殊な名前が必要に感じてしまうかも知れません。
　結論から言うと、型パラメーター名も他の変数名などと同様にC#の識別子のルールにそっていればどのような名前でも利用できます。「T」が利用されるのはそれがTypeの頭文字なので「型」パラメーター名だといっことがわかりやすいからです。
　.NET Frameworkのジェネリック型の型パラメーターは、Tに続くアルファベットのU（インデックス変数をiの次はjにするような方式）や、あるいは先頭に「T」を付加した大文字始まりのキャメルケース（クラス名などと同じルール）のTKey、TValue（それぞれキーの型、値の型）などを利用しています。
　特に理由がなければ、同様のルールで命名すれば良いと思います。

155 ジェネリックメソッドを定義したい（ジェネリック型を引数にするメソッドを定義したい）

ジェネリック	型パラメーター

関連	140 メソッドを定義したい　P.206 154 ジェネリッククラスを定義したい　P.230
利用例	ジェネリック型インターフェイス型を引数に取るメソッドを定義する

ジェネリックメソッドとその特徴

メソッド名とパラメーターリストの間に型パラメーターを設定することでジェネリックメソッドを定義します。

ジェネリックメソッドは以下の特徴があります。

- ジェネリック型をパラメーターの型に利用できる
- ある型から派生した複数の型をパラメーターに利用できる

特に2番目の特徴は型の安全な利用という点から重要です。ジェネリックを持たなければ基本クラスを型として利用する必要があり結果としてキャストの利用が避けられないところを、本来の型そのものとして処理できるからです。

●Sample155.cs：ジェネリックメソッドサンプル

```
using System;
using System.Collections.Generic;
using System.IO;
using System.Linq;
class GenMethod
{
    // ジェネリック型を引数とするにはTを示すためにジェネリックメソッドが必要
    internal int GetLength<T>(IEnumerable<T> obj)
    {
        return obj.Count();
    }
    // 比較用メソッド。FileSystemInfoはFileInfoとDirectoryInfoの基本クラスなのでどちらの
    // オブジェクトも引数にできる。しかし返り値もFileSystemInfo型となるためキャストが
    // 必要となる
    internal FileSystemInfo FileSystemInfo(FileSystemInfo info)
    {
```

```csharp
        return info;
    }
    // ジェネリックメソッド。TはFileSystemInfoを継承したFileInfoでもDirectoryInfo
でも可
    internal T Identity<T>(T info) where T : FileSystemInfo
    {
        return info;
    }
    static void Main()
    {
        var obj = new GenMethod();
        Console.WriteLine(obj.GetLength("abc"));                    // => 3
        Console.WriteLine(obj.GetLength(new int[] { 1, 2, 3, 4}));  // => 4
        var notepad = new FileInfo(@"C:\Windows\Notepad.exe");      // メモ帳
のファイル情報
        // FileInfoはFileSystemInfoの派生クラスなので下の呼び出しは問題ない
        // ただし返り値の型はFileSystemInfoとなる
        var sysinfo = obj.FileSystemInfo(notepad);
        // sysinfoはFileSystemInfo型なので
        // 下の行はLengthが未定義のコンパイルエラー(CS1061)となる
        //Console.WriteLine(sysinfo.Length);
        // キャストすればFileInfoとして扱える(あるいは返り値をasで型変換しても良い)
        Console.WriteLine(((FileInfo)sysinfo).Length);// => 244736(Windows
バージョンによって異なる)
        var info = obj.Identity(notepad);          // FileInfo型を与えたので
FileInfo型が返る
        // infoはFileInfo型なのでLengthプロパティを持つ
        Console.WriteLine(info.Length);            // => 244736(Windows
バージョンによって異なる)
    }
}
```

156 ソート可能なクラスを作成したい（IComparable）

IComparable<T>

関連	096 配列内のデータをソートしたい　P.145
	109 自動的にソートされるコレクションを作成したい　P.159

利用例	発生順と処理順が異なるオブジェクトを作成する

IComparable<T>を継承する

　.NET Frameworkで大小関係を比較できるオブジェクトを定義するにはIComparable<T>を継承します。IComparable<T>を継承したクラスは、特別な比較メソッドを与えずにArray.SortやList<T>.Sortに適用できます。また、SortedList<TKey, TValue>などのキーにも与えられます。

実装するメソッド

　IComparable<T>を継承するには、public int CompareTo(T other)メソッドを実装します。CompareToメソッドは引数で指定されたオブジェクトよりもthisが大きいか引数がnullならば0より大きな値を、等しければ0を、小さければ0より小さな値を返します。

IComparable<T>の継承クラスをLINQで利用する

　LINQのOrderByまたはOrderByDescendingメソッドは引数として、与えられたアイテムに対する比較用のキーアイテムを返す関数を取ります。次のプログラムではオブジェクトが持つIComparable<T>インターフェイスを使わせることができるため、引数で与えられたアイテムをそのまま返してソートさせています。

●読み込んだデータをソートして表示する

```
class Person : IComparable<Person>
{
    internal Person(string data)
    {
        var a = data.Split(',');
        Name = a[0];
        Age = int.Parse(a[1]);
        Hobby = a[2];
```

```
        }
        internal string Name { get; }         // 大小関係が変わらないように読み取り専用とする
        internal int Age { get; }             // 大小関係が変わらないように読み取り専用とする
        internal string Hobby { get; }        // 大小関係が変わらないように読み取り専用とする
        // CompareToを実装する
        public int CompareTo(Person other)
        {
            if (other == null) return 1;      // 引数がnullなら0より大きい値を返す
            var compare = Name.CompareTo(other.Name);
            if (compare == 0)                 // 名前が等しければ年齢を比較
            {
                compare = Age - other.Age;    // 数値同士であれば差を返す
            }
            if (compare == 0)                 // 年齢も等しければ趣味を比較
            {
                compare = Hobby.CompareTo(other.Hobby);
            }
            return compare;
        }
        public override string ToString()
        {
            return $"{Name} 年齢:{Age} 趣味:{Hobby}";
        }

        static void Main()
        {
            string data = @"
#名前,年齢,趣味
千利休,68,茶の湯
織田信長,38,天下布武
";          // dataを改行で区切って有効行からPersonオブジェクトを作成してソートする
            foreach (var person in data.Split('\n').Select(s => s.Trim())
                        .Where(s => !string.IsNullOrEmpty(s) && s[0] != '#')
                        .Select(s => new Person(s))
                        .OrderBy(person => person))
            // LINQのOrderByへ与える関数はIComparable<T>を返せば良いので
            // 上の行は引数をそのまま返している
            {
                Console.WriteLine(person);
            }
        }
    }
}
// 出力
// 織田信長 年齢:38 趣味:天下布武    // 「シ」ョク
// 千利休 年齢:68 趣味:茶の湯        // 「セ」ン
```

157 usingで自動クローズ可能なクラスを作成したい（IDisposable）

`IDisposable` | `using`

関連	061 リソースを自動クローズしたい P.101
利用例	廃棄すべきオブジェクトを保持するクラスを定義する

IDisposableを継承する

IDisposableインターフェイスを継承したクラスは、usingステートメントによる自動クローズを適用できます。

実装するメソッド

IDisposableを継承するには、public void Dispose()メソッドを実装します。

●Sample157.cs：IDisposableを実装するクラスのひな形

```csharp
using System;
class Disposable : IDisposable
{
    object resource;
    internal Disposable()
    {
        resource = new object();   // 利用するリソースを作成する
    }
    internal void DoSomething()
    {
        if (resource == null)      // リソースが廃棄済みなら例外をスロー
        {
            throw new ObjectDisposedException("already disposed");
        }
        // リソースを利用する処理
    }
    public void Dispose()
    {
        if (resource != null)      // リソースを廃棄していなければ廃棄する
        {
            // try {
            //     リソースを廃棄する(例外をスローしないようにtry / catchする)
            // } catch (Exception e) {
```

```
            //     必要に応じてログ出力などを行う
            // }
            Console.WriteLine("disposed!!");
            resource = null;       // リソースをnullにして廃棄済みとわかるようにする
        }
    }
    static void Main()
    {
        using (var obj = new Disposable())
        {
        } // => disposed!!
    }
}
```

　Disposeメソッドは複数回呼び出されても良いように考慮する必要があります。また、Disposeが呼ばれた後に廃棄したリソースをアクセスするメソッドが呼び出された場合は、ObjectDisposedException例外をスローすることが決められています。

158 ログなどに出力されるオブジェクトの表現方法を変えたい

ToString | override

関連	—
利用例	オブジェクトの文字列化を制御する

ToStringメソッドをオーバーライドする

オブジェクトをConsole.WriteLineに与えると、該当オブジェクトのToStringメソッドの呼び出し結果が出力されます。

ToStringメソッドは、objectクラスの仮想メソッドなのですべてのクラスや構造体でオーバーライドが可能です。

●Sample158.cs：ToString メソッドをオーバーライドして現在の状態を示せるようにする

```
using System;
class Simple     // ToStringをオーバーライドしないクラス
{
    internal string Name { get; set; }
    internal int Age { get; set; }
}
class Smart      // ToStringをオーバーライドするクラス
{
    internal string Name { get; set; }
    internal int Age { get; set; }
    public override string ToString()
    {   // クラス名が不要ならばbase.ToStringは付けなくとも良い
        return base.ToString() + $": {{Name: {Name}, Age: {Age}}}";
    }

    static void Main()
    {
        var simple = new Simple { Name = "Jerry Bean", Age = 12 };
        var smart = new Smart { Name = "Jewelry Bean", Age = 8 };
        Console.WriteLine(simple);   // => Simple     (既定ではToStringはクラス名を返す)
        Console.WriteLine(smart);    // => Smart: {Name: Jewelry Bean, Age: 8}
    }
}
```

159 匿名クラスを利用したい

匿名クラス		.NET Framework 3.5

関 連	144 プロパティ設定付きでインスタンスを生成したい　P.215
利用例	LINQの結果のオブジェクトから必要なデータのみを抽出する

new呼び出し時にクラス名を省略する

　プロパティ設定付きのnew呼び出し時にクラス名を省略すると、匿名クラスのオブジェクトが生成されます。

　匿名クラスの最も有効な利用方法は、テンポラリなLINQの結果の保持です。特に複数のクラスのデータを合成する場合に有効です。

> **NOTE**
> 「匿名」クラス
> 　匿名クラスといっても、実際にはコンパイルする必要上内部的にクラス名が作成されます。しかしソースコードからは知る手段がないためまさに「匿名」クラスなのです。

```
using System;
using System.Collections.Generic;
using System.Linq;
class Book
{
    internal string Title { get; set; }
    internal string AuthorID { get; set; }
}
class Author
{
    internal string AuthorID { get; set; }
    internal string Name { get; set; }
}
class BookCatalog
{
    static void Main()
    {
        var books = new List<Book>
```

```csharp
    {
        new Book { Title = "ABC", AuthorID = "10" },
        new Book { Title = "C to C#", AuthorID = "21" } ,
        new Book { Title = "XYZ", AuthorID = "10" }
    };
    var authors = new List<Author>
    {
        new Author { AuthorID = "10", Name = "Alpha Bet" },
        new Author { AuthorID = "21", Name = "C Man" }
    };
    // booksリストの各BookオブジェクトのAuthorIDとauthorsリストの
    // 各AuthorオブジェクトのAuthorIDが等しいものを結合して、TitleとAuthor
    // (IDではなくAuthor.Name)プロパティを持つ匿名クラスを列挙する
    foreach (var e in books.Join(authors, // JOINする対象
        book => book.AuthorID, author => author.AuthorID, // 結合キー
        // 匿名クラスを生成して列挙する
        (book, author) => new { Title = book.Title, Author = author.Name }))
    {
        // eは匿名クラスのオブジェクトなのでTitleプロパティとAuthorプロパティを持つ
        Console.WriteLine($"Title: {e.Title}, Author: {e.Author}");
    }
}
// 出力
// Title: ABC, Author: Alpha Bet
// Title: C to C#, Author: C Man
// Title: XYZ, Author: Alpha Bet
```

匿名クラスはローカルクラスとして扱う

　匿名クラスは、ローカル変数に対応する特定メソッド内でのみ有効なローカルクラスとして扱うのが最適です。複数のメソッドをまたぐことも可能ですが、その場合は別途クラス宣言したほうが効率的です。

160 複数の値を返すメソッドを作成したい（Tupleを使いたい）

Tuple	.NET Framework 4.0
関　連	—
利用例	メソッドから複数の値を返す

Tupleクラスを利用する

　Tupleクラスを利用すると、クラスや構造体を定義せずに型情報付きで複数の値を1つのオブジェクトとして扱えます。たとえばコレクションへの格納、メソッド引数、返り値などです。Tupleは、複数の型と値の組み合わせを運ぶための簡易オブジェクトで、Tuple.Create静的メソッドを利用して作成します。

> **NOTE**
> **Tupleとは**
> 　Tuple（タプル）とは、ペア（2つ組）、トリプレット（3つ組）などを一般化した「組」で、かつ構成要素の順序づけが決まっているものを言います。たとえば、本レシピのサンプルではItem1とItem2は異なる意味を持つため順序が重要であり、tupleを用いることができます。

●Sample160.cs：複数の値を返すメソッドの戻りにTupleを利用する

```
using System;
class Calc
{
    // 2つのint型を格納するTupleを返す。Tupleには型パラメーター <> が必須
    static Tuple<int, int> Div(int x, int y)
    {
        // Item1に商、Item2に剰余を保持するTupleを生成する
        return Tuple.Create(x / y, x % y);
    }
    static void Main()
    {
        var result = Div(81, 13);
        // 割り算の商と余りを表示する
        // Tupleが格納するオブジェクトへはItem1、Item2……プロパティでアクセスする
        Console.WriteLine($"81 / 13 = {result.Item1}...{result.Item2}");
    }
}
```

```
}
// 出力
// 81 / 13 = 6...3
```

Tupleの特徴

Tupleはプロパティ名がItem1、Item2……と意味を持たない点（C#7で改善される予定です）を除けば、複数の値をまとめて扱えるため使いどころが多いオブジェクトです。インテリセンスが利用でき、コンパイル時に型チェックとプロパティの解決も行われるため、安全で高速です。

多数組の型パラメーターを持つTuple

Tupleを生成するには、Tuple.Create静的メソッドを利用します。Createメソッドは1から8個までのパラメーターを取って、1組から8組までのTupleを生成できます。9組以上のTupleを作るには、Tupleのコンストラクターを利用する必要があります。ただし、構成要素が9個もあると順序の取り違いのような致命的なミスを招きやすくなるため、Tupleではなくクラスを定義してプロパティ名を使うほうが良いと思います。

また、8組目からはTupleを格納したRestプロパティのチェインとなります。具体的にはt.Item1……t.Item7の次はt.Rest.Item1、t.Rest.Item2……t.Rest.Item7となり、その次はt.Rest.Rest.Item1……t.Rest.Rest.Item7、t.Rest.Rest.Rest.Item1となります。これらのチェインしたTupleの利用は、人間が手でソースコードを記述するのではなく、ソースコードを機械的に自動生成させる場合に限定すべきです。

161 引数を利用して値を返すメソッドを作成したい

`out`

関連	—
利用例	引数に値を返すメソッドを作成する

out修飾子を付ける

パラメーターリストでout修飾子を付けたパラメーターは、メソッドを呼ばれた側で値を設定します。

● outパラメーターを利用する

```
// 商と余りを引数で返すメソッド
// 返り値は除数が0なら計算不能としてfalse、そうでなければtrue
static bool Div(int x, int y, out int quotient, out int remainder)
{
    if (y == 0) // 0で除算はできないのでfalseを返す
    {
        // outパラメーターに値を設定しないでreturnはできない
        // (CS177のコンパイルエラー) のでダミー値を設定する
        quotient = remainder = 0;
        return false;
    }
    quotient = x / y;
    remainder = x % y;
    return true;
}
static void Main()
{
    int quotient, remainder;
    // 呼び出し側もoutパラメーターであることを明示する
    // outパラメーターに利用する変数は初期化不要
    if (Div(81, 13, out quotient, out remainder))
    {
        Console.WriteLine($"81 / 13 = {quotient}...{remainder}");
    }
}
// 出力
// 81 / 13 = 6...3
```

162 呼び出しに利用された引数を更新するメソッドを作成したい

`ref`

関　連	—
利 用 例	呼び出しに利用された引数を更新するメソッドを作成する

ref修飾子を付ける

　パラメーターリストでref修飾子を付けたパラメーターは、メソッドを呼ぶ側で設定した値を呼ばれた側で参照でき、またメソッドを呼ばれた側で値を設定して返すこともできます。

●**Sample162.cs**：refパラメーターを利用して呼ばれた側で生成したファイル名を呼び出し側へ戻す

```
using System;
using System.IO;
class GenerateFile
{
    static int postfix;
    // 指定されたファイルが既に存在した場合、別のファイル名を作る
    static TextWriter CreateFile(ref string filename)
    {
        // outパラメーターと異なりrefパラメーターは参照可能
        var info = new FileInfo(filename);
        while (info.Exists)  // 指定されたファイルが存在したら
        {                    // ファイル名の末尾に連番を振る
            info = new FileInfo(filename + postfix++);
        }
        filename = info.Name;// 利用するファイル名をrefパラメーターへ返す
        return info.CreateText();
    }
    static void Main()
    {
        // 既定のファイル名で初期化する
        var filename = "testfile";
        // 呼び出し側もrefパラメーターであることを明示する
        using (var writer = CreateFile(ref filename))
        {   // 呼ばれた側が設定したファイル名を表示する
            Console.WriteLine($"filename={filename}");
            writer.WriteLine("test");
```

```
      }
    }
}
// 1回目の実行の出力
// filename=testfile
// 2回目の実行の出力
// filename=testfile0
// 3回目の実行の出力
// filename=testfile1
```

refパラメーターとoutパラメーターの違い

refパラメーターはoutパラメーターと異なり、呼び出した側の状態の更新といった利用方法があるため、特に呼び出し側がループなどで1つのメソッド内で実行される場合は役に立ちます。そうでなければ、オブジェクトのフィールドやプロパティを利用して代替できます。

> **NOTE**
> **out修飾子とref修飾子の注意点**
> outとrefは修飾子なので、メソッドのシグネチャには含まれません。このため、outとrefのみが異なり他のパラメーターの型と数が等しい2つの同名のメソッドは共存できません。

163 可変個引数のメソッドを作成したい

params	可変個引数
関連	—
利用例	0個以上のパラメーターを取るメソッドを定義する

params修飾子を付ける

メソッド引数の配列にparams修飾子を付けると、呼び出し側は引数に配列を指定できるだけではなく個々の要素を引数として与えることも可能となります。

●Sample163.cs：与えられた数値の平均を返すメソッド

```csharp
using System;
using System.Linq;
class Avg
{
    // params修飾子を使うと配列の要素を個々に指定可能となる
    static int Average(params int[] nums)
    {
        return nums.Length == 0 ? 0 : (int)nums.Average();
    }
    static void Main()
    {
        Console.WriteLine(Average(1, 2, 3, 4, 5));              // => 3
        // 引数は0個でも良い
        Console.WriteLine(Average());                           // => 0
        // 等しい型の配列を直接与えても良い
        Console.WriteLine(Average(new int[] { 1, 2, 3, 4, 5})); // => 3
    }
}
```

> **NOTE**
> **params修飾子の注意点**
> メソッド宣言のパラメーターリスト内で、params修飾子は最後の1つにしか指定できません。

164 省略可能な引数を持つメソッドを作成したい

省略可能引数	default		C#4
関　　連	163	可変個引数のメソッドを作成したい　P.246	
利 用 例	呼び出し時に既定値を省略可能なメソッドを定義する		

　メソッドのパラメーターリストに既定値を「= 値」の形式で指定すると、該当する引数を省略可能となります。

　値に指定できるのは、以下の3種類のいずれかです。

- 定数（数値リテラル、文字列リテラルなど）
- 値型のnew
- 値型のdefault

> **NOTE**
> **default(値型)について**
> default(値型)という書式で、0で初期化された値を得ることができます。
>
> ```
> default(DateTime); // => 0001/01/01 0:00:00
> ```

●省略可能な引数を取るメソッド
```
static void Hello(string name, string message = "Hello")
{
    Console.WriteLine($"{message}, {name}!");
}
static void Main()
{
    // 省略すると既定値が利用される
    Hello("Jerry");                 // => Hello, Jerry!
    // 指定すると指定値が利用される
    Hello("Jerry", "Goodnight");    // => Goodnight, Jerry!
}
```

165 同じ名前のメソッドを作成したい

オーバーロード

関連	155 ジェネリックメソッドを定義したい（ジェネリック型を引数にするメソッドを定義したい） P.232
	164 省略可能な引数を持つメソッドを作成したい P.247
利用例	引数の型に応じた処理が可能なように同名のメソッドを用意する

メソッドオーバーロード

メソッドオーバーロードとは、同じ名前のメソッドを異なるパラメーターリストで複数宣言することです。返り値の型が異なっても、パラメーターリストが同一のメソッドが既に宣言されている場合は、そのメソッド名は利用できません。

> **NOTE**
> **out修飾子、ref修飾子の注意点**
> outおよびref修飾子が違っても同一パラメーターリストとみなされます。

メソッドオーバーロードの特徴

メソッドオーバーロードを利用すると、同一の機能を持つ異なるメソッドに同じ名前を与えることができます。APIの利用者側にとって、覚えることが少なくて済むため良いAPIデザインです。ただし、パラメーターの型違いはジェネリックメソッド レシピ155 によって、パラメーターの数違いは省略可能な引数 レシピ164 によってある程度までカバーできるため、これらで代替できる場合は、メソッドオーバーロードは避けたほうが良いでしょう。

●ジェネリックメソッドで代替できるメソッドオーバーロード

```
// 引数のうち大きい値を返すメソッド。等しい場合は最初の引数を返す
static byte OverloadingMax(byte b1, byte b2)   // byte型引数の大きい値を返すメソッド
{
    return (b1.CompareTo(b2) >= 0) ? b1 : b2;
}
static int OverloadingMax(int i1, int i2)      // オーバーロードしたint型引数の大きい値を返すメソッド
{
```

8.7 いろいろなメソッド定義

```
    return (i1.CompareTo(i2) >= 0) ? i1 : i2;
}
// 型制約で値型かつIComparable<T>を実装したT型引数2つを取り
// 大きい値を返すジェネリックメソッド
static T GenericMax<T>(T x, T y) where T : struct, IComparable<T>
{
    return (x.CompareTo(y) >= 0) ? x : y;
}
// 呼び出し側
OverloadingMax(30, 40);                // => 40
OverloadingMax((byte)30, (byte)40);    // => 40(byte)
GenericMax(30, 40);                    // => 40
GenericMax(30L, 40L);                  // => 40(long)
GenericMax((short)30, (short)40);      // => 40(short)
```

ジェネリックメソッドの場合、メソッド内で型を判定してその型へキャストしない限り該当型固有のメソッド呼び出しはできません。そのような場合は、メソッドオーバーロードを使うほうが型が明らかなため望ましいと思います。

●省略可能引数で代替できるメソッドオーバーロード

```
// メソッドオーバーロード例：本来のメソッド
int Overloading(int x, int y, int z)
{
    return x + y + z;
}
// メソッドオーバーロード例：最後のパラメーターを既定値とする
int Overloading(int x, int y)
{
    return Overload(x, y, 48);  // Overload(int x, int y, int z)の呼び出し
}
// メソッドオーバーロード例：2番目のパラメーターを既定値とする
int Overloading(int x)
{
    return Overload(x, 32);     // Overload(int x, int y)の呼び出し
}
// 省略可能な引数を利用して上の3個のメソッドを1メソッドにする
int Optional(int x, int y = 32, int z = 48)
{
    return x + y + z;
}
```

166 コールバック関数を受け取るメソッドを作成したい

デリゲート	Action<T>	Func<T, TResult>	Func<T, TResult>は.NET Framework 3.5
関連	—		
利用例	定型処理を組み立て可能にする		

デリゲート型の引数を持つメソッドを利用する

メソッドパラメーターにデリゲート型の引数を指定することでコールバック（呼び出したメソッド内から呼び返す）関数を受け付けるメソッドを作成できます。

メソッド引数には汎用のActionデリゲートまたはFuncデリゲート（.NET Framework 3.5以降）が利用できます。

Actionデリゲートは0個から16個までのパラメーター、Funcデリゲートは0個から16個までのパラメーターと返り値の型を指定できます。

> **NOTE**
> **.NET Frameworkのバージョンによる違い**
> .NET Framework 2.0のActionは1引数のみ、3.5では4引数までが定義されています。3.5のFuncデリゲートは4引数までが定義されています。

ラムダ式を利用する

C#3からはラムダ式をデリゲートの代わりに利用できるため、より効果的です。というのは、ソースファイル上のコールバック関数を受け取るメソッド呼び出しと同じ位置に実行すべき処理を記述できるからです。これにより、全体の処理の流れとして何をするかが明確となります。

●行指向ファイルを行単位に読む共通メソッド

```
// ファイルを行単位に処理しコールバックが返したT型オブジェクトのリストを返すメソッド
// 第1引数で処理するファイルを指定する
// 第2引数で1行分のデータを受け取ってT型のオブジェクトを返すコールバックを指定する
internal List<T> Read<T>(FileInfo info, Func<string, T> callback)
{
    var result = new List<T>();
```

```csharp
    using (var reader = info.OpenText())
    {
        var line = string.Empty;
        while ((line = reader.ReadLine()) != null)
        {
            // 空行ならばスキップ
            if (string.IsNullOrEmpty(line.Trim())) continue;
            // 余分な空白を捨ててコールバックを呼び出す
            var data = callback(line.Trim());
            // nullでなければリストへ追加する
            if (data != null)
            {
                result.Add(data);
            }
        }
    }
    return result;
}

// CSVファイルから3カラム分のタプルを返すコールバックを指定
var csvList = Read(csvFileInfo, s =>
    {
        if (s[0] == '#') return null;    // CSVのコメント行ならnull
        var a = s.Split('\t');
        return Tuple.Create(a[0], a[1], a[2]);
    });
csvList.ForEach(o => Console.WriteLine(o));
// iniファイル(キー=値 形式の設定ファイル)からキーと値のペアを返すコールバックを指定
var iniList = Read(iniFileInfo, s =>
    {
        // 正規表現でキーと値を分離
        var m = Regex.Match(s, @"\A([^= ]+)\s*=\s*(.*)\Z");
        if (m.Success)
        {
            return Tuple.Create(m.Groups[1].Value, m.Groups[2].Value);
        }
        // キー=値形式ではない行なのでnullを返す
        return null;
    });
iniList.ForEach(o => Console.WriteLine(o));
```

167 関数を返すメソッドを作成したい／変数にメソッドを格納したい

| デリゲート | Action<T> | Func<T, TResult> | | Func<T, TResult>は.NET Framework 3.5 |

関 連	166 コールバック関数を受け取るメソッドを作成したい P.250
利用例	構成情報に応じて利用するメソッドをあらかじめ決定する

Action<T>やFunc<T,TResult>を利用する

　デリゲート型の変数には、そのデリゲートの宣言と同一の返り値の型とパラメーターリストを持つメソッドやラムダ式を格納できます。特にデリゲート名や仮引数名でパラメーターリストの意図を示す必要がなければ、汎用デリゲートのAction<T>やFunc<T, TResult>を利用します。

●Sample167.cs：指定された文字列に応じてメソッドを返す

```
using System;
class ReturnFunc
{
    Func<string, string> GetMessageCreator(string lang)
    {
        // enを指定されたら英語メッセージ組み立てメソッドを返す
        if (lang == "en") return CreateMessageEn;
        // jaを指定されたら日本語メッセージ組み立てメソッドを返す
        else if (lang == "ja") return CreateMessageJa;
        // nullを指定されたら空文字列を返すメソッドを返す
        else if (lang == null) return s => string.Empty;
        // それ以外なら例外とする
        else throw new ArgumentException("wrong lang:" + lang);
    }
    private string CreateMessageEn(string name)
    {
        return $"Hello {name}!";
    }
    private string CreateMessageJa(string name)
    {
        return $"こんにちは{name}。";
    }
    static void Main()
    {
        var obj = new ReturnFunc();
        var en = obj.GetMessageCreator("en");
```

```
            var ja = obj.GetMessageCreator("ja");
            var none = obj.GetMessageCreator(null);
            Console.WriteLine(en("World"));      // => Hello World!
            Console.WriteLine(ja("世界さん"));     // => こんにちは世界さん。
            Console.WriteLine(none("Wow"));      // =>
        }
    }
```

COLUMN　ポリモーフィズム

　ポリモーフィズムを利用する一番の理由は条件判断を初期化の時点で一括して行い、その後は分岐をさせないことでプログラムの細部の煩雑化を防ぐことにあります。

　C#はオブジェクト指向言語なので、通常はポリモーフィズムを実現するためにオブジェクトを使います。それと同時に、デリゲートを利用することでメソッドレベルでポリモーフィズムを実現することも可能です。

● メソッドでテンプレートパターンを実現する

```
using System;
class TemplateFunc
{
    static Action showStart;
    static Action showStop;
    static void initialize(string[] args)
    {
        // 引数に応じて実行する処理を変える
        if (args.Length > 0) {
            showStart = () => Console.WriteLine($"{args[0]} start");
            showStop = () => Console.WriteLine($"{args[0]} stop");
        } else {
            showStart = () => Console.WriteLine("start");
            showStop = () => Console.WriteLine("stop");
        }
    }
    static void Main(string[] args)
    {
        initialize(args);  // 初期化処理で処理の実体を用意する
        // 処理のテンプレート
        showStart();       // 初期化時に決定済みのメソッドを呼ぶ
                //        その他の処理を行う
        showStop();        // 初期化時に決定済みのメソッドを呼ぶ
    }
}
```

168 foreachでアクセスできるメソッドを作成したい

`yield`

関連	—
利用例	列挙を実装する

yieldステートメントを利用する

yieldステートメントを利用すると、呼び出し側の列挙処理に対するメソッドからの一時的な値の返送を実現できます。

●yieldステートメント

```
yield return 式;    // 式の結果を返す。列挙は継続する
yield break;       // 列挙を終了する
```

yieldを利用するメソッドの返り値の型はIEnumerator<T>かIEnumerable<T>のいずれかの必要があります。IEnumerator<T>型の引数を取るメソッドに与えるといった特殊な理由がなければ、LINQやforeachステートメントのinキーワード後に利用できるIEnumerable<T>を指定します。

具体例として指定された数までのフィボナッチ数列を返すメソッドの実装例を示します。

●Sample168.cs：指定された数までのフィボナッチ数列を返す

```csharp
using System;
using System.Collections.Generic;
class YieldFib
{
    // フィボナッチ数列を返すメソッド
    static IEnumerable<int> CreateFibonacci(int max)
    {
        var previous = 0;
        for (var i = 1; i < max;)
        {
            yield return i;    // 列挙値を返す
            // 次の要素の取り出しの開始（再開点）
            var previousI = i;
            i += previous;
```

```
            previous = previousI;
        }
        // メソッドから抜けるとyeild break;と同様に列挙を終了させる
    }
    static void Main(string[] args)
    {
        var max = (args.Length == 0) ? 30 : int.Parse(args[0]);
        foreach (var n in CreateFibonacci(max))
        {
            Console.WriteLine(n);
        }
    }
}
```

169 拡張メソッドを定義したい

`this` | `static`　　　　　　　　　　　　　　　　　　　　　　　　　　　C#3

関　連	—
利用例	シールクラスに機能を追加する

拡張メソッドとは

　拡張メソッドとは、オブジェクトのインスタンスメソッドのように呼び出しを記述可能な静的メソッドです。
　ネストされていない静的クラスで宣言した静的メソッドの最初の引数をthisで修飾すると、最初の引数で指定した型のオブジェクトに対する拡張メソッドとなります。

●Sample169.cs：拡張メソッドの例

```
using System;
static class ExtInt
{
    // staticメソッドとして宣言。第1パラメーターをthisで修飾する
    internal static int Absolute(this int n)
    {
        return Math.Abs(n);
    }
}
class RunClass
{
    static void Main()
    {
        var n = -1;
        Console.WriteLine(n.Absolute());    // => 1
        Console.WriteLine(n);               // => -1
    }
}
```

拡張メソッドを適用すべきでないケース

　拡張メソッドは、自プロジェクトのクラスに適用するものではありません。なぜならば、自プロジェクトのクラスであれば、直接修正したほうがメソッドの定義元が明らかとなり、ソースコードの可読性からもプログラムの保守性からも望ましいからです。

170 静的メソッドのクラス名を省略したい

using static		C#6
関 連	—	
利用例	良く利用する静的メソッドのクラス名を省略したい	

using staticを利用する

「using static クラスの完全修飾名;」を宣言することで、指定したクラスの静的メソッドや静的フィールド、静的プロパティのクラス名を省略して記述できます。

●Sample170.cs：静的メソッドや静的フィールドのクラス名を省略して記述する例

```csharp
using static System.Console; // using System; using static Console; とは書けない
using static System.String;
class UsingStatic
{
    // 自クラスで定義した名前が優先されるため、下の行のコメントを外すと
    // コンパイルエラーにはならずhelloが表示される
    // static string Empty = "hello";
    static void Main()
    {
        // ConsoleクラスのWriteLine静的メソッドに
        // StringクラスのEmpty静的フィールドを与える
        WriteLine(Empty);    // => 空文字列なので何も表示されない
    }
}
```

> **NOTE**
> **複数のクラスをusing staticする場合**
> 複数のクラスをusing staticしたことでメソッド名等が衝突すると、CS0121のコンパイルエラーとなります。その場合は、クラス名による修飾が必要となります。ただし、自クラスで宣言した名称の衝突については、常に自クラスで宣言したものが優先されます。

171 ローカル変数の型宣言を省略したい

`var` C#3

関　連	―
利用例	ローカル変数の宣言を読みやすくする

▌varキーワードを利用する

　変数を宣言するときに初期化子を含める場合、コンパイラは初期化子の型から変数の型を知ることができます。これを利用して、通常初期化子を付けて宣言するローカル変数は、変数の型名の代わりにvarキーワードを利用できます。

●ローカル変数の宣言

```
void Foo()
{
    var hello = "hello";// => "hello"(文字列リテラル)で初期化されているのでhello
はstring型
    var i = 0;          // => 0で初期化されているのでiはint型
    var list = new List<string>(); // => List<String>()で初期化されているので
listはList<string>型

    // varで宣言できない例
    string s = null;    // => nullからは型はわからないのでstring型として宣言
}
```

　varを利用するとソースファイルが整理されて読みやすくなります。しかしvarと型名が混在すると変数の列が揃わなくなることが気になるかも知れません。その場合、次の例のように、as演算子やキャストを利用することで初期化子の型を明示すればvarを使えます。ただし、それらに実利的な意味はないので、好みの範疇です。

●初期化子から型を判断できない場合にvarを使う

```
// asを利用してnullに型を付ける
var s0 = null as string;
// キャストを利用してnullに型を付ける
var s1 = (string)null;
```

172 nullかも知れないオブジェクトの メソッドやプロパティにアクセスしたい

null条件演算子	C#6

関　連	066　nullならば既定値を与える式を書きたい　P.106
利用例	nullかどうか不明なオブジェクトのプロパティやメソッドにアクセスする

null条件演算子を利用する

　null条件演算子は通常「.」で結合するオブジェクトの変数とプロパティやメソッドの間を「?.」で結合することで、オブジェクトがnullならその時点でnullを返し、nullでなければ「.」の後ろの結合を処理します。またインデクサーの場合は「?[」の形式で利用します。

●null条件演算子の利用

```
string x = null;
var y = new List<string>();
int[] a = null;
// xはnullなのでnull
Console.WriteLine(x?.Length);                              // =>
// yにはアイテムが含まれないためfindの結果はnullとなる。したがってnull
Console.WriteLine(y.Find(s => s != null)?.IndexOf("a"));   // =>
// aはnullなのでnull
Console.WriteLine(a?[3]);                                  // =>
```

173 引数呼び出しにパラメーター名（仮引数名）を利用したい

名前付き呼び出し		C#4
関　　連	—	
利 用 例	メソッドの引数を位置ではなく仮引数名で与える	

名前付き呼び出しを利用する

　C#4以降、メソッドのパラメーターリストに記述されたパラメーター名（これを仮引数名と呼びます）と値を「:」でつなげたペアで記述することで、パラメーターリストの出現順と無関係に引数を与えることができます。

●名前付き引数によるメソッド呼び出し

```
int GetDifference(int minuend, int subtrahend)
{
    return minuend - subtrahend;
}
...
// 位置による呼び出し。8が最初の引数minuend、4が次の引数subtrahendとして与えられる
GetDifference(8, 4);                            // => 4
// 名前付き呼び出し。subtrahend（減数）に8、minuend（被減数）に4を与える
GetDifference(subtrahend: 8, minuend: 4);  // => -4
```

　名前付き呼び出しは、既存のクラスのメソッド呼び出しにも利用できます。たとえばstring.IndexOfメソッドであれば、IndexOf(startIndex:0, value: 'b')のように呼び出せます。

PROGRAMMER'S RECIPE

第 09 章

ラムダ式

ラムダ式が利用できるようになったことでC#3以降のプログラミングスタイルは激変しました。今や、ラムダ式を利用しないC#プログラミングは考えられません。
本章はそれほどまでに重要なラムダ式のレシピです。もっとも、ラムダ式は多用されることが前提のためか文法はいたってシンプルです。そのためラムダ式そのもののレシピは多くはありません。

174 ラムダ式の書き方を知りたい

ラムダ式		C#3
関　連	178　非同期処理にラムダ式を利用したい　P.267	
利用例	LINQのクエリに式を与える	

ラムダ式の形式

ラムダ式は以下の形式です（[]内は省略可能）。

●ラムダ式

```
[async] 匿名関数シグネチャ => 匿名関数本体
```

async修飾子

非同期処理を組み込むときに指定します。

匿名関数シグネチャ

メソッドのパラメーターリストに相当します。以下のいずれかの記法を利用します。

❶ ([ref|out] T arg[, [ref|out] T arg1 ...])
　　型と仮引数名のペアを「,」で結合して ()内に記述する
　　ref/out修飾子でパラメーターを修飾する場合は、この記法を利用しなければならない

❷ (arg[, arg1 ...])
　　仮引数名を「,」で結合して ()内に記述する。パラメーターがない場合は ()を記述する

❸ arg
　　パラメーターが1つの場合は ()を省略して仮引数名のみを記述する

　通常は❷と❸のいずれかを利用して記述しますが、ラムダ式を与えるデリゲートのパラメーターリストにrefまたはout修飾子が含まれる場合は、❶の形式を利用する必要があります。

=> (ラムダ演算子)

ラムダ演算子は代入演算子＝、自己代入演算子（+=、*=など）と共に最も結合の優先順位が低い演算子です。右項が先に評価されます。

匿名関数本体

匿名関数本体は、1つの式かブロック（{}内に複数の式やステートメントを「;」で区切って列挙したもの）のいずれかです。

値を返すラムダ式では、式形式を利用するとその式の評価結果がラムダ式から返されます。ブロック形式から値を返すにはreturnステートメントを利用します。

●Sample174.cs：ラムダ式の実装例

```
using System;
class Lambda
{
    delegate void Xf(ref string s, int n);     // refパラメーターを持つデリゲート
    static void Main()
    {
        // Actionの型パラメーターからコンパイラがsはstring、iはintと判断する
        Action<string, int> a = (s, i) => Console.WriteLine(s + i);
        a("3", 4);                 // => 34
        // refパラメーターを取る場合は型付きパラメーターリストを利用する必要がある
        // =>と=は等しい優先順位を持ち、右項から結合するため
        // 式「s = n.toString()」とパラメーターリスト「(ref string s, int n)」が
        // => によって結合されラムダ式とみなされてから代入演算子=によってxfに格納される
        Xf xf = (ref string s, int n) => s = n.ToString();
        var sx = "abc";
        xf(ref sx, 8);
        Console.WriteLine(sx); // => 8
    }
}
```

175 ラムダ式とローカル変数の関係を知りたい

ラムダ式			C#3
関連	174 ラムダ式の書き方を知りたい	P.262	
利用例	ラムダ式を簡易オブジェクトとして利用する		

クロージャ

　ラムダ式内では、ラムダ式が記述されているメソッドのパラメーターを含むローカル変数を参照／更新可能です。C#コンパイラはラムダ式がローカル変数を参照／更新していることを検出すると、その変数をラムダ式のインスタンスと結合させて、元のメソッドから抜けた後も参照／更新を可能とします。この機能をプログラミング言語用語ではクロージャ（関数閉包）と呼びます。

●Sample175.cs：ローカル変数を更新するラムダ式の例

```
using System;
class LambdaClosure
{   // intを返すラムダ式を返すメソッド
    static Func<int> Create(int n)
    {
        return () => ++n;   // パラメーターnを1カウントアップして返すラムダ式
    }
    static void Main()
    {
        var fun = Create(4);           // 4を初期値として与える
        Console.WriteLine(fun());      // => 5
        Console.WriteLine(fun());      // => 6
        var otherFun = Create(8);      // 8を初期値とした異なるラムダ式を得る
        Console.WriteLine(otherFun()); // => 9
        Console.WriteLine(fun());      // => 7 (funとotherFunは異なるnを持つ)
    }
}
```

　サンプルプログラムのラムダ式は、あたかも呼び出しの都度1カウントアップされるインスタンス変数を持つオブジェクトのように動作します。
　なお、ラムダ式内で参照／更新が可能なローカル変数にrefパラメーターとoutパラメーターは含まれません。これらのパラメーターをラムダ式内で参照／更新するとCS1628のコンパイルエラーとなります。

176 プロパティ定義にラムダ式を利用したい

プロパティ定義		C#6
関連	134 プロパティを定義したい P.197	
利用例	ゲッタのみのプロパティを1行で宣言する	

ゲッタプロパティの宣言にラムダ式を利用する

C#6からゲッタプロパティの宣言にラムダ式の式形式を利用できます。

●ラムダ式によるプロパティ宣言（ゲッタのみ）

```
[属性]
[修飾子]型名 プロパティ名 => 式;
```

●Sample176.cs：ラムダ式によるプロパティ宣言の例

```csharp
using System;
class LambdaProp
{
    class Counter
    {
        int counter;
        // 現在のカウンター値を返す
        internal int Current => ++counter;
    }
    static void Main()
    {
        var c = new Counter();
        Console.WriteLine(c.Current); // => 1
        Console.WriteLine(c.Current); // => 2
    }
}
```

177 メソッド定義にラムダ式を利用したい

メソッド定義　　　　　　　　　　　　　　　　　　　　　C#6

関　連	140　メソッドを定義したい　P.206
利用例	メソッドを1行で宣言する

メソッドの宣言にラムダ式を利用する

C#6からメソッドの宣言にラムダ式の式形式を利用できます。

●ラムダ式によるメソッド宣言

```
[属性]
[修飾子] 返り値型名 メソッド名[型パラメーター](パラメーターリスト)[型パラメーター制約指
定節] => 式;
```

●Sample177.cs：ラムダ式によるメソッド宣言の例

```csharp
using System;
class LambdaMethod
{
    class Foo
    {
        internal int Add(int x, int y) => x + y;
        // ジェネリックメソッドにも適用可能
        internal void Show<T>(T s) => Console.WriteLine(s);
    }
    static void Main()
    {
        var foo = new Foo();
        foo.Show("hello");         // => hello
        foo.Show(foo.Add(3, 5));   // => 8
    }
}
```

通常のラムダ式では返り値として利用可能な式形式ですが、メソッド宣言に利用する場合はvoid型の（値を返さない）メソッドにも適用可能です。

なお、コンストラクター等の特殊なメソッドには利用できません。

178 非同期処理にラムダ式を利用したい

| async | | .NET Framework 4.5 | C#3 |

| 関連 | — |
| 利用例 | 非同期メソッドをラムダ式で記述する |

awaitを使って非同期処理を組み込む

ラムダ式はasyncキーワードで修飾できるため、awaitを使って非同期処理を組み込み可能です。

● ラムダ式による非同期メソッドの例

```
// using System; using System.Threading; using System.Threading.Tasks; が必要
static object monitor = new object(); // Mainを停止させるための同期オブジェクト
// 文字列を返す非同期デリゲートを受け取って実行、結果表示するメソッド
async static void ShowMessage(Func<Task<string>> fun)
{
    var msg = await fun();        // 非同期デリゲートを実行して結果を待機する
    Console.WriteLine(msg);  // => Hello!
    // Mainの待機状態を解除する
    lock (monitor) Monitor.Pulse(monitor);
}
static void Main()
{
    // Mainはasyncメソッドにはできないのでモニターを利用して待ち状態を作る
    lock (monitor)
    {
        // 文字列を返す非同期ラムダ式を引数にしてShowMessageメソッドを呼び出す
        ShowMessage(async () =>
        {
            await Task.Delay(3000);  // 本来は時間がかかる文字列取得処理
            return "Hello!";         // 本来は上の処理で取得した文字列を返す
        });
        // ShowMessageメソッドが待機状態を解除するまで待ち状態とする
        // 本来は他の処理を継続する
        Monitor.Wait(monitor);
    }
}
```

179 LINQにラムダ式を利用したい

LINQ .NET Framework 3.5 C#3

関　連	—
利用例	LINQに与える処理にラムダ式を記述する

ラムダ式を利用したLINQのメソッド引数

　LINQの多くのメソッドは、Func<T, TResult>形式のパラメーターを持ちます。Tは列挙されたアイテムの型、TResultは検索系メソッドではbool型、変形系のメソッドでは変形後の型です。

　ラムダ式はこれらのメソッドへの引数として適用可能です。

●リストの各要素から処理対象の判断を行い変形する

```
var original = new List<int> { 1, 2, 3, 4, 5 };
// intリストから偶数のみ抽出して文字列リストを得る
var newList = original.Where(i => i % 2 == 0).Select(i => i.ToString()).ToList();
newList.ForEach(s => Console.WriteLine(s)); // 2(改行)4(改行)
```

PROGRAMMER'S RECIPE

第 10 章

構造体

C#にとって構造体は特別な存在です。極論すれば、ユーザー定義構造体は一切使う必要はありません。本章には、そのような構造体を扱う場合に知らなければならないレシピを収録しました。

180 構造体を定義したい

struct | 型宣言

関　連	128　クラスを定義したい　P.186
利用例	―

構造体の定義方法

構造体を定義するには、以下の書式の構造体宣言を利用します（[ ]内は省略可能）。これは型宣言です。

●構造体宣言

```
[属性][修飾子] struct 構造体名 [型パラメーター][: 継承元[, 継承元...]] {
    // 定数宣言
    // フィールド宣言
    // コンストラクター宣言
    // プロパティ宣言
    // イベント宣言
    // メソッド宣言
}
```

属性

この構造体に付与する属性を[ ]内に指定します。

修飾子

修飾子には以下の種類があります。

- new 修飾子
  この構造体を宣言するクラスにおいて、派生元のクラス内で宣言した構造体と同名の新たな構造体を宣言するときに指定します。

- partial 修飾子
  部分宣言を示します。同じ構造体の宣言を複数ファイルに分割するときに指定します。

- アクセス修飾子
  構造体のアクセシビリティ（表10.1）を指定します。

10.1 構造体の基本

表10.1 構造体のアクセシビリティ

キーワード	意味	備考
public	外部のアセンブリから参照可能	
internal	このプログラム（Visual Studioのプロジェクト）内から参照可能	省略時の既定値
protected	継承先から参照可能	トップレベルとnamespace直下では指定不可
protected internal	継承先とプログラム内から参照可能	トップレベルとnamespace直下では指定不可
private	この構造体内から参照可能	トップレベルとnamespace直下では指定不可

構造体名

構造体名は識別子のルール（レシピ128 NOTE参照）に従います。

型パラメーター

ジェネリック構造体の型パラメーターを<>内に記述します。

> **NOTE**
>
> **ジェネリック構造体**
> 本書ではジェネリック構造体については解説しませんが、レシピ154 のジェネリッククラスの説明が適用できます。

継承元

継承元のインターフェイスを「,」で区切って指定します。
構造体はSystem.ValueTypeを継承しますが、継承元に記述できるのはインターフェイスのみなので、記述するとコンパイルエラーとなります。

宣言ブロック

構造体の型宣言ブロック（{}）内の記述順には文法的な規則はありません。構造体の定義方法で示した順序のメリットについてはレシピ128 を参照ください。

構造体宣言での注意点

構造体宣言では以下はできません。

- パラメータを持たないコンストラクター定義
- 初期化子を伴うフィールド宣言
- デストラクター宣言

また、構造体は継承できないので、メンバー宣言のアクセス修飾子にprotectedとprotected internalは指定できません。同じ理由からabstractメソッドとvirtualメソッドも宣言できません。

MEMO

181 クラスとの使い分けを知りたい

クラス	構造体
関　連	―
利用例	―

構造体を利用する例

　作成するソフトウェアがビジネスシステム用であったり、ファイル処理などのユーティリティ、データベースアクセス、Webアプリケーション、こういった処理であれば構造体の利用を考える必要はありません。自分で定義するオブジェクトはすべてクラスにしてください。

　構造体を使うべきなのは、Point、Rectといった.NET Frameworkが提供しているデータ構造に当てはまらない、しかし良く似た性質を持つデータ構造に対してです。

　具体的には500万画素といったような単位のグラフィックデータをメモリ上に展開したり、IoTで収集した大量かつ小規模データを配列や多次元配列に格納して連続処理するような場合です。

　たとえばビットマップ用に1000000要素の配列を作ることを想定します。ビットマップに格納したいのはRGBのそれぞれをint32ビットで示したオブジェクトとします。すると構造体であれば32×3×1000000ビットのメモリが必要なのに対して、参照型の場合（64ビットCPUと想定すると）さらに64×1000000ビットの参照分のメモリが加算されます。この参照分のメモリは本質的には不要なので無駄です。

　もちろん、この場合であれば、System.Drawing.Color構造体が既に用意されているのでそれを利用します。

参照型を利用する際はオーバーヘッドがかかる

　配列やList<T>であれば、構造体は隣接したメモリ領域に確保されます。要素から要素への移動は同一メモリ領域上の連続アクセス（通常高速です）となるのに対して、参照型の場合は常に配列やコレクション上の参照を経由してヒープ上のメモリをアクセスすることになるためオーバーヘッドがかかります。このようなオーバーヘッドは1個当たりでみれば無視できる速度ですが、仮に1秒間に120回全画素数分のデータにアクセスするなどと想定すると無視できる数値ではなくなります。

構造体を使うべき場合

まとめると、構造体とクラスのどちらを利用するかは以下を考慮して検討するべきです。

- 扱うデータが画像、音、IoTなどの小サイズ（1データ最大16バイト程度）大量（100万以上）データならば構造体を検討する
- そうでなければクラスを使う

> **COLUMN　別の方法を検討する**
>
> 　処理速度を意識する場合、LINQではなくインデックスアクセスやList<T>やArrayのメソッドを直接利用するといった考慮も必要となります。ただし、単純に記述したものは後から直すことも比較的簡単なので、まず動作するようにプログラミングしてからVisual Studioのパフォーマンスエクスプローラーを利用して問題点を潰していく（その過程で問題となる処理の傾向を知る）のが良いと思います。

第 11 章

ファイルの制御

C#でファイルを操作するには、System.IOネームスペースに属するクラスを利用します。

このうち特に重要なのはFileクラスとFileInfoクラスです。Fileクラスはファイル操作の静的メソッドを提供するユーティリティクラスです。FileInfoクラスはファイルのパス名からオブジェクトを生成してインスタンスメソッドを提供します。

パス名の抽出や合成にはPathクラスが役に立ちます。

182 ファイルを削除したい

File.Delete	FileInfo.Delete	Directory.EnumerateFiles
関連	—
利用例	ファイルを削除する

利用するメソッド

　ファイルを削除するには、File.Delete静的メソッド（またはFileInfo.Deleteメソッド）を利用します。

　Deleteメソッドにはワイルドカード（例：*.txt）は利用できません。ワイルドカードを実現するには、Directory.EnumerateFiles静的メソッドで列挙したファイルに対してFile.Deleteを適用します。

> **NOTE**
> **Directory.EnumerateFiles静的メソッドが利用できるバージョン**
> 　Directory.EnumerateFiles静的メソッドが利用できるのは .NET Framework 4以降です。それより前のバージョンではDirectory.GetFilesメソッドを利用します。

●ファイルを削除する

```
// フルパス名を指定して削除する
File.Delete(@"c:\Users\User\Documents\test.txt");
// カレントディレクトリからの相対パス指定で削除する
File.Delete(@"..\siblingDir\test.txt");
// カレントディレクトリの拡張子txtのファイルを削除する
// Directory.EnumerateFilesの最初の引数はディレクトリ（相対パス名または絶対パス名）
// Directory.EnumerateFilesの2番目の引数はファイル名（ワイルドカードの*と?を指定可能）
foreach (var file in Directory.EnumerateFiles(".", "*.txt"))
{
    File.Delete(file);
}
// Directory.EnumerateFilesの第3引数を指定して
// カレントディレクトリとサブディレクトリの拡張子txtのファイルを削除する
foreach (var file in Directory.EnumerateFiles(".", "*.txt", SearchOption.AllDirectories))
{
```

```
    // fileはEnumerateFilesの第1引数からの相対パス名となるので、
    // そのままFile.Deleteへ与えられる
    File.Delete(file);
}
// FileInfoを利用して削除する例
var info = new FileInfo(@"c:\Users\User\Documents\test.txt");
info.Delete();
```

ファイルまたはディレクトリが存在しない場合

　File.Delete、FileInfo.Deleteのいずれも、指定したファイルが存在しなくても例外とはなりません。ただしパスに含まれるディレクトリが存在しない場合はDirectoryNotFoundExceptionとなります。

183 ファイルをコピーしたい

| File.Copy | FileInfo.CopyTo | Directory.EnumerateFiles | Path.ChangeExtension |

関　連	―
利用例	ファイルをコピーする

利用するメソッド

　ファイルをコピーするには、File.Copy静的メソッド（またはFileInfo.CopyToメソッド）を利用します。
　Copyメソッドにはワイルドカード（例：*.txt）は利用できません。ワイルドカードを実現するには、Directory.EnumerateFiles静的メソッドで列挙したファイルに対してFile.Copyを適用します。

> **NOTE**
>
> **Directory.EnumerateFiles静的メソッドが利用できるバージョン**
>
> 　Directory.EnumerateFiles静的メソッドが利用できるのは .NET Framework 4以降です。それより前のバージョンではDirectory.GetFilesメソッドを利用します。

●ファイルの拡張子を bak に変更したファイルへコピーする

```
// フルパス名を指定して第1引数のファイルを第2引数のファイルへコピーする
File.Copy(@"c:\Users\User\Documents\test.txt",
@"c:\Users\User\Documents\test.bak");
// カレントディレクトリからの相対パス指定でコピーする
File.Copy(@"..\siblingDir\test.txt", @"..\siblingDir\test.bak");
// カレントディレクトリからの相対パス指定でコピーする。既に存在すれば上書きする
// Copyメソッドの第3引数（FileInfo.CopyToの第2引数）にtrueを指定すると上書きになる
// false指定および第3引数を省略したメソッド呼び出しはコピー先ファイルが存在すると
// IOException例外となる
File.Copy(@"..\siblingDir\test.txt", @"..\siblingDir\test.bak", true);
// カレントディレクトリの拡張子txtのファイルを拡張子bakとしてコピーする
// Directory.EnumerateFilesの最初の引数はディレクトリ（相対パス名または絶対パス名）
// Directory.EnumerateFilesの2番目の引数はファイル名（ワイルドカードの*と?を指定可能）
foreach (var file in Directory.EnumerateFiles(".", "*.txt"))
{
    // Path.ChangeExtensionは第1引数で指定したパス名の拡張子を
```

```
    // 第2引数で指定したものに置き換えたパス名を返す
    File.Copy(file, Path.ChangeExtension(file, ".bak"));
}
// FileInfoを利用してコピーする例
var info = new FileInfo(@"c:¥Users¥User¥Documents¥test.txt");
info.CopyTo(@"c:¥Users¥User¥Documents¥test.bak");
```

コピー元のファイルが存在しない／コピー先のファイルが既に存在する場合

　File.Copy、FileInfo.CopyToのいずれも、コピー元のファイルが存在しなければFileNotFoundException例外となります。また、コピー先のファイルが既に存在するとIOException例外となります。

　コピー先のファイルの有無を問わずにコピーするには、Copyメソッドの第3引数またはCopyToメソッドの第2引数にtrueを指定します。

184 ファイル名を変えたい（ファイルを移動したい）

File.Move	FileInfo.MoveTo
関　連	—
利用例	現在のファイルをバックアップファイルにする

利用するメソッド

　ファイル名の変更とファイルの移動には、どちらもFile.Move静的メソッドまたはFileInfo.MoveToメソッドを利用します。

　ファイルの移動が同一ドライブであれば、Move（MoveTo）メソッドはディレクトリ名を含むファイル名の変更を行います。ドライブが異なる場合は、ファイルの移動先へのコピーと元のファイルの削除が行われます。

● ファイルの拡張子を.bakに変更する

```
// フルパス名を指定して第1引数のファイルを第2引数のファイル名へ変更する
// コマンドプロンプトのmoveコマンドと異なり第2引数にはパス名（相対または絶対）を指定する
File.Move(@"c:\Users\User\Documents\test.txt",
    @"c:\Users\User\Documents\test.bak");
// カレントディレクトリからの相対パス指定で変更する
File.Move(@"..\siblingDir\test.txt", @"..\siblingDir\test.bak");
// カレントディレクトリのファイルをネットワークドライブへ移動する
// 第2引数には移動先ディレクトリ名を指定するのではなく、移動後のファイル名を指定する
File.Move("test.txt", @"\\server\backup\test.bak");
// FileInfoを利用して名前を変える例
var info = new FileInfo(@"c:\Users\User\Documents\test.txt");
info.MoveTo(@"c:\Users\User\Documents\test.bak");
// MoveToメソッドを実行すると、FileInfoオブジェクトが移動先のファイルに変わる
Console.WriteLine(info.FullName); // => c:\Users\User\Documents\test.bak
```

移動元のファイルが存在しない場合／移動先のファイルが存在する場合

　File.Move、FileInfo.MoveToのいずれも、移動元のファイルが存在しなければFileNotFoundException例外となります。また、移動先のファイルが既に存在するとIOException例外となります。

　移動先のファイルが既に存在する場合は、事前に削除する必要があります。

185 ファイルの作成日時、更新日時、アクセス日時を取得したい

File.GetCreationTime | File.GetLastWriteTime | File.GetLastAccessTime

関連	211 ディレクトリの作成日時、更新日時、アクセス日時を取得したい P.321
利用例	最後の更新日時から一定時間経過したファイルを削除する

利用するメソッド、プロパティ

ファイルの作成日時、更新日時、アクセス日時を取得するには、File クラスの静的メソッドか、FileInfo クラスのプロパティを利用します。

●ファイルの作成日時、更新日時、アクセス日時を取得する

```
// カレントディレクトリのtest.txtファイルの各日時を表示する
Console.WriteLine(File.GetCreationTime("test.txt"));
Console.WriteLine(File.GetLastWriteTime("test.txt"));
Console.WriteLine(File.GetLastAccessTime("test.txt"));
// FileInfoはプロパティを利用する
var info = new FileInfo("test.txt");
Console.WriteLine(info.CreationTime);
Console.WriteLine(info.LastWriteTime);
Console.WriteLine(info.LastAccessTime);
```

いずれのメソッド（プロパティ）も、DateTime 構造体を返します。

UTC を取得する場合

UTC が必要な場合は、GetCreationTimeUtc や、CreationTimeUtc のように、メソッド名かプロパティ名の末尾に「Utc」を付けることでローカルタイムではなく UTC の DateTime 構造体が取得できます。

186 ファイルの属性を取得したい

FileAttributes | File.GetAttributes | FileInfo.Attributes

関連	212 ディレクトリの属性を取得したい　P.322
利用例	ファイルの属性をチェックする

FileAttributes列挙体

ファイルの属性は、FileAttributes列挙体で規定されています（表11.1）。

表11.1　FileAttributes列挙体の値と意味

値	意味
Archive	バックアップまたは削除候補
Compressed	圧縮ファイル
Device	将来のために予約
Directory	ディレクトリ
Encrypted	暗号化ファイルまたはディレクトリ
Hidden	隠しファイル
IntegrityStream	ReFSによるデータ整合性サポートが含まれる
Normal	特別な属性を持たないファイル
NoScrubData	ReFS上のデータ整合性サポートを持たないファイルまたはディレクトリ
NotContentIndexed	インデックスサービスによるインデックス付け対象外
Offline	OneDrive上のファイルなどオフラインのため現在利用できないことを示す
ReadOnly	読み取り専用
ReparsePoint	ジャンクションやシンボリックリンクなど
SparseFile	スパースファイル（0の部分を省略してディスク使用量を節約したファイル）
System	システムファイル（OSの一部）
Temporary	テンポラリファイル

> **NOTE**
> **FileAttributes.Archiveの意味**
> 　FileAttributes.Archiveは、バックアップユーティリティなどによりバックアップ対象かどうかチェックするために利用しています。

属性を取得する

属性を取得するには、FileクラスのGetAttributes静的メソッドを利用するか、FileInfoクラスのAttributesプロパティを利用します。

● 幾つかの既知のファイルの情報を表示する

```
Console.WriteLine(File.GetAttributes(@"c:\windows\notepad.exe"));
                                // => Archive
Console.WriteLine(File.GetAttributes(@"c:\BOOTNXT"));
                                // => Hidden, System, Archive
Console.WriteLine(File.GetAttributes(@"c:\Program Files"));
                                // => Readonly, Directory
```

MEMO

187 ファイルが変更（作成、削除、変名）されたら通知を受けたい

`FileSystemWatcher.Changed` | `FileSystemEventArgs` | `RenamedEventArgs` | `ErrorEventArgs`

関連	213 ディレクトリが変更されたら通知を受けたい　P.323
利用例	ログが書き込まれたらコンソールに表示する

FileSystemWatcherクラスを利用する

FileSystemWatcherクラスを使うと、ファイルシステムの変更による各種イベント通知を受けられます（表11.2）。

表11.2　FileSystemWatcherの主要イベント

イベント	通知理由	イベントハンドラ第2引数
Changed	指定したパス上のファイルやディレクトリの変更	FileSystemEventArgs
Created	指定したパス上のファイルやディレクトリの作成	FileSystemEventArgs
Deleted	指定したパス上のファイルやディレクトリの削除	FileSystemEventArgs
Renamed	指定したパス上のファイルやディレクトリの名前変更	RenamedEventArgs
Error	内部バッファオーバーフローによってモニタリングできなくなると通知	ErrorEventArgs

このうちErrorイベントは他のイベント処理が処理しきれない場合に通知されるイベントです。
なお、イベントハンドラの第1引数は共通で通知元のオブジェクト（この場合はFileSystemWatcherのインスタンス）です。

Changedイベントで通知を受ける

ファイルの変更によって通知を受けるにはChangedイベントを利用します。

●Sample187.cs：ファイルの変更で通知を受ける例

```
using System;
using System.IO;
using System.Text;
class FileChanged
{
    // 指定された長さストリームから読み出し、UTF-8としてエンコードして表示する
    static void Read(Stream stm, long len)
    {
        if (len == 0) return;
        var buff = new byte[len];
```

```csharp
        stm.Read(buff, 0, (int)len);
        Console.Write(Encoding.UTF8.GetString(buff));
    }
    static void Main()
    {
        var info = new FileInfo("test.txt");
        // ファイルが無ければ作成、読み込み専用、読み書き共有としてオープンする
        var fin = info.Open(FileMode.OpenOrCreate, FileAccess.Read,
FileShare.ReadWrite);
        info.Refresh();          // 作成した場合のためにFileInfoを更新する
        Read(fin, info.Length);  // 現在のファイル内容を出力する
        // カレントディレクトリのファイルtest.txtを対象にFileSystemWatcherを作成する
        var watcher = new FileSystemWatcher(".", "test.txt");
        // サブディレクトリも監視対象とするには、下の行のコメントアウトを外す
        // watcher.IncludeSubdirectories = true; // 既定値はfalse
        // ファイルが変更されたら実行する処理を登録する
        watcher.Changed += (o, e) => {
            info.Refresh();      // ファイル変更分をFileInfoに反映する
            // Changedイベントは属性変更などでも通知されるため
            // ファイルサイズ変更か確認する
            if (fin.Position < info.Length) // 前回読み取った位置より増えていたら
            {                               // その分を新たに読み取って表示する
                Read(fin, info.Length - fin.Position);
            }
        };
        watcher.EnableRaisingEvents = true; // イベントを有効にする(既定はfalse)
        Console.ReadLine();                 // Enterキーを押されるまで待機する
        fin.Close();                        // ストリームをクローズする
    }
}
```

　上の例は、カレントディレクトリのtest.txtファイル（文字コードはutf-8の必要があります）のサイズ変更を検出して追記分を表示します。

　実際にメモ帳などでファイルを作成して追記して保存すると、追随して追記した内容がコンソール出力されることを確認できます。

　なお、MainメソッドがConsole.ReadLineの呼び出しで停止しているにもかかわらずイベントを受けられることからわかるように、FileSystemWatcherのイベントはワーカスレッドで発生します。

　イベントハンドラの第2引数の主要なプロパティを表11.3に示します。

表11.3 イベントハンドラのイベント引数の主要プロパティ

クラス	プロパティ（メソッド）	内容
FileSystemEventArgs	WatcherChangeTypes ChangeType	WatcherChangeTypes列挙体でAll, Changed, Created, Deleted, Renamedを示す
FileSystemEventArgs	string FullPath	イベントの通知対象となったファイルまたはディレクトリのフルパス名
FileSystemEventArgs	string Name	イベントの通知対象となったファイルまたはディレクトリ名
RenamedEventArgs	string OldFullPath	変名前のフルパス名
RenamedEventArgs	string OldName	変名前のファイルまたはディレクトリ名
ErrorEventArgs	Exception GetException()	イベントの通知理由となった例外を取得する

なおRenamedEventArgsはFileSystemEventArgsを継承したクラスなので、ChangeType、FullPath、Nameの各プロパティも利用可能です。

> **NOTE**
> **FileSystemEventArgs.FullPathメソッドでフルパス名を得る**
> FileSystemEventArgs.FullPathメソッドでフルパス名を得るには、コンストラクターで指定する監視対象のディレクトリ名をフルパス名で記述する必要があります。

ワイルドカードを利用する場合

　サンプルプログラムはFileSystemWatcherコンストラクターの第2引数に"test.txt"という単一ファイル名を指定しているため、イベント引数を参照しません。"*.txt"や"test*.*"などのワイルドカードを利用する場合は、変更対象のファイルを特定するために、イベント引数のNameプロパティを参照してください。

188 シフトJISのテキストファイルを作りたい

IEnumerable<string> を引数にとる File.AppendAllLines、File.WriteAllLines は .NET Framework 4.0

| コードページ932 | StreamWriter | FileInfo.Open | File.Open | |
| FileStream | Windows-31J | Shift_JIS | File.AppendAllLines | File.WriteAllLines |

| 関 連 | — |
| 利用例 | レガシーデータ用にシフトJISのテキストファイルを作成する |

実装方法

　テキストファイルを処理するには、テキストの読み書きを行うTextReaderまたはTextWriterを継承したStreamReaderまたはStreamWriterのコンストラクターへバイナリデータをそのまま処理するFileStreamを与えます。これにより、StreamReader（の内部のTextReader）はFileStreamを利用して読み込んだディスク上のバイナリデータ（シフトJISやUTF-8などのエンコーディングのデータ）をstring（ユニコード文字列）に変換してアプリケーションへ与え、StreamWriter（の内部のTextWriter）はアプリケーションから与えられたstring（ユニコード文字列）をバイナリデータへ変換したものをFileStreamへ与えてディスクへ書き出します。

　TextReader／TextWriterがバイナリデータとの変換にどのエンコーディングを利用するかは、コンストラクターの第2引数で指定します。省略するとUTF-8が利用されます。

　シフトJISに対応したEncodingオブジェクトは、日本語Windowsであれば Encoding.Default（現在のカレントANSIコードページ）静的プロパティを利用するか、他の言語のWindowsでも実行される可能性があれば、静的メソッドの Encoding.GetEncoding(932)を呼び出して取得します。ここで指定した932という番号が日本語WindowsのANSIコードページです。

●シフトJISでテキストをファイルへ書き出す

```
// using System.Text; が必要
using (var writer = new StreamWriter(new FileStream("test.txt",
        FileMode.Create, FileAccess.Write, FileShare.Read),
        Encoding.GetEncoding(932)))
{
    writer.WriteLine("こんにちは");
```

```
}
// Fileクラスを利用するにはCreateメソッドでFileStreamを作成する（共有不可）
// var writer = new StreamWriter(File.Create("test.txt"), Encoding.
GetEncoding(932))
// または共有モード（読み取りオープンを許可）を指定するのであれば
// var writer = new StreamWriter(File.Open("test.txt", FileMode.Create,
//                  FileAccess.Write, FileShare.Read), Encoding.GetEncoding(932))
// FileInfoクラスを利用するにはCreateメソッドでFileStreamを作成する（共有不可）
// var info = new FileInfo("test.txt");
// var writer = new StreamWriter(info.Create(), Encoding.GetEncoding(932))
// または共有モード（読み取りオープンを許可）を指定するのであれば
// var writer = new StreamWriter(info.Open(FileMode.Create,
//                  FileAccess.Write, FileShare.Read), Encoding.GetEncoding(932))
// に置き換える
// 既存ファイルに追記するには、FileMode.Createの代わりにFileMode.Appendを利用する
```

　もし書き出す内容が文字列配列またはなんらかの方法で文字列の列挙があるならば、FileクラスのAppendAllLinesまたはWriteAllLinesの2つの静的メソッドを利用できます。

　この2つのメソッドは、第1引数にファイル名、第2引数に文字列配列またはIEnumerable<string>または文字列、オプションの第3引数にEncodingを取ります。AppendAllLinesは既に指定ファイルが存在すれば追加、なければ作成して書き出します。WriteAllLinesは既にファイルが存在すれば上書きします。

●シフトJISでカレントディレクトリ内のファイル名を filelist.txt へ書き出す

```
// using System.Linq; using System.Text;が必要
// "."により先頭に付加される「.¥」を削除する
File.WriteAllLines("filelist.txt", Directory.EnumerateFiles(".")
            .Select(s => s.Substring(2)), Encoding.GetEncoding(932));
```

189 UTF-8のテキストファイルを作りたい

IEnumerable<string>を引数にとるFile.AppendAllLines、File.WriteAllLinesは.NET Framework 4.0

File.CreateText | File.AppendText | FileInfo.CreateText | FileInfo.AppendText |
File.AppendAllLines | File.WriteAllLines

関連	188	シフトJISのテキストファイルを作りたい	P.287
	191	文字コードがUTF-8かシフトJISか不明なテキストファイルを読みたい	P.292

利用例	テキストファイルを作成する

利用するメソッド

　UTF-8でテキストファイルを作成するには、FileクラスのCreateTextまたはAppendText静的メソッドか、FileInfoクラスのCreateTextかAppendTextメソッドを利用します。ただし共有モードを設定したい場合は、StreamWriterのコンストラクターへFileShare列挙体を指定して作成したFileStreamクラスを与えて作成します。

●UTF-8でテキストをファイルへ書き出す

```
// CreateTextメソッドは指定したファイルが存在しなければ作成し、存在すれば上書きする
using (var writer = File.CreateText("test.txt"))
{
    writer.WriteLine("こんにちは");
}
// FileInfoクラスを利用するには
// var info = new FileInfo("test.txt");
// var writer = info.CreateText()
// に置き換える
// 追記モードでファイルを作成するにはAppendTextメソッドを利用する
using (var writer = File.AppendText("test.txt"))
{
    writer.WriteLine("さようなら");
        // => test.txtは「こんにちは（改行）さようなら（改行）」
}
// FileInfoクラスを利用するには
// var writer = info.AppendText()
// に置き換える
// 共有モードを指定するには、File.OpenまたはFileInfo.Openを使う
// var writer = new StreamWriter(File.Open("test.txt", FileMode.Create,
```

```
//      FileAccess.Write, FileShare.Read));
// var writer = new StreamWriter(info.Open(FileMode.Create,
//      FileAccess.Write, FileShare.Read));
```

　もし書き出す内容が文字列配列またはなんらかの方法で文字列の列挙があるならば、FileクラスのAppendAllLinesまたはWriteAllLinesの2つの静的メソッドを利用できます。

　この2つのメソッドは、第1引数にファイル名、第2引数に文字列配列またはIEnumerable<string>または文字列を取ります。AppendAllLinesは既に指定ファイルが存在すれば追加、なければ作成して書き出します。WriteAllLinesは既にファイルが存在すれば上書きします。

●UTF-8でカレントディレクトリ内のファイル名をfilelist.txtへ書き出す

```
// "."により先頭に付加される「.\」を削除する
File.WriteAllLines("filelist.txt", Directory.EnumerateFiles(".")
                                    .Select(s => s.Substring(2)));
```

190 テキストファイルを行単位に読み取りたい

File.ReadLines	.NET Framework 4.0
関連	—
利用例	テキストファイルを行単位に処理する

File.ReadLines静的メソッドを利用する

　行単位にファイルを読み込むには、FileクラスのReadLines静的メソッドを利用します。ReadLinesメソッドには第1引数にファイルのパス名、オプションの第2引数でEncodingオブジェクトを指定します。第2引数を省略した1引数メソッドはUTF-8でエンコーディングされているものとみなされます。

　ReadLines静的メソッドは、IEnumerable<string>を返します。列挙される文字列は、各行の末尾の改行コードを含みません。

●ファイルを1行ずつ読み、コンソールに出力する

```
// using System.Text;が必要
// UTF-8のテキストファイルtest.txtを読み込み出力する
foreach (var line in File.ReadLines("test.txt"))
{
    Console.WriteLine(line);
}
// シフトJISのテキストファイルtest.sjsを読み込み出力する
foreach (var line in File.ReadLines("test.sjs", Encoding.GetEncoding(932)))
{
    Console.WriteLine(line);
}
```

●.NET Framework 4より前のバージョンでファイルを1行ずつ読み、コンソールに出力する

```
using (var reader = File.OpenText("test.txt"))
{
    string line;
    while ((line = reader.ReadLine()) != null)  // EOFでなければ読み続ける
    {
        Console.WriteLine(line);    // 末尾の改行コードは削除済みなのでWriteLineを呼ぶ
    }
}
// シフトJISのファイルを読む場合は以下に置き換える
// var reader = new StreamReader(File.Open("test.txt", FileMode.Open,
FileAccess.Read),
// Encoding.GetEncoding(932))
```

191 文字コードがUTF-8かシフトJISか不明なテキストファイルを読みたい

DecoderFallbackException | BOM

関連	189 UTF-8のテキストファイルを作りたい　P.289 264 数値のエンディアンを変えたい　P.414
利用例	エンコーディングが不明なテキストファイルを処理する

エンコーディングが不明なファイルに対する処理

テキストファイルであることは明らかなのに、エンコーディングが不明なファイルを読まなければならないことがあります。

この場合、次の3つの方法を選択できます。

❶変換に失敗したら例外を通知させて他のエンコーディングで再試行する

❷StreamReaderのdetectEncodingFromByteOrderMarksパラメーター（エンコーディング指定時の第3引数）を利用してBOMから判断させる（既定の動作）

❸ユーザー（あるいはアプリケーション仕様）にエンコーディングを指定させる。正しく処理できない場合については考慮しない

このうち最もプログラミングが単純なのは❷です。既定値なので特に考慮しなくても適用されるからです。ただし有用性はそれほどありません。メモ帳などの一部のWindows用アプリケーションはUTF-8でエンコーディングしたファイルの先頭3バイトにBOMを置きますが、世の中に出回っている大多数のUTF-8のファイル（HTMLやJavaScriptのソースファイルなど）にはBOMは付加されていないからです レシピ264 。 レシピ189 で示したCreateTextメソッドで作成したファイルについてもBOMは付加されません。なお、標準という観点からは、BOMが付加されないのが正しい動作です。

❶はそれなりの確実性がありますが、巨大なファイルの末尾のほうにだけ日本語が出現するような場合、初回の読み取り作業が無駄になります。したがって、可能な限り❸とするべきです。

●変換に失敗したら例外を通知させて再試行する

```
// using System.Text; が必要
Encoding[] encodings = {
    // シフトJIS用のEncoding取得時に、変換エラー検出で例外を通知するように指定する
    // 既定では変換できない文字は?に置き換えられる
    Encoding.GetEncoding(932, EncoderFallback.ExceptionFallback,
        DecoderFallback.ExceptionFallback),
    Encoding.UTF8
};
foreach (var encoding in encodings)
{
    // 既定で、BOMが付いているテキストファイルは適切なEncodingが適用される
    using (var reader = new StreamReader(File.OpenRead("test.txt"), encoding))
    {
        try
        {
            Console.Write(reader.ReadToEnd());
            break;                          // 正常終了なのでforeachを抜ける
        }
        // 読み取り時に変換に失敗するとデコーダの例外となる
        catch (DecoderFallbackException)
        {
            // 想定済みなので例外を無視して次のエンコーディングを利用する
        }
    }
}
```

192 バイナリファイルを作りたい

| FileStream | File.Create | File.Open | File.OpenWrite | FileInfo.Create |
| FileInfo.Open | FileInfo.OpenWrite |

関連	—
利用例	バイナリデータの読み書き用にストリームをオープンする

バイナリファイルとは

人間がテキストを読み書きするためになんらかの文字コードやエンコーディングを利用してディスクに書き出したテキストファイルに対して、ここではプログラムが直接データを処理するためのファイルをバイナリファイルと呼びます。

FileStreamを利用する

バイナリファイルの操作にはFileStreamを利用します。

FileStreamを作成するには、FileクラスのCreate（新規作成）、OpenWrite（あれば開き、なければ作成）、Open（汎用）のいずれかの静的メソッドか、FileInfoクラスの同名メソッドを利用します。

バイナリファイルはテキストファイルと異なり、ストリーム内の書き込み／読み込み位置をPositionプロパティやSeekメソッドを使用して自由に設定できます。このため、AppendTextに相当するメソッドは存在しません。

●バイナリファイルを作成する

```
// 内容を確認できるようにデータにはASCIIコードの0（0x30）～2（0x32）を利用する
// 新規作成して1バイトを書き出す
using (var stream = File.Create("test.data")) // Createメソッドはファイルを新規に
                                              // 作成する
{
    stream.WriteByte(0x30);
}
// OpenWriteメソッドを利用して上のファイルを開く。OpenWriteはファイルがなければ作成する
using (var stream = File.OpenWrite("test.data"))
{   // Positionプロパティの利用例
    stream.Position = stream.Length;    // 次の位置をストリームの最後に移動する
    stream.WriteByte(0x31);             // 1バイトの書き込み
```

```
}
// 存在すれば開き、なければ作成するモード、書き込み専用、読み取り共有可能で開く
using (var stream = File.Open("test.data", FileMode.OpenOrCreate,
                              FileAccess.Write, FileShare.Read))
{   // Seekメソッドの利用例。Positionプロパティは絶対的な位置を指定するのに対して
    // Seekメソッドは第2引数で指定した位置(SeekOrigin.Begin, Current, End)
    // からの相対位置を指定する
    stream.Seek(0, SeekOrigin.End);     // 次の位置をストリームの最後に移動する
    stream.WriteByte(0x32);             // 1バイトの書き込み
}
Console.WriteLine(File.ReadAllText("test.data")); // => 012
//
// FileInfoを利用する場合は、
// var info = new FileInfo("test.data");
// ... info.Create()
// ... info.OpenWrite()
// ... info.Open(...);
// に置き換える
```

193 バイナリファイルを読み込みたい

File.ReadAllBytes	
関　連	―
利 用 例	バイナリデータを一括読み取りする

File.ReadAllBytes静的メソッドを利用する

FileクラスのReadAllBytes静的メソッドは、指定したファイルの内容をバイト配列に読み込んで返します。

●カレントディレクトリのtest.dataファイルの内容をバイト配列に読み込む

```
var data = File.ReadAllBytes("test.data");
```

194 固定長レコードバイナリファイルを読み取りたい

FileStream.Read | BinaryReader

関連	195 可変長レコードバイナリファイルを読み取りたい　P.299
利用例	80バイトずつデータを読み取る

固定長レコード方式と可変長レコード方式

　バイナリファイルはデータ構造から固定長レコード方式か可変長レコード方式に分かれます。前者は同じサイズのデータ構造が複数格納されたファイルで、後者は異なるサイズのデータ構造が複数格納されたファイルです。

Readメソッドを利用する

　固定長ファイルを読み込むには、FileStreamのReadメソッドにレコード長分確保したバイト配列を利用するのが簡単です。Stream.Read(byte[], int, int)メソッドは、第1引数で指定したバイト配列の第2引数バイト目から最大第3引数指定分を読み込むメソッドです。返り値は読み込んだバイト数です。ファイルの終端では0が返ります。

●80バイトのレコードを順に読む

```
using (var stream = File.OpenRead("binary.data"))
{
    var record = new byte[80];
    int len;
    // レコード長分ファイルから読み込みができたら処理を実行し、そうでなければ終了する
    while ((len = stream.Read(record, 0, record.Length)) == record.Length)
    {
        // recordに読み込んだレコードが入っているので処理を行う
        // バイト配列からデータを取り出すにはBitConverterのメソッドが有用
    }
}
```

BinaryReaderを利用する

BinaryReaderを利用すると、レコードをバイト配列ではなくint32やsbyteなどのデータ型で読むことができます。

以下の例は、最初の2バイトがshort、次にASCIIコード4文字のID、続いて2個のintが並ぶ14バイトの固定長レコードをオブジェクトとして読み込みます。

●BinaryReaderを利用してオブジェクトを作る

```
// using System.Text;が必要
struct Record                           // レコードデータを格納する構造体
{
    internal const int Size = 14;       // レコード長
    internal Record(BinaryReader br)    // 与えられたBinaryReaderでプロパティを初
期化する
    {
        No = br.ReadInt16();            // ReadInt16はshort（16ビット整数）を読む
        // ReadCharsはコンストラクターで指定したエンコーディングで指定文字数を読む
        ID = new string(br.ReadChars(4));
        Data1 = br.ReadInt32();         // ReadInt32はint（32ビット整数）を読む
        Data2 = br.ReadInt32();
    }
    internal short No { get; set; }
    internal string ID { get; set; }
    internal int Data1 { get; set; }
    internal int Data2 { get; set; }
}
...
var info = new FileInfo("binary.data");
// ファイルサイズからレコード数を求める
var recordCount = info.Length / Record.Size;
// BinaryReaderのコンストラクターの第2引数はReadCharsなどが利用するエンコーディング
using (var reader = new BinaryReader(info.OpenRead(), Encoding.ASCII))
{
    for (var i = 0; i < recordCount; i++)
    {
        var record = new Record(reader);   // レコードから構造体を作成する
        // recordを利用した処理
        Console.WriteLine(record.ID);
    }
}
```

195 可変長レコードバイナリファイルを読み取りたい

FileStream.Read | MemoryStream

関　連	194　固定長レコードバイナリファイルを読み取りたい　P.297
利用例	レコードの長さを示すフィールド付きデータを読み込む

可変長レコードの読み込み方法

可変長レコードの実現方法には以下の3種類があります。

- レコード長を示すフィールドと実データを組み合わせて1レコードとする
- レコード種別（種別によってレコード長が異なる）と実データを組み合わせて1レコードとする
- レコードの区切りを示すバイトやバイト列を区切りとする

レコード長が格納されている場合

　レコードの先頭に2バイトビッグエンディアンでレコード長（先頭2バイトを含む）が格納されているレコードの読み取り例を示します。

●レコードの先頭にビッグエンディアン2バイトでレコード長が入った可変長レコード処理

```
const int MaxRecord = 512;
        // すべての長さのレコードを格納できるバッファを1つ用意すると効率的
...
using (var stream = File.OpenRead("binary.data"))
{
    var record = new byte[MaxRecord];   // 最大レコード長分のバッファを確保する
    // レコード長フィールド分ファイルから読み込みができたら処理を実行し、
    // そうでなければ終了する
    while (stream.Read(record, 0, 2) == 2)
    {
        // ビッグエンディアンからリトルエンディアンに変更する
        Array.Reverse(record, 0, 2);
        // 長さを取得する。2バイト整数なのでToInt16を利用する
        var len = BitConverter.ToInt16(record, 0);
        // バッファの2バイト目からレコード長から先頭分を引いた分を読み込む
        stream.Read(record, 2, len - 2);
        // recordを利用した処理
        ...
```

        }
}
```

## ▌レコード種別で長さが変わる場合

2番目のレコード種別によって長さが変わる場合は、種別に応じた長さのテーブルを用意します。

●レコードの先頭の種別に応じた可変長レコード処理

```csharp
// using System.Linq;が必要
const int MaxRecord = 512;  // すべての長さのレコードを格納できるバッファを1つ用意する↵
と効率的
...
// 先頭1バイトにレコード種別があり、後続のレコード長が決定する
Tuple<char, int>[] RecordTypes =
{
    Tuple.Create('A', 140),  // 種別Aは140バイト
    Tuple.Create('B', 180),  // 種別Bは180バイト
    Tuple.Create('F', 22),   // 種別Fは22バイト
};
using (var stream = File.OpenRead("binary.data"))
{
    var record = new byte[MaxRecord];   // 最大レコード長分のバッファを確保する
    // レコード種別フィールド分ファイルから読み込みができたら
    // 処理を実行し、そうでなければ終了する
    while (stream.Read(record, 0, 1) == 1)
    {
        var def = RecordTypes.Where(rt => rt.Item1 == record[0]);
        // WrongFormatExceptionはプログラム内で別に定義した例外クラスとする
        if (def.Count() == 0)
        {
            throw new WrongFormatException($"illegal Record type: {record[0]:X}");
        }
        // バッファの1バイト目からレコード長から先頭分を引いた分を読み込む
        stream.Read(record, 1, def.First().Item2 - 1);
        // recordを利用した処理
    }
}
```
```

区切り文字まで読む場合

　レコードの区切り文字までを読んで処理する方法には、固定バッファを利用して読み込み、レコード処理完了時に残ったデータを先頭へずらしていく方法と、MemoryStreamなどに内容をコピーしていき、区切り文字を読み込んだ時点でレコードを取り出す方法の2種類があります。前者のほうが処理効率は良く、後者のほうがプログラムは単純となります。ここでは後者の方法を示します。

●レコードの区切り文字（ここでは0x1e）まで読み込む可変長レコード処理

```
const byte RecordSeparator = 0x1e;
...
using (var stream = File.OpenRead("binary.data"))
{
    for (;;)
    {
        var data = stream.ReadByte();
        if (data < 0)// これ以上読み取りできない（=ファイルの最後）なら-1が返る
        {
            break;    // ファイルの最後ならば処理を終了する
        }
        using (var mem = new MemoryStream())
        {
            for (;;)
            {
                mem.WriteByte((byte)data);
                if (data == RecordSeparator)
                {
                    break;   // レコードの最後ならば内側のループを抜ける
                }
                data = stream.ReadByte(); // 次のデータを読み込む
                // フォーマット異常を検出するのであれば、-1が返った場合は例外にする
            }
            // MemoryStream.ToArrayは現在のバッファ内容をバイト配列にコピーして返す
            var record = mem.ToArray();
            // recordを利用した処理。レコード長はrecord.Lengthを利用する
        }
    }
}
```

196 書き込み中に他のプロセスがファイルを読めるようにしたい

FileShare

関連	—
利用例	ログを書き込む

FileStream生成時にFileShare列挙体を設定する

書き込み用のFileStream生成時にFileShare列挙体を設定することでファイルの共有モードを変更できます。

共有モードは表11.4の5種類が利用可能です。

表11.4 共有モード

値名	内容
None	共有を認めない
Read	読み込みオープンに限り共有を認める
Write	書き込みオープンに限り共有を認める
ReadWrite	読み込みおよび書き込みの共有を認める
Delete	削除を認める

ファイルの共有モードを指定する

FileShare列挙体を指定するには、File.Open静的メソッド、FileInfo.Openメソッド、またはFileStreamのコンストラクターを利用します。

●他のプロセスの読み込みオープンを認める書き込みモードのStreamを作成する

```
// FileクラスのOpen静的メソッドを利用してFileStreamを作成する
var stream = File.Open("test.txt", FileMode.Open, FileAccess.Write,
        FileShare.Read);
// FileInfoクラスのOpenメソッドを利用してFileStreamを作成する
var info = new FileInfo("test.txt");
stream = info.Open(FileMode.Open, FileAccess.Write, FileShare.Read);
// FileStreamのコンストラクターを利用してFileStreamを作成する
stream = new FileStream("test.txt", FileMode.Open, FileAccess.Write,
        FileShare.Read);
```

197 既存ファイルにデータを追加したい

File.AppendText | FileInfo.AppendText | FileStream.Seek

関連	189 UTF-8のテキストファイルを作りたい　P.289
	192 バイナリファイルを作りたい　P.294

利用例	ログに追記する

利用するクラスとメソッド

　テキストファイルの末尾に新たなテキストを追加するには、FileクラスのAppendAllText静的メソッドを利用します。AppendAllTextメソッドはオプションで第3引数にエンコーディングを指定可能です。

　StreamWriterの各種メソッドを利用する場合は、FileクラスのAppendTextメソッドまたはFileInfoクラスのAppendTextメソッドを利用してStreamWriterを取得します レシピ189 。UTF-8以外のエンコーディングを利用する場合やFileShare列挙体を指定する場合はあらかじめファイルの末尾にストリーム位置を設定したFileStreamクラスを用意して、それに対してStreamWriterを作成します。

●シフトJISのテキストファイルの末尾にテキストを追加する

```
// using System.Text;が必要　　シフトJISファイルの末尾に追加する
File.AppendAllText("test.txt", "最後の行", Encoding.GetEncoding(932));
// File.Openを利用するとFileShareなどが設定可能
using (var stream = File.Open("test.txt", FileMode.Open,
                              FileAccess.Write, FileShare.Read))
{
    stream.Seek(0, SeekOrigin.End);　　// あらかじめ次のIO位置をファイルの末尾に移動する
    // 一度StreamWriterの内部に設定したら、バッファの食い違いを避けるために、
    // StreamWriter側から操作して、FileStream側は操作しないようにする
    using (var writer = new StreamWriter(stream, Encoding.GetEncoding(932)))
    {
        writer.WriteLine("最後の行");
    }
}
```

> **NOTE**
> **バイナリファイルの場合**
> 　バイナリファイルの末尾にデータを追加する例は レシピ192 を参照してください。

198 既存ファイルの一部を更新したい

`FileStream.Position` | `FileStream.Seek`

関連	204 安全なファイルの更新方法を知りたい P.311
利用例	指定位置のデータを置き換える

ストリーム内の位置

　FileStreamを利用したファイルの書き込みは、FileStreamが保持するストリーム内の位置に対して行われます。書き込み操作を行うと、ストリーム内の位置は書き込んだデータのバイトサイズ分進みます。

位置を操作するメソッド

　PositionプロパティまたはSeekメソッドを利用してストリーム内の位置を変更できます。Positionプロパティは絶対的な位置で指定します。Seekメソッドは第2引数のSeekOrigin列挙体で指定した位置からの相対位置で指定します（表11.5）。

表11.5 SeekOrigin列挙体

値名	内容
Begin	ファイルの先頭
Current	現在のストリーム内の位置
End	ファイルの末尾

●ファイルの内容を書き換える

```
using (var stream = File.OpenWrite("test.data"))
{
    stream.Position = 80; // 80バイト目のデータを0x0cに書き換える
    stream.WriteByte(0x0c);
    stream.Seek(-5, SeekOrigin.End); // ファイルの末尾から5バイト目のデータを0x0cに置き換える
    stream.WriteByte(0x0c);
}
```

> **NOTE**
>
> **テキストファイルの場合**
>
> 　テキストファイルの場合は、ファイル上のバイトデータと読み込んだ文字データの間にデコード操作が入るため、ストリーム内の位置は操作できません。

199 ファイル名の拡張子を変えたり、ファイル名から拡張子を除外したりしたい

| Path.ChangeExtension | Path.GetFileNameWithoutExtension | Path.GetExtension |

関　連	─
利用例	バックアップファイル用にファイル名の拡張子を変更したり、拡張子を除外した名前を得る

▎Path.ChangeExtension静的メソッドを利用する

　Path.ChangeExtension静的メソッドは第1引数で指定したパス名（フルパス名を含む）の拡張子部分を第2引数で指定した文字列に置き換えます。第2引数に与える拡張子は先頭の「.」を含めても含めなくても構いません。

●ファイル名の拡張子をbakに変更する

```
var name = "test.txt";
File.Move(name, Path.ChangeExtension(name, "bak"));  // test.txt => test.bak
```

▎Path.GetFileNameWithoutExtension静的メソッドを利用する

　Path.GetFileNameWithoutExtension静的メソッドは引数で指定したパス名（フルパス名を含む）からファイル名の拡張子を除外した部分文字列を返します。たとえば、「C:\Windows\Notepad.exe」を与えると「Notepad」が返ります。

▎Path.GetExtension静的メソッドを利用する

　Path.GetExtension静的メソッドは引数で指定したパス名（フルパス名を含む）から拡張子部分（「.」以降）の文字列を返します。たとえば、「C:\Windows\Notepad.exe」を与えると「.exe」が返ります。

●ファイル名の拡張子の前に日付を設定する

```
var name = "test.txt";
var date = DateTime.Now.ToString("yyyy-MM-dd");
// Path.GetExtensionは「.」を含めた文字列を返すのでテンプレートには「.」を含めない
File.Move(name, $"{Path.GetFileNameWithoutExtension(name)}-{date}" +
                             {Path.GetExtension(name)}");
// test.txt => test-2016-02-16.txt （日付は例）
```

　なお、「.」を複数持つファイル（たとえばアセンブリ構成ファイルの「.exe.config」）については、最も末尾に近い「.」が対象となります。

200 一時ファイルを使いたい

Path.GetTempFileName	Path.GetTempPath
関連	—
利用例	一時ファイル用のディレクトリや一時ファイルを作成する

利用するメソッド

　PathクラスのGetTempPath静的メソッドにより一時ファイル用ディレクトリ名が、GetTempFileName静的メソッドにより一時ファイル名が取得できます。

　特に重要なのは、GetTempFileName静的メソッドです。このメソッドはGetTempPathで取得できる一時ファイル用ディレクトリに対して長さ0の一時ファイルを作成してフルパス名を返します。ここで返されたファイルは他のプロセスから保護されていることを前提にできます。

●一時ファイルを取得する
```
Console.WriteLine(Path.GetTempPath());   // 一時ファイル用ディレクトリを表示
var info = new FileInfo(Path.GetTempFileName());
try
{
    // 一時ファイルを利用する
}
finally
{
#if DEBUG
    Console.WriteLine($"{info.FullName}を確認すること");
#else
    info.Delete();   // プロダクションモードでは最後に削除する
#endif
}
```

> **NOTE**
> **一時ファイルは利用後に削除する**
> 　一時ファイルは、利用後削除してください。一時ディレクトリに65535ファイルを越えるファイルが作成されるとGetTempFileNameメソッドはIOException例外となります。

201 Zipファイルを展開したい

| System.IO.Compression.ZipFile | ZipFile.ExtractToDirectory | .NET Framework 4.5 |

| 関連 | 202 ディレクトリ指定でZipファイルを作りたい　P.308 |
| 利用例 | Zipファイルを展開する |

▌ZipFile.ExtractToDirectory静的メソッドを利用する

ZipFileクラスのExtractToDirectory静的メソッドを利用してZipファイルを展開できます。

● Sample201.cs：コマンドラインで指定されたZipファイルをカレントディレクトリに展開する

```
using System.IO.Compression;
class Unzip
{
    static void Main(string[] args)
    {
        // ExtractToDirectoryの第1引数はZipファイルのパス名(相対／絶対)
        //                     第2引数は展開先ディレクトリのパス名(相対／絶対)
        //                     第3引数はファイル名のエンコーディング(既定はUTF-8)
        //                     Explorerの圧縮フォルダーはUTF-8なので指定不要
        ZipFile.ExtractToDirectory(args[0], ".");
        // もしシフトJISで日本語ファイル名が格納されている場合は
        // 以下のようにエンコーディングを指定する
        // using System.Text;が必要
        // ZipFile.ExtractToDirectory(args[0], ".", Encoding.GetEncoding(932));
    }
}

// コマンドラインでコンパイルするには以下のようにSystem.IO.Compression.FileSystem.dllを参照する
// csc /r:System.IO.Compression.FileSystem.dll Sample201.cs
```

202 ディレクトリ指定でZipファイルを作りたい

| System.IO.Compression.ZipFile | ZipFile.CreateFromDirectory | .NET Framework 4.5 |

| 関連 | 201 Zipファイルを展開したい P.307 |
| 利用例 | 指定されたディレクトリ内のファイルをZipファイルにアーカイブする |

ZipFile.CreateFromDirectory静的メソッドを利用する

ZipFileクラスのCreateFromDirectory静的メソッドを利用して指定されたディレクトリの内容をZipファイルに圧縮できます。アーカイブの対象は指定ディレクトリより下位のツリーです。

●Sample202.cs：コマンドラインで指定されたディレクトリの内容をZipファイルにする

```
using System.IO.Compression;
class Zip
{
    static void Main(string[] args)
    {
        // CreateFromDirectoryの
        //      第1引数は圧縮対象のディレクトリ名(相対／絶対)
        //      第2引数は作成するZipファイルのファイル名(相対／絶対)
        //      第3引数は圧縮レベルをCompressionLevel列挙体で指定する
        //      第4引数はディレクトリ名を付けるか(true)付けないか(false)を指定する
        ZipFile.CreateFromDirectory(args[0], args[1], CompressionLevel.
Optimal, true);
        // 既に第2引数で指定したファイルが存在するとIOException例外となる
    }
}

// コマンドラインでコンパイルするには以下のようにSystem.IO.Compression.FileSystem.
dllを参照する
// csc /r:System.IO.Compression.FileSystem.dll Sample202.cs
```

圧縮方法を指定する

第3引数のCompressionLevel列挙体は圧縮方法を指定します（表11.6）。

表11.6 CompressionLevel列挙体

値名	内容
Fastest	処理時間優先で圧縮
NoCompression	圧縮せずにアーカイブ
Optimal	圧縮効率優先で圧縮

ディレクトリツリーの末端を指定する

　第4引数をtrueに設定した場合に格納されるディレクトリ名は、ディレクトリツリーの末端となります。たとえば第1引数に「C:¥work¥temp¥test」を指定した場合にZipファイルに格納されるのは最後のディレクトリの「test」です。

203 指定ファイルをZipファイルに圧縮したい

System.IO.Compression.ZipFile | ZipArchive | ZipArchiveEntry | CreateEntryFromFile　　.NET Framework 4.5

関連	202 ディレクトリ指定でZipファイルを作りたい　P.308
利用例	指定されたファイルをZipファイルに圧縮する

ZipArchiveを利用する

　ファイル単位にZipファイルを作成するには、ZipFile.Openで作成したZipArchiveを利用します。

　手順は以下となります。

❶ ZipFile.OpenでZipArchiveオブジェクトを作成する

❷ ZipArchive.CreateEntryでZipArchiveEntryオブジェクトを作成する

❸ ZipArchiveEntry.OpenでStreamを作成し圧縮したいファイルの内容を書き込む

　このうち❷と❸の手順は、ZipFileExtensions静的クラスの拡張メソッドCreateEntryFromFileを使うことで置き換え可能です。

●コマンドラインで指定されたファイルを同名のZipファイルにする

```
// using System.IO.Compression; が必要
        var info = new FileInfo(args[0]);
// ZipFile.Openの第1引数は作成するZipFileの名前（絶対／相対パス名）
// 第2引数は作成するZipArchiveのモードであり
// Create、Read、Updateのいずれかを選択する
using (var archive = ZipFile.Open(Path.ChangeExtension(info.FullName, ".zip"),
    ZipArchiveMode.Create))
{
    // CreateEntryFromFile拡張メソッドは、第1引数のファイルを
    // 第2引数で指定したエントリーに圧縮する
    archive.CreateEntryFromFile(info.FullName, info.Name);
}
//
// コマンドラインでコンパイルするには以下のようにSystem.IO.Compression.FileSystem.dllと
// System.IO.Compression.dllを参照する
// csc /r:System.IO.Compression.FileSystem.dll,System.IO.Compression.dll
Sample203.cs
```

204 安全なファイルの更新方法を知りたい

File.Replace

関連	184 ファイル名を変えたい（ファイルを移動したい） P.280
	200 一時ファイルを使いたい P.306

利用例	ファイルを安全に更新する

安全なファイルの更新とは

　重要なファイルについては、プログラムのバグ、ディスクフルを含む実行時のディスク障害、処理対象のデータの異常などによる消失や破壊されたデータだけが残ることを避ける必要があります。

　安全にファイルを更新するには、以下の手順を取ります。

❶更新対象のファイルを読み取り専用で開く

❷更新後のファイルを書き込み用に開く

❸更新は❷のファイルに対して行う（更新処理は、❶から❷への更新処理を伴うフィルタリング処理とする）

❹❶のファイルをバックアップ用に名前を変更する

❺❸で処理が完了したファイルを❶のファイルに置き換える

　このようにすると、ディスクに必要となる容量は一時的に元のファイルの倍以上となりますが、どの時点で障害が発生しても、更新前のファイルを復元できます。

File.Replace静的メソッドを利用する

　FileクラスのReplace静的メソッドは同一ディスクドライブ上のファイルについて上記の❹～❺の手順を実行します。

```
// 更新用ファイルは一時ファイルとする
var info = new FileInfo(Path.GetTempFileName());
try
{
    // 更新対象ファイルを読み込み専用でオープンする
    using (var reader = File.OpenText(args[0]))
```

```csharp
        // 更新対象ファイルを書き込み用にオープンする
        using (var writer = File.CreateText(info.FullName))
        {
            var line = string.Empty;
            while ((line = reader.ReadLine()) != null)
            {
                // 更新処理を行う
                writer.WriteLine(line.Replace("vb", "cs"));
            }
        }
        // File.Replaceは
        //     第1引数で指定したファイルを
        //     第2引数で指定したファイルに置き換える
        //     第3引数で指定したファイルに元の第2引数で指定したファイルはバックアップされる
        File.Replace(info.FullName, args[0], Path.ChangeExtension(args[0],
            ".backup"));
    }
    finally
    {
        // 正常に終了した場合は、File.Replaceメソッドによって削除（移動）済みとなる
        info.Delete();
    }
```

File.Replaceを利用する際の注意点

　File.Replaceの第1引数と第2引数が異なるドライブにある場合、IOException例外となります。この場合、第2引数で指定したファイルはそのまま残り、第3引数で指定したバックアップファイル名には変わりません。同様に第3引数で指定するバックアップファイルを異なるディスクには設定できません。ドライブが異なるファイルに対して実行する場合は、File.Moveを利用して個々のステップを実行する必要があります。 レシピ184 。

PROGRAMMER'S RECIPE

第 12 章

ディレクトリ(フォルダー)や ドライブの制御

本章のすべてのコードは特に断り書きがない限り
using System;
using System.IO;
が必要です。
本章では.NET Frameworkのクラス名の通りにディレクトリと表現しますが、Windowsのユーザーインターフェイス(Explorerなど)では、エンドユーザー用に「フォルダー」という表現を用いています。
レシピ205 から レシピ215 で扱う基本的なディレクトリ操作は、System.IO.DirectoryクラスかSystem.IO.DirectoryInfoクラスかのいずれかを利用します。Directoryクラスはディレクトリ操作の静的メソッドを提供するユーティリティクラスです。DirectoryInfoクラスはディレクトリのパス名からオブジェクトを生成してインスタンスメソッドを利用します。
また、レシピ216 から レシピ218 で扱うドライブの操作にはSystem.IO.DriveInfoクラスを利用します。

205 カレントディレクトリを知りたい

`Directory.GetCurrentDirectory`

関連	206 カレントディレクトリを変更したい　P.315
利用例	カレントディレクトリのパス名を得る

Directory.GetCurrentDirectory 静的メソッドを利用する

DirectoryクラスのGetCurrentDirectory静的メソッドはカレントディレクトリのパス名を返します。末尾にディレクトリ区切り文字「¥」は付きません。

●カレントディレクトリを表示する

```
Console.WriteLine(Directory.GetCurrentDirectory());  // => ドライブレターからの
                                                     // フルパス名
```

206 カレントディレクトリを変更したい

Directory.SetCurrentDirectory

関 連	205 カレントディレクトリを知りたい　P.314
利用例	カレントディレクトリをテンポラリディレクトリに設定する

▍Directory.SetCurrentDirectory静的メソッドを利用する

DirectoryクラスのSetCurrentDirectory静的メソッドにディレクトリ名（相対／絶対）を与えると、カレントディレクトリが指定したディレクトリに変更されます。

● 親ディレクトリをカレントディレクトリにする

```
Directory.SetCurrentDirectory("..");    // 「..」は親ディレクトリを示す相対パス名
Console.WriteLine(Directory.GetCurrentDirectory());  // => ドライブレターからの↵
フルパス名
// 絶対パス名を指定する
Directory.SetCurrentDirectory(@"C:\Windows");    // Windowsディレクトリに設定する
Console.WriteLine(Directory.GetCurrentDirectory());  // => C:\Windows
```

Directory.SetCurrentDirectoryで指定するディレクトリは、カレントディレクトリとは異なるドライブであっても構いません。ただし存在しないドライブやディレクトリを指定すると、DirectoryNotFoundException例外となります。

207 ディレクトリを作りたい

Directory.CreateDirectory	DirectoryInfo.Create
関連	—
利用例	ディレクトリを作成する

利用するメソッド

ディレクトリを作成するには、DirectoryクラスのCreateDirectory静的メソッドか、DirectoryInfoクラスのCreateメソッドを利用します。

●ディレクトリを作成する

```
// フルパス名を指定して作成する
Directory.CreateDirectory(@"C:\Users\User\Documents\TestFolder");
// カレントディレクトリからの相対パス指定で作成する
Directory.CreateDirectory(@"..\siblingFolder\TestFolder");
// DirectoryInfoを利用して作成する例
var info = new DirectoryInfo(@"C:\Users\User\Documents\TestFolder");
info.Create();
info = new DirectoryInfo(@"..\siblingFolder\TestFolder");
info.Create();
```

CreateDirectory／Createメソッドは既に該当ディレクトリが存在しても例外とはなりません。また、途中のディレクトリ（たとえば相対パス@"a\b\c\d\e"のa, b, c, d）が存在しなければそれらについても作成します。

208 ディレクトリを削除したい

Directory.Delete	DirectoryInfo.Delete
関連	—
利用例	ディレクトリを削除する

利用するメソッド

ディレクトリを削除するには、DirectoryクラスのDelete静的メソッドか、DirectoryInfoクラスのDeleteメソッドを利用します。

●ディレクトリを削除する

```
// フルパス名を指定して削除する
Directory.Delete(@"C:\Users\User\Documents\TestFolder");
// カレントディレクトリからの相対パス指定で削除する
Directory.Delete(@"..\siblingFolder\TestFolder");
// DirectoryInfoを利用して削除する例
var info = new DirectoryInfo(@"C:\Users\User\Documents\TestFolder");
info.Delete();
info = new DirectoryInfo(@"..\siblingFolder\TestFolder");
info.Delete();
```

ディレクトリが存在しない場合

指定したディレクトリや途中のディレクトリが存在しない場合はDirectoryNotFoundException例外となります。

ディレクトリが空でない場合

ディレクトリが空でない場合はIOException例外となります。
ディレクトリが空でなくても強制的に削除するには、それぞれのメソッドにtrueに設定したrecursive引数を追加します。

●ディレクトリを強制的に削除する

```
Directory.Delete(@"C:\Users\User\Documents\TestFolder", true);
// DirectoryInfoを利用して削除する例
var info = new DirectoryInfo(@"C:\Users\User\Documents\TestFolder");
info.Delete(true);
```

209 ディレクトリをコピーしたい

| Directory.Exists | Directory.EnumerateFileSystemEntries |

関連	183 ファイルをコピーしたい P.278
	207 ディレクトリを作りたい P.316

利用例	ディレクトリツリーをバックアップしたい

Directory.CreateとFile.Copyを組み合わせる

.NET Frameworkが提供するDirectoryおよびDirectoryInfoクラスは、ディレクトリのコピー機能を提供していません。

このため、指定ディレクトリ内のディレクトリとファイルを列挙するDirectory.EnumerateFileSystemEntriesと、Directory.CreateおよびFile.Copyを組み合わせてプログラミングする必要があります。

> **NOTE**
>
> 対応するバージョン
>
> Directory.EnumerateFileSystemEntriesが利用できるのは.NET Framework 4以降のバージョンです。それより前のバージョンではDirectory.GetFileSystemEntries静的メソッドを利用します。

次の例は、ディレクトリツリーを再帰せずに、パス名に対する文字列処理で作成先を操作してツリー構造をコピーします。

再帰的にツリー構造をコピーする方法は URL https://msdn.microsoft.com/ja-jp/library/bb762914(v=vs.110).aspx を参照ください。

●Sample209.cs：ディレクトリのツリー構造を再帰せずにコピーする

```
using System;
using System.IO;
class CopyDir
{   // Sample209.exe コピー元ディレクトリ コピー先ディレクトリ として起動する
    static void Main(string[] args)
    {
        if (!Directory.Exists(args[0]))    // コピー元がディレクトリでなければ例外
        {
```

12.1 基本的なディレクトリ操作

```csharp
            throw new ArgumentException($"{args[0]} is not directory");
        }
        // コピー元のフルパス名を得る
        var srcRoot = new DirectoryInfo(args[0]).FullName;
        // コピー先のディレクトリ名を得る
        var dstRoot = args[1];
        if (Directory.Exists(dstRoot))   // もし指定されたディレクトリが存在していれば
        {   // コピー先ディレクトリとしてコピー元のディレクトリ名を付ける
            // Path.GetFileNameはパス名の最後の\以右を取得するメソッド
            dstRoot = Path.Combine(dstRoot, Path.GetFileName(srcRoot));
        }
        Directory.CreateDirectory(dstRoot);  // コピー先ディレクトリを作成する
        // コピー元ディレクトリのすべてのディレクトリとファイルを列挙する
        foreach (var fsys in Directory.EnumerateFileSystemEntries(
                srcRoot, "*.*", SearchOption.AllDirectories))
        {   // コピー先のディレクトリ名とファイル名を得る
            var src = fsys.Substring(srcRoot.Length + 1);
            if (Directory.Exists(fsys)) // Directory.Existsはディレクトリなら↵
true（ファイルならfalse）
            {   // ディレクトリであればコピー先ディレクトリを作成する
                Directory.CreateDirectory(Path.Combine(dstRoot, src));
            }
            else
            {   // ファイルであればコピーする
                File.Copy(fsys, Path.Combine(dstRoot, src));
            }
        }
    }
}
```

210 ディレクトリ名を変えたい（ディレクトリを移動したい）

Directory.Move | DirectoryInfo.Move

関連	209 ディレクトリをコピーしたい　P.318
利用例	ディレクトリを移動する

利用するメソッド

ディレクトリ名の変更とディレクトリの移動には、どちらもDirectory.Move静的メソッドまたはDirectoryInfo.MoveToメソッドを利用します。

●ディレクトリを移動する

```
// フルパス名を指定して第1引数のディレクトリを第2引数のディレクトリ名へ変更する
Directory.Move(@"C:\Users\User\Documents\test", @"C:\Users\User\Documents\test1");
```

移動元が存在しない／移動先が既に存在する場合

Directory.Move、DirectoryInfo.MoveToのいずれも、移動元のファイルが存在しなければDirectoryNotFoundException例外となります。移動先のファイルが既に存在するとIOException例外となります。

ディレクトリの移動は同一ボリューム内のみ

ディレクトリの移動は同一ボリューム内に制限されます。
File.MoveやFileInfo.MoveToと異なり、ボリュームをまたがる移動はIOException例外となります。ボリュームをまたがる移動を行う場合は、ディレクトリのコピー レシピ209 と削除 レシピ208 を組み合わせてください。

211 ディレクトリの作成日時、更新日時、アクセス日時を取得したい

| Directory.GetCreationTime | Directory.GetLastWriteTime | Directory.GetLastAccessTime |

関　連	185　ファイルの作成日時、更新日時、アクセス日時を取得したい　P.281
利用例	最後の更新日時から一定時間経過したディレクトリを削除する

利用するメソッドおよびプロパティ

ディレクトリの作成日時、更新日時、アクセス日時を取得するには、Directoryクラスの静的メソッドか、DirectoryInfoクラスのプロパティを利用します。

●ディレクトリの作成日時、更新日時、アクセス日時を取得する

```
// カレントディレクトリの各日時を表示する
Console.WriteLine(Directory.GetCreationTime("."));
Console.WriteLine(Directory.GetLastWriteTime("."));
Console.WriteLine(Directory.GetLastAccessTime("."));
// DirectoryInfoはプロパティを利用する
var info = new DirectoryInfo(".");
Console.WriteLine(info.CreationTime);
Console.WriteLine(info.LastWriteTime);
Console.WriteLine(info.LastAccessTime);
```

いずれのメソッド（プロパティ）も、DateTime構造体を返します。

UTCが必要な場合

UTCが必要な場合は、GetCreationTimeUtcや、CreationTimeUtcのように、メソッド名かプロパティ名の末尾に「Utc」を付けることでローカルタイムではなくUTCのDateTime構造体が取得できます。

212 ディレクトリの属性を取得したい

| FileAttributes | DirectoryInfo.Attributes |

| 関連 | 186 ファイルの属性を取得したい　P.282 |
| 利用例 | ディレクトリの属性をチェックする |

DirectoryInfo.Attributesプロパティを利用する

　ディレクトリの属性は、FileAttributes列挙体で規定されています。FileAttributes列挙体の値については レシピ186 を参照ください。

　属性を取得するには、DirectoryInfoクラスのAttributesプロパティを利用します。

●幾つかの既知のディレクトリの情報を表示する

```
var info = new DirectoryInfo(@"C:\Program Files");
Console.WriteLine(info.Attributes);     // => ReadOnly, Directory
info = new DirectoryInfo(@"C:\PerfLogs");
Console.WriteLine(info.Attributes);     // => Directory
```

213 ディレクトリが変更されたら通知を受けたい

FileSystemWatcher

関連	187 ファイルが変更(作成、削除、変名)されたら通知を受けたい　P.284
利用例	ディレクトリに変更が加わったらイベントを受ける

FileSystemWatcher を利用する

ディレクトリ上のファイルの作成や削除を監視するには、監視対象のディレクトリのパス名をコンストラクターに与えた FileSystemWatcher を利用します。

作成を監視するには Created イベント、更新を監視するのであれば Changed イベント、削除を検出するには Deleted イベントを利用します。

使い方は レシピ187 のサンプルコードと同様となります。

ファイル/ディレクトリのイベント通知

ファイルが作成された場合は、Created イベントと Changed イベントの両方が通知されますが、ディレクトリが作成された場合は Created イベントのみの通知となります。作成されたディレクトリにファイルやディレクトリが作成/削除されると Changed イベントが通知されます。

214 ドキュメントディレクトリなどの特殊フォルダーにアクセスしたい

Environment.SpecialFolderOption は .NET Framework 4.0

| Environment.GetFolderPath | Environment.SpecialFolder | Environment.SpecialFolderOption |

関　連	—
利用例	カレントユーザーのドキュメントディレクトリを取得する

Environment.GetFolderPath静的メソッドを利用する

　特殊ディレクトリのディレクトリ名を取得するには、EnvironmentクラスのGetFolderPath静的メソッドを利用します。

　GetFolderPath静的メソッドには、引数として特殊フォルダーを示すEnvironment.SpecialFolder列挙体（表12.1）を取るものと、.NET Framework 4以降利用可能なEnvironment.SpecialFolder列挙体およびEnvironment.SpecialFolderOption列挙体（表12.2）を取るものの2種類があります。

表12.1　Environment.SpecialFolder列挙体の主なメンバー

値名	内容
ApplicationData	ユーザーのアプリケーションデータ用ディレクトリ
DesktopDirectory	デスクトップディレクトリ
MyDocuments	ドキュメントディレクトリ
MyMusic	ミュージックディレクトリ
MyPictures	ピクチャディレクトリ
MyVideos	ビデオディレクトリ（注）
ProgramFiles	プログラムファイルディレクトリ
ProgramFilesX86	X86用プログラムファイルディレクトリ（注）
Recent	最近使ったファイルディレクトリ
StartMenu	スタートメニュー
System	システムディレクトリ
SystemX86	X86用システムディレクトリ（注）
Windows	Windowsディレクトリ（注）

注）.NET Framework 4以降

NOTE

参考となるドキュメント

メンバーの完全なリストを参照するには、MSDNサイト（🔗 https://msdn.microsoft.com）で「Environment.SpecialFolder」を検索してください。

表12.2 Environment.SpecialFolderOption列挙体（.NET Framework 4.0以降）

値名	内容
Create	指定した特殊フォルダがなければ作成する
DoNotVerify	パス名のみ取得し存在確認をしない（ApplicationDataのようにリモートコンピューターにある場合に応答時間が速い）
None	存在確認をしてあればパス名を返し、なければ空文字列を返す。GetFolderPathメソッドの1引数時の既定値

●特殊ディレクトリのパス名を取得する

```
Console.WriteLine(Environment.GetFolderPath(
        Environment.SpecialFolder.ApplicationData));
Console.WriteLine(Environment.GetFolderPath(
        Environment.SpecialFolder.DesktopDirectory));
Console.WriteLine(Environment.GetFolderPath(
        Environment.SpecialFolder.MyDocuments));
Console.WriteLine(Environment.GetFolderPath(
        Environment.SpecialFolder.ProgramFilesX86));
Console.WriteLine(Environment.GetFolderPath(
        Environment.SpecialFolder.Recent));
Console.WriteLine(Environment.GetFolderPath(
        Environment.SpecialFolder.Windows));
// 出力（例）
// C:\Users\(user)\AppData\Roaming
// C:\Users\(user)\Desktop
// C:\Users\(user)\Documents
// C:\Program Files (x86)
// C:\Users\(user)\AppData\Roaming\Microsoft\Windows\Recent
// C:\WINDOWS
```

215 ディレクトリ内のファイルを列挙したい

EnumerateFilesは.NET Framework 4.0

Directory.EnumerateFiles | DirectoryInfo.EnumerateFiles | Directory.GetFiles | DirectoryInfo.GetFiles | ワイルドカード

関連	—
利用例	ディレクトリ内のファイルを他のディレクトリにコピーする

利用するメソッド

　ディレクトリ内のファイルを列挙するにはDirectory.EnumerateFiles静的メソッドかDirectoryInfo.EnumerateFilesメソッドを利用します。Directory.EnumrateFiles静的メソッドには列挙したいディレクトリ名を絶対または相対パス名で与えます。DirectoryInfo.EnumerateFilesメソッドの場合は、DirectoyInfoのコンストラクターへ与えたディレクトリに対する列挙となります。Directory.EnumerateFiles静的メソッドが返すのはIEnumerable<string>でファイル名の列挙です。DirectoryInfo.EnumerateFilesメソッドはIEnumerable<FileInfo>で各ファイルに対応するFileInfoオブジェクトの列挙を返します。

ワイルドカードを利用したフィルタリング

　いずれのメソッドも引数にワイルドカードを示す文字列を与えて列挙するファイルをフィルタリングすることが可能です。Directory.EnumerateFilesでは第2引数、DirectoryInfo.EnumerateFilesでは第1引数に与えます。省略した場合はすべてにマッチする「*」が指定されたものとして処理されます。なお、ワイルドカードに指定した文字とファイル名の比較は大文字小文字を区別しません。たとえば、引数に"*.doc"を指定した場合、"test.doc"と"test2.DOC"のいずれもヒットします。

> **NOTE**
> **ワイルドカード**
> 　ワイルドカードは、複数文字にマッチする「*」と1文字または0文字にマッチする「?」を組み合わせます。組み合わせと結果を試すにはコマンドプロンプトでdirコマンドに対してワイルドカードを与えて実行してみてください。

12.2 ディレクトリの読み取り

● ドキュメントディレクトリ内のファイルを列挙する

```
var info = new DirectoryInfo(Environment.GetFolderPath(Environment.
SpecialFolder.MyDocuments));
foreach (var file in info.EnumerateFiles())
{
    Console.WriteLine(file.Name);   // => ドキュメントディレクトリ内のファイルが表
示される
}
foreach (var file in info.EnumerateFiles("*.txt"))  // 拡張子.txtのファイルのみ
を列挙
{
    Console.WriteLine(file.Name);   // => ドキュメントディレクトリ内の拡張子.txtの
ファイルが表示される
}
// DirectoryクラスのEnumerateFilesを利用する場合は以下となる
// var documents = Environment.GetFolderPath(Environment.SpecialFolder.
MyDocuments);
// foreach (var file in Directory.EnumerateFiles(documents)) ...
// foreach (var file in Directory.EnumerateFiles(documents, "*.txt")) ...
```

NOTE

.NET Framework 4よりも前のバージョンの場合

　いずれのEnumerateFilesも.NET Framework 4以降で有効なため、それより前の.NET Frameworkを利用する場合は、GetFilesメソッドを利用します。GetFilesメソッドはIEnumerable<string>の代わりにstring[]、IEnumerable<FileInfo>の代わりにFileInfo[]を返します。このため、すべての列挙が完了するまで制御が戻らないという時間的なコストと、大量にファイルがある場合はすべてのファイル用のメモリが同時に確保されるという空間的なコストがかかります。なお引数はEnumerateFilesと同様です。

216 ドライブの空き容量を調べたい

`DriveInfo.TotalFreeSpace`

関　連	—
利用例	巨大なファイルの作成前にドライブの利用可能な領域の量を調べる

DriveInfoクラスを利用する

　DriveInfoクラスを利用すると、総容量（TotalSizeプロパティ）、ドライブの空き容量（TotalFreeSpaceプロパティ）、利用可能な空き容量（AvailableFreeSpace）を得られます。いずれも単位はバイトです。

> **NOTE**
> **TotalFreeSpaceとAvailableFreeSpace**
> 　TotalFreeSpaceがドライブの空き容量を示すのに対し、AvailableFreeSpaceはディスククォータによる限度を反映した値となります。

●Cドライブの各種容量を表示する

```
var info = new DriveInfo("c");    // Cドライブのオブジェクトを生成する
Console.WriteLine($"総容量:{info.TotalSize}");
Console.WriteLine($"利用可能容量:{info.AvailableFreeSpace}");
Console.WriteLine($"空き容量:{info.TotalFreeSpace}");
```

217 USBメモリなどのリムーバルドライブが利用可能か調べたい

DriveInfo.IsReady	
関　連	—
利 用 例	USBメモリが利用可能でなければ挿入を要求する

DriveInfo.IsReadyプロパティを利用する

　DriveInfoオブジェクトのIsReadyプロパティはドライブが準備できていればtrue、準備できていなければfalseを返します。

●ドライブEが用意できていなければ挿入を要求する

```
var info = new DriveInfo("E");  // ここではUSBメモリがEドライブと想定している
while (!info.IsReady)           // IsReadyがfalseの間ループする
{
    Console.WriteLine("USBメモリを入れてください。用意ができたらEnterキーを押してください");
    Console.ReadLine();         // Enterキーが押されるまで待つ
}
```

218 システムで利用可能なすべてのドライブを取得したい

`DriveInfo.GetDrives`

関　連	217 USBメモリなどのリムーバブルドライブが利用可能か調べたい　P.329
利用例	すべてのディスクを列挙して最も空き容量が大きいものを利用する

DriveInfo.GetDrives静的メソッドを利用する

　DriveInfo.GetDrives静的メソッドを利用すると、DriveInfoの配列を取得することができます。

●ドライブを列挙して利用可能な空き容量が大きいものから順に並べる

```
// using System.Linq;が必要
foreach (var drive in DriveInfo.GetDrives()   // GetDrives静的メソッドは↵
DriveInfoの配列を返す
                // DriveTypeプロパティはドライブの種類
                // 用意ができていないドライブは利用可能容量0とする
    .Select(d => new { Name = d.Name, Type = d.DriveType,
                Size = ((d.IsReady) ? d.AvailableFreeSpace : 0) })
                // サイズ順に並べると小さい順になるので最後にReverseで逆順にする
    .OrderBy(d => d.Size).Reverse())
{
    Console.WriteLine($"ドライブ: {drive.Name}，利用可能容量: {drive.Size,↵
15:#,##0}");
}
// 出力例　（DriveInfoのNameプロパティは「ドライブレター :¥」という形式になる
//            DriveTypeプロパティはDriveType列挙体で他にRemovable、Ramがある
// ドライブ: X:¥，タイプ：　Network，利用可能容量: 150,871,814,144
// ドライブ: C:¥，タイプ：　  Fixed，利用可能容量: 122,999,422,976
// ドライブ: D:¥，タイプ：　CDRom，利用可能容量:               0
```

PROGRAMMER'S RECIPE

第 13 章

データベースの操作

本章ではデータベースを扱うためのレシピを取り上げます。
本章のすべてのコードは特に断り書きがない限り
using System;
using System.Data;
using System.Data.Common;
が必要です。
また、DBMS固有の表現についてはSQL Serverを利用します。その場合はusing System.Data.SqlClient;が必要です。

219 システム内で利用可能なデータベース接続ライブラリを知りたい

| DbProviderFactories.GetFactoryClasses | DataTable |

| 関連 | 220 データベースとの接続を確立したい P.334 |
| 利用例 | 利用可能なデータベースプロバイダーがなければエラーとする |

利用するメソッド

あらかじめ利用するデータベースが決まっていて、そのためのライブラリが存在するかどうかチェックするには、System.Data.Common.DbProviderFactories.GetFactoryClasses静的メソッドを利用します（表13.1）。

●表13.1 主なデータベースプロバイダー

DBMS	プロバイダー名	その他
DB2	IBM.Data.DB2	
MySQL	MySql.Data.MySqlClient	
ODBC	System.Data.Odbc	ODBC接続用
Oracle	Oracle.DataAccess.Client	マイクロソフトが提供するSystem.Data.OracleClientは削除予定
PostgreSQL	Ngsql	PostgreSQLには他にもサードパーティから提供がある
SQL Server	System.Data.SqlClient	
SQLite	System.Data.SQLite	

●Sample219.cs：利用可能なプロバイダーを列挙するプログラム

```
using System;
using System.Data;
using System.Data.Common;
class ShowProvider
{
    static void Main()
    {
        using (var dt = DbProviderFactories.GetFactoryClasses())
        {
            // GetFactoryClassesが返すDataTableクラスのRowsプロパティはジェネリックに
            // 対応していないため、DataRow型宣言が必要
            foreach (DataRow row in dt.Rows)
            {
```

```
                // DbProviderFactories.GetFactoryClasses()が返す
                // DataTableの各ロウには利用可能なプロバイダーの
                // 名前、説明、プログラム用の名前が格納されており
                // 省略したrow[3]にはアセンブリの完全修飾名が格納されている
                Console.WriteLine($"Name:{row[0]}, Description:{row[1]},
                        InvariantName: {row[2]}");
            }
        }
    }
}
```

接続先に対応した接続オブジェクトを作成する

　DbProviderFactoryies.GetFactoryClasses静的メソッドは、データベースとの接続に利用するシステムへインストール済みのデータベースプロバイダー情報を格納したDataTableを返します。アプリケーションはDataTableの各ロウの0から数えた2番目のカラムに格納されたInvariantNameを利用して接続先データベースに対応した接続オブジェクトを作成できます。

●データベースプロバイダーのファクトリを利用して接続オブジェクトを作成する

```
// SqlClient Data ProviderのInvariantName"System.Data.SqlClient"に
// 対応するファクトリを取得
var fac = DbProviderFactories.GetFactory("System.Data.SqlClient");
// ファクトリのCreateConnectionメソッドで接続オブジェクト(DbConnectionクラス)を作成する
using (var connection = fac.CreateConnection())
{
    // 接続文字列の設定 レシピ220 参照
    // 接続オブジェクトをオープンする
    // データベースを操作する
}
```

220 データベースとの接続を確立したい

DbConnection | SqlConnection | 接続文字列

関　連	—
利用例	データベースと接続する

利用するクラスとメソッド

　データベースと接続するには、接続文字列を設定したDbConnectionクラスのOpenメソッドを呼び出します。

　実際に利用するのはDbConnectionから派生した各データベースプロバイダーの特化クラスです。

●データベースとの接続

```
const string SqlExpress = @"Data Source=.\SQLEXPRESS;Integrated Security=SSPI;DataBase=master";
// SQL Server用の特化クラスを利用してローカルにインストールした
// SQL Server Expressと接続する
using (var connection = new SqlConnection(SqlExpress)) // 接続オブジェクトはusingで使用する
{
    connection.Open();                                 // Openメソッドで接続する
    // 接続できたかデータベースサーバーのバージョンを表示してみる
    Console.WriteLine(connection.ServerVersion);       // => 10.00.5538（環境に依存）
}
// ODBC用の特化クラスのオブジェクトをファクトリ経由で取得して接続する
var factory = DbProviderFactories.GetFactory("System.Data.Odbc");
using (var connection = factory.CreateConnection())   // 接続オブジェクトはusingで使用する
{
    // コンストラクターを呼べないのでConnectionStringプロパティに接続文字列を設定する
    connection.ConnectionString = @"Driver={Microsoft Text Driver (*.txt; *.csv)};DBQ=c:\users\user\Documents";
    connection.Open();
    Console.WriteLine(connection.ServerVersion);       // => 01.00.0000（環境に依存）
}
```

> **NOTE**
>
> **Officeのプラットフォームに応じた設定**
>
> 　このプログラムでは、ODBCの例としてExcelのテキストドライバーを示しています。実際に試す場合はシステムにインストールされているOfficeがx86版かx64版かによって、コンパイルオプション/platform:にx86かx64か適切なものを与えてください。そうでないと実行時にOdbcException例外IM002となります。

接続文字列

接続文字列はデータベースプロバイダー、接続形態、接続先によってさまざまです。たとえば、SQL Server ExpressのWindows認証であれば、

```
@"Data Source=.¥SQLEXPRESS;Integrated Security=SSPI;DataBase=データベース名"
```

です。
　同じSQL Server Expressであっても特定のmdfファイルに接続する場合は以下となります。

```
@"Data Source=.¥SQLEXPRESS;Integrated Security=SSPI;AttachDBFilename=mdfファ
イルのフルパス名;User Instance=true"
```

　ASP.NETのApp_Dataディレクトリに格納したmdfファイルの場合はAttachDBFilenameキーの書き方が以下に変わります。

```
@"Data Source=.¥SQLEXPRESS;Integrated Security=SSPI;AttachDBFilename=|
DataDirectory|ファイル名;User Instance=true"
```

221 接続文字列をプログラムから分離したい

ConfigurationManager.ConnectionStrings

関連	018 構成ファイルの情報を利用したい　P.033 220 データベースとの接続を確立したい　P.334

利用例	データベースへの接続文字列を構成ファイルで設定可能とする

利用するプロパティ

　System.Configuration.ConfigurationMangerのConnectionStrings静的プロパティを利用すると、構成ファイル（.exe.config）に格納した接続文字列を取得できます。

　ConnectionStrings静的プロパティが返すのは、ConnectionStringSettingsオブジェクトのコレクションです。プログラムはこのコレクションのインデクサーに構成ファイルで指定したname属性値を与えてConnectionStrnigSettingsを取得します。指定したエントリーがなければnullが返ります。接続文字列はConnectionStrnigSettingsオブジェクトのConnectionStringプロパティから得られます。

接続文字列

　接続文字列は構成ファイルのconfiguration/connectionStringsセクションに記述します。

●Sample221.exe.config：構成ファイル

```xml
<?xml version="1.0" encoding="utf-8" ?>
<configuration>
    <startup>
        <supportedRuntime version="v4.0" sku=".NETFramework,Version=v4.5" />
    </startup>
    <connectionStrings>
        <add name="testdb" connectionString="data source=.¥SQLEXPRESS;
Integrated Security=SSPI;AttachDBFilename=C:¥test¥testdb.mdf;User
Instance=true"/>
    </connectionStrings>
</configuration>
```

Sample221.exe.configからエントリー（name属性がtestdb）を取得する例を以下に示します。

●構成ファイルから接続文字列を取得する

```
// using System.Configuration;が必要（System.Dataで始まるネームスペースは利用しません）
// 構成ファイルの記述ミスなどでconnectionStringsセクションに
// name属性がtestdbのadd要素がなければnullが返る
var connString = ConfigurationManager.ConnectionStrings["testdb"]?
        .ConnectionString;
if (string.IsNullOrEmpty(connString))
{
    Console.Error.WriteLine("no testdb entry. check exe.config");
}
else
{
    Console.WriteLine(connString);
}
```

222 テーブル名やカラムの一覧を取得したい

| DbConnection.GetSchema | スキーマ | sp_tables | sp_columns |

関　連	—
利用例	利用可能なテーブル名を取得する

スキーマ一覧の取得

　DbConnection.GetSchemaメソッドを無引数で呼び出すと、接続先データベースサーバーで利用可能なスキーマの一覧を格納したDataTableを取り出せます。

個々のスキーマの取得

　個々のスキーマは、スキーマ名を指定してDbConnection.GetSchemaメソッドを呼び出して取得します。

データベースプロバイダー共通のスキーマ

　次の5つのスキーマはデータベースプロバイダーに共通で定義されています。

- MetaDataCollections
  無引数でDbConnection.GetSchemaメソッドを呼び出した場合と同じ結果を得られます。GetSchemaメソッドで指定可能なメタデータのコレクションが取得できます。

- DataSrourceInformation
  データソースに関するスキーマを得られます。

- DataTypes
  データ型情報を得られます。

- Restrictions
  スキーマ情報の利用を制限するための情報を得られます。

- ReservedWords
  予約語情報を得られます。

個々のデータベースプロバイダー依存の情報

　上で示した情報は、主としてメタデータを処理するデータベース用フレームワークに

役立つ情報で、それほどアプリケーションの役には立ちません。

テーブルやカラムといった情報は、個々のデータベースプロバイダーに依存します。

たとえば、接続先データベースで利用可能なテーブル名を知りたい場合、SQL Serverプロバイダーに対してはGetSchema("Tables")を呼び出します。返されるDataTableの各ロウには、テーブルカタログ、テーブルスキーマ、テーブル名、テーブル型（ビューかテーブルか）が格納されています。ODBCプロバイダーの場合、SQL Serverプロバイダーの情報とほぼ同じですが備考カラムが追加されます。

.NET Framework組み込みのデータベースプロバイダーが提供する情報についてはMSDNを「ado.net スキーマ」で検索してください。他のプロバイダーについては提供元のドキュメントを参照してください。

●Sample222.cs：接続先SQL Serverからテーブルとカラムの情報を得る

```
using System;
using System.Collections.Generic;
using System.Data;
using System.Data.Common;
class GetSchema
{
    // 例としてSQL Expressのmasterデータベース（カタログ）のテーブルを列挙する
    const string SqlExpress = @"Data Source=.\SQLEXPRESS;Integrated ↵
Security=SSPI;DataBase=master";
    static void Main()
    {
        // プロバイダーがSQL Serverとわかっているので、
        // new SqlConnection(SqlExpress)でも良い
        var fac = DbProviderFactories.GetFactory("System.Data.SqlClient");
        using (var connection = fac.CreateConnection())
        {
            connection.ConnectionString = SqlExpress;
            connection.Open();
            // あらかじめカラム情報を格納するためのコレクションを作る
            var coldic = new Dictionary<Tuple<string, string, string>,
                List<DataRow>>();
            // SQL ServerプロバイダーはGetSchema("Columns")で
            // カラムメタデータを取得できる
            using (var dt = connection.GetSchema("Columns"))
            {
                foreach (DataRow row in dt.Rows)
                {
                    // メタデータの最初の3カラムにカタログ、スキーマ、
                    // テーブル名が入っているのでそれをキーとする
```

```csharp
                    var key = Tuple.Create(row[0] as string, row[1] as string,
                            row[2] as string);
                    if (!coldic.ContainsKey(key))
                    {
                        coldic.Add(key, new List<DataRow>());
                    }
                    coldic[key].Add(row);
                }
            }
            // カラム位置の情報でソートする
            foreach (var list in coldic.Values)
            {
                // Columnsメタデータの0から数えた4カラム目はカラム位置
                list.Sort((r0, r1) => (int)r0[4] - (int)r1[4]);
            }
            // SQL ServerプロバイダーはGetSchema("Tables")で接続先データベースの
            // テーブル情報を取得できる
            using (var dt = connection.GetSchema("Tables"))
            {
                foreach (DataRow row in dt.Rows)
                {
                    // メタデータの最初の3カラムはカタログ、スキーマ、テーブル名
                    var cat = row[0] as string;
                    var schema = row[1] as string;
                    var name = row[2] as string;
                    Console.WriteLine($"{cat}.{schema}.{name}--------------↵
---");
                    // 作成済みのカラム情報を取り出す
                    foreach(var colrow in coldic[
                            Tuple.Create(cat, schema, name)])
                    {
                        // 0から数えた6番目のカラムはNullabelかどうかの情報
                        var nullable = ("YES".CompareTo(colrow[6]) == 0) ?
                                "NULL" : string.Empty;
                        // 0から数えた3カラム目はカラム名、7カラム目はデータ型
                        Console.WriteLine($"{colrow[3]} {colrow[7]} ↵
{nullable}");
                    }
                }
            }
        }
    }
}
```

223 テーブルを作成したい

DbConnection.CreateCommand | DbCommand.CommandText
DbCommand.ExecuteNonQuery

関　連	220　データベースとの接続を確立したい　P.334
利用例	データベース処理で利用するテンポラリテーブルを作成する

SQLの発行手順

SQLを発行するには次の手順を取ります。

❶ DbConnectionオブジェクトを生成し、接続文字列を設定してからOpenメソッドを呼びます レシピ220 。

❷ DbConnectionオブジェクトのCreateCommandメソッドを呼び出してDbCommandオブジェクトを生成します。

❸ DbCommandオブジェクトのCommandTextプロパティに実行するSQLを設定します。

❹-1　SQLがクエリならばExecuteReaderメソッドを呼び出します。これについてはレシピ225 を参照してください。

❹-2　SQLがDDL（データ定義言語）やDML（データ操作言語）のうち更新処理ならばExecuteNonQueryメソッドを呼び出します。

❺ ❹-2を実行するとDMLであれば処理されたロウ数が返るので正しく処理されたか確認します。DDLの場合は意味のある値は返らないので無視します。データベースサーバーが異常を検出した場合は例外がスローされます。

このときDbConnection、DbCommandはいずれもIDisposableを実装した廃棄する必要があるオブジェクトなので、usingステートメントを適用します。

●create tableの発行

```
var fac = DbProviderFactories.GetFactory("System.Data.SqlClient");
using (var conn = fac.CreateConnection())
{
    conn.ConnectionString = SqlExpress; // SqlExpressは別途定義／構成ファイルか
ら取得した接続文字列
    conn.Open();
    using (var command = conn.CreateCommand())
```

341

```
        {
            // SQLはC#のコードとは分離してそこだけ読み書きできるように、@""を使って
            // 記述すると良い
            // もちろん、構成ファイルなどに分離しても良い
            command.CommandText = @"
create table TempTable (
     id int identity
    ,name nvarchar(128)
    ,address nvarchar(256)
)
";
            try
            {   // DDLの実行はExecuteNonQueryを呼び出す
                command.ExecuteNonQuery();
            }
            // 特化した例外をキャッチする場合、利用するプロバイダーの例外クラスを調べて記述する
            // SQL Serverの場合は、System.Data.SqlClient.SqlExceptionとなる
            catch (Exception e)
            {
                Console.Error.WriteLine(e);
            }
        }
}
```

224 テーブルへデータを登録したい

| DbConnection.CreateCommand | DbCommand.CommandText |
| DbCommand.ExecuteNonQuery | DbCommand.Parameters | DbParameter.DbType |

| 関連 | 220 データベースとの接続を確立したい P.334 |
| 利用例 | テーブルへロウをインサートする |

SQLのinsert文を利用する

テーブルへデータを登録するには、SQLのinsert文を利用します。
insertを実行するには次の手順を取ります。

❶ DbConnectionオブジェクトを生成し、接続文字列を設定してからOpenメソッドを呼びます レシピ220 。

❷ DbConnectionオブジェクトのCreateCommandメソッドを呼び出してDbCommandオブジェクトを生成します。

❸ DbCommandオブジェクトのCommandTextプロパティに、実行するinsert文を設定します。

❹ CommandTextに記述したパラメーターに対応するパラメーターオブジェクトをParametersプロパティに追加します。パラメーターオブジェクトは名前あるいは位置で操作します。

❺ 登録するロウの元データを元にループを記述します。

❻ ❹で設定した各パラメーターのValueプロパティにデータを設定します。

❼ ExecuteNonQueryメソッドを呼び出します。成功すると処理された行数=1が返ります。それ以外が返った場合はエラーとします。ただしインサートの失敗は通常例外となります。

❽ ❺へ戻ります。

このときDbConnection、DbCommandはいずれもIDisposableを実装した廃棄する必要があるオブジェクトなのでusingステートメントを適用します。

● テーブルへデータをインサートする

```
var data = new List<Tuple<string, string>> {
    Tuple.Create("アリス", "不思議の国"),
    Tuple.Create("ボブ", "東京"),
```

```csharp
        Tuple.Create("チャーリー", "サンタローザ")
};
var fac = DbProviderFactories.GetFactory("System.Data.SqlClient");
using (var conn = fac.CreateConnection())
{
    conn.ConnectionString = SqlExpress; // SqlExpressは別途定義／構成ファイル か
ら取得した接続文字列
    conn.Open();
    using (var command = conn.CreateCommand())
    {   // レシピ223 で作成したテーブルを対象としている
        // 対象がSQL Serverなのでパラメーターに「?」を利用できない
        command.CommandText = @"
insert into TempTable values (@name, @address)
";
        // DbParameterは抽象クラスなのでDbCommand.CreateParameterで作成する
        command.Parameters.Add(command.CreateParameter());
        // SQL Serverの場合は@パラメーター名が必須
        command.Parameters[0].ParameterName = "@name";
        // データ型を設定する
        // DbType.Stringはnvarchar用。DbType.AnsiStringはvarchar用
        command.Parameters[0].DbType = DbType.String;
        command.Parameters.Add(command.CreateParameter());
        command.Parameters[1].ParameterName = "@address";
        command.Parameters[1].DbType = DbType.String;
        try
        {
            foreach (var t in data)
            {
                // DbParameterのValueに値を設定する
                command.Parameters[0].Value = t.Item1;
                command.Parameters[1].Value = t.Item2;
                if (command.ExecuteNonQuery() != 1)
                {
                    throw new ApplicationException($"can't insert {t}");
                }
            }
        }
        catch (Exception e)
        {
            Console.Error.WriteLine(e);
        }
    }
}
```

このプログラムはDBMS中立のコードで記述してあります。しかし、SQLは@を前置したパラメーター名を利用するSQL Server固有のものとなっています。

異なるデータベースサーバーをサポートする場合、接続文字列同様、SQLも構成ファイルやその他のパラメーター／リソースファイルから取得して接続先によって変えられるようにしてください。パラメーターに「?」が利用できるデータベースサーバーであれば、DbParameterの順序から正しく処理がされます（ParameterNameプロパティの設定値は無視されます）。

逆に、SQL Serverに特化する場合、DbParameter処理は以下のようにシンプルになります（using System.Data.SqlClient;が必要です）。

●SQL Server特化のDbParameter（SqlParameter）を利用する

```
// データ型指定が汎用のSystem.Data.DbTypeからSystem.Data.SqlDbTypeに変わる
command.Parameters.Add(new SqlParameter("@name", SqlDbType.NVarChar));
command.Parameters.Add(new SqlParameter("@address", SqlDbType.NVarChar));
```

表13.2に、C#のデータ型とDbParameter.DbTypeプロパティに設定するDbType列挙体、SqlParameter.DbTypeプロパティに設定するSqlDbType列挙体、参考までにSQL Serverのデータ型の対応表の一部を示します。

プログラムとデータベースサーバーのデータ型を合わせて型変換を少なくすると処理速度が向上することがあります。可能な限り合わせると良いでしょう。

表13.2 主なC#の型とDbType、SqlDbType、SQL Serverのデータ型の関係

C#	DbType	SqlDbType	SQL Server
string	DbType.String	SqlDbType.NVarChar	nvarchar
byte[]	DbType.Binary	DbSqlType.VarBinary	binary,varbinary(max)
byte	DbType.Byte	SqlDbType.TinyInt	tinyint
int	DbType.Int32	SqlDbType.Int	int
long	DbType.Int64	SqlDbType.BigInt	bigint
double	DbType.Double	SqlDbType.Float	float
decimal	DbType.Decimal	SqlDbType.Decimal	money, numeric, decimal
bool	DbType.Boolean	SqlDbType.Bit	bit
DateTime	DbType.DateTime	SqlDbType.DateTime	datetime
string	DbType.AnsiString	SqlDbType.VarChar	varchar
byte[]	DbType.Binary	SqlDbType.Timestamp	timestamp
TimeSpan	DbType.Time	SqlDbType.Time	time

225 テーブルからデータを取得したい

DbConnection.CreateCommand | DbCommand.CommandText |
DbCommand.ExecuteReader | DbDataReader.Read | DbCommand.Parameters |
DbParameter.Value

関連	220 データベースとの接続を確立したい P.334
利用例	テーブルからデータを取り出す

SQLのselect文を利用する

テーブルからデータを取り出すには、SQLのselect文を利用します。
selectを実行するには次の手順を取ります。

❶ DbConnectionオブジェクトを生成し、接続文字列を設定してからOpenメソッドを呼びます レシピ220 。

❷ DbConnectionオブジェクトのCreateCommandメソッドを呼び出してDbCommandオブジェクトを生成します。

❸ DbCommandオブジェクトのCommandTextプロパティに実行するselect文を設定します。

❹ CommandTextに記述したパラメーターに対応するパラメーターオブジェクトをParametersプロパティに追加します。パラメーターオブジェクトは名前あるいは位置で操作します。

❺ ❹で設定した各パラメーターのValueプロパティにデータを設定します。

❻ DbCommandオブジェクトのExecuteReaderメソッドを呼び出してDbDataReaderを取得します。

❼ DbDataReaderのReadメソッドを呼び出して、ロウをポイントするようループを設定します。最後のロウを読み終わるとfalseが返るのでループを抜けます。

❽ DbDataReaderのインデクサーを利用してデータを取り出します。型付けされたデータを取り出す場合は、DbDataReader.Get型名(インデックス)メソッドを呼びます。

❾ ❼へ戻ります。

このときDbConnection、DbCommand、DbDataReaderはいずれもIDisposableを実装した廃棄する必要があるオブジェクトなのでusingステートメントを適用します。

13.2 SQLの実行

●テーブルからデータを取り出す

```csharp
var fac = DbProviderFactories.GetFactory("System.Data.SqlClient");
using (var conn = fac.CreateConnection())
{
    conn.ConnectionString = SqlExpress; // SqlExpressは別途定義／構成ファイルか
ら取得した接続文字列
    conn.Open();
    using (var command = conn.CreateCommand())
    {
        // SQLはC#のコードとは分離してそこだけ読み書きできるように、@""を使って記述すると良い
        command.CommandText = @"
select *
  from TempTable
  where
    name=@name
";
#if SQL_SERVER_ONLY
        // SQL Serverに特化する場合
        command.Parameters.Add(new SqlParameter("@name", SqlDbType.NVarChar));
#else
        // 汎用な呼び出しの場合
        command.Parameters.Add(command.CreateParameter());
        command.Parameters[0].ParameterName = "@name";
        command.Parameters[0].DbType = DbType.String;
#endif
        try
        {
            // @nameパラメーターに値を設定する
            command.Parameters[0].Value = "チャーリー";
            // DbDataReaderはIDisposableなので必ずusingステートメントを使う
            using (var reader = command.ExecuteReader())
            {
                while (reader.Read()) // 最後まで読み終わるとfalseが返る
                {   // DbDataReaderのインデクサーを使うとobject型でデータを取り出せる
                    Console.WriteLine($"id:{reader[0]}, name:{reader[1]}, addresse:{reader[2]}");
                }
            }
        }
        catch (Exception e)
        {
            Console.Error.WriteLine(e);
        }
    }
}
```

226 動的にSQLを組み立てて テーブルからデータを取得したい

StringBuilder | DbConnection.CreateCommand | DbCommand.CommandText |
DbCommand.ExecuteReader | DbDataReader.Read | DbCommand.Parameters |
DbParameter.Value

関連	220	データベースとの接続を確立したい	P.334
	225	テーブルからデータを取得したい	P.346

利用例	テーブルからデータを取り出す

DbParameterを利用するSQLを組み立てる

　プログラムで動的にSQLを組み立てる場合の問題の1つは、与えられたパラメーターを正しくエスケープ処理をするのが難しいことです。

　難しいことについては自分でプログラムするのではなく、プログラムに処理させるのが賢明です。したがって、常にDbParameterを利用するSQLを組み立てるようにしましょう。

　次の例は、selectの条件をカラム名と値のTupleのリストで与えられた場合のSQLの組み立て方を示したものです。

●与えられたカラム名と値のパラメーターを元にSQLを組み立てる

```
// selectのキーをカラム名と値のTupleのリストで与えられるものとする
var args = new List<Tuple<string, object>> {
    Tuple.Create("name", (object)"ボブ"),
    Tuple.Create("address", (object)"東京")
};
// connは接続済みのDbConnectionオブジェクト
using (var command = conn.CreateCommand())
{
    if ((args?.Count ?? 0) > 0) // argsが与えられていて空でなければ条件を組み立てる
    {
        var sql = new StringBuilder("select * from TempTable where ");
        foreach (var t in args)
        {
            // 「カラム名=@カラム名 and 」を作る。「@カラム名」がパラメーター名となる
            // SQL Server以外はパラメーター名を?とするので「カラム名=? and 」を作る
            // ここでは無条件にandで結合するが、3つ組のTupleで3番目のアイテムに
            // 論理演算子を持たせるようにしても良い
            // StringBuilder利用時は変数とリテラルによってAppendを分離する
```

```csharp
            sql.Append(t.Item1).Append("=@").Append(t.Item1).Append(" and ");
            // CommandTextより前にDbParameterを設定しても問題ない
            var param = command.CreateParameter();
            param.ParameterName = "@" + t.Item1;
            // 汎用DbTypeを指定する
            // (通常動的なSQLが必要な処理はクリティカルな速度が要求されない
            // ので暗黙の型変換を利用する。型を指定する例は レシピ227 を参照)
            param.DbType = DbType.Object;
            // パラメーター値を設定する。文字列であれば適切にエスケープされる
            param.Value = t.Item2;
            command.Parameters.Add(param);
        }
        sql.Length = sql.Length - 5; // 余分な「 and 」5文字分を削除
        // 必要であればorder byを組み立てる
        // (このリストでは条件が一意となるため意味がない。あくまでも例である)
        sql.Append(" order by ");
        foreach (var t in args)
        {   // カラム名を列挙する
            sql.Append(t.Item1).Append(',');
        }
        sql.Length = sql.Length - 1; // 余分な「,」1文字分を削除
        sql.Append(" asc");
        command.CommandText = sql.ToString();
    }
    else
    {
        command.CommandText = "select * from TempTable";
    }
    try
    {
        var sql = new StringBuilder("select * from TempTable where ");
        foreach (var t in args)
        {
        using (var reader = command.ExecuteReader())
            // 以降、 レシピ225 と同様にDbDataReaderからの読み取り処理となる
```

227 テーブルを更新したい

| DbConnection.CreateCommand | DbCommand.CommandText |
| DbCommand.ExecuteNonQuery | DbParameter.DbType | DbParameter.Value |

関連	220 データベースとの接続を確立したい　P.334
	224 テーブルへデータを登録したい　P.343
	226 動的にSQLを組み立ててテーブルからデータを取得したい　P.348

| 利用例 | 指定したロウのカラムを更新する |

SQLのupdate文を利用する

テーブルを更新するには、SQLのupdate文を利用します。

updateはプログラムの処理上、更新対象のロウをパラメーターで指定する点でselect レシピ226 、更新値をパラメーターで指定する点でinsert レシピ224 に似ています。

updateを実行するには次の手順を取ります。

❶ DbConnectionオブジェクトを生成し、接続文字列を設定してからOpenメソッドを呼びます レシピ220 。

❷ DbConnectionオブジェクトのCreateCommandメソッドを呼び出してDbCommandオブジェクトを生成します。

❸ DbCommandオブジェクトのCommandTextプロパティに実行するupdate文を設定します。

❹ CommandTextに記述したパラメーターに対応するパラメーターオブジェクトをParametersプロパティに追加します。パラメーターオブジェクトは名前あるいは位置で操作します。

❺ ❹で設定した各パラメーターのValueプロパティにデータを設定します。

❻ ExecuteNonQueryメソッドを呼び出します。成功すると処理された行数が返ります。❹のパラメーターで指定したキーに対応するロウが存在しなければ0が、いくつかのロウが更新対象となれば更新したロウ数が返ります。

このときDbConnection、DbCommandはいずれもIDisposableを実装した廃棄する必要があるオブジェクトなのでusingステートメントを適用します。

13.2 SQLの実行

● テーブルを更新する

```csharp
// 型変換データ (.NET Frameworkの型をDbTypesの型へ変換するのに利用)
static List<Tuple<Type, DbType>> TypeList = new List<Tuple<Type, DbType>> {
        Tuple.Create(typeof(string), DbType.String),
        Tuple.Create(typeof(int), DbType.Int32),
        Tuple.Create(typeof(DateTime), DbType.DateTime)
};
...
// selectのキーをカラム名と値のTupleのリストで与えられるものとする
var keys = new List<Tuple<string, object>> {
    Tuple.Create("id", (object)1),
};
// 更新対象のデータをカラム名と値のTupleのリストで与えられるものとする
var vals = new List<Tuple<string, object>> {
    Tuple.Create("name", (object)"アリーチェ")
};
// connは接続済みのDbConnectionオブジェクト
using (var command = conn.CreateCommand())
{
    var sql = new StringBuilder("update TempTable set ");
    // 更新処理なのでvalsは必ず与えられる前提
    foreach (var t in vals)
    {
        // 「カラム名=@valカラム名,」を作る。「@valカラム名」がパラメーター名となる
        // SQL Server以外はパラメーター名を?とするので「カラム名=?,」を作る
        sql.Append(t.Item1).Append("=@val").Append(t.Item1).Append(',');
        var param = command.CreateParameter();
        // SQL Server用にパラメータ名を設定する
        param.ParameterName = "@val" + t.Item1;
        // SQL ServerはDbType.Objectを指定すると更新値のデータ型が文字列などの場合に
        // 暗黙のデータ変換エラーとなるのでテーブルとプログラムの両方の仕様から適切な
        // 設定を行うようにする
        // ここではnvarcharカラムに対してなのでDbType.Stringを設定する
        // 適切な型がなければSingleで例外となるのでTypeListに追加するか
        // valsの設定値を修正する
        param.DbType = TypeList.Where(td => td.Item1.IsInstanceOfType(t.
                Item2)).Single().Item2;
        // 値を最初から設定する。文字列であれば適切にエスケープされる
        param.Value = t.Item2;
        command.Parameters.Add(param);
    }
    sql.Length = sql.Length - 1;  // 余分な「,」を削除
    if ((keys?.Count ?? 0) > 0)   // argsが与えられていて空でなければ条件を組み立てる
```

```
        {
            sql.Append(" where ");
            foreach (var t in keys)
            {
                // 「カラム名=@keyカラム名 and 」を作る。「@カラム名」がパラメーター名となる
                // SQL Server以外はパラメーター名を?とするので「カラム名=?and 」を作る
                sql.Append(t.Item1).Append("=@key").Append(t.Item1).Append
                    (" and ");
                var param = command.CreateParameter();
                param.ParameterName = "@key" + t.Item1;
                param.DbType = DbType.Object;  // 汎用DbTypeを指定する
                // 値を最初から設定する。文字列であれば適切にエスケープされる
                param.Value = t.Item2;
                command.Parameters.Add(param);
            }
            sql.Length = sql.Length - 5;  // 余分な「 and 」5文字分を削除
        }
        command.CommandText = sql.ToString();
        try
        {
            var ret = command.ExecuteNonQuery();
            Console.WriteLine($"{ret} row(s) affected");
        }
        catch (Exception e)
        ...
```

　上のプログラムでは、レシピ226 で示した動的なSQLの組み立てを利用しています。SQL Serverの場合はカラムの型（たとえばvarcharやnvarchar）によってはDbType.Objectから暗黙の型変換が行われません。このためDbParameterのDbTypeプロパティを設定値によって変更しています。

> **NOTE**
>
> **暗黙の型変換**
>
> 　SQL Serverが暗黙の型変換を許可しない場合、エラー257を返します。
>
> 　入力について暗黙の型変換を行うデータベースサーバーであれば、DbParameter.DbTypeプロパティにDbType.Objectを設定してデータベースサーバーに型変換を任せるほうが汎用性があります。

228 トランザクションを利用したい

DbConnection.BeginTransaction | DbCommand.Transaction | DbTransaction.Commit | DbTransaction.Rollback

関連	227 テーブルを更新したい P.350
利用例	すべての更新処理が完了するまで更新をデータベースに反映させない

トランザクションの利用手順

データベースのトランザクションを利用するには次の手順を取ります。

❶ DbConnection.BeginTransactionを呼び出し、返送されたDbTransactionオブジェクトを保持します。

❷ DbConnection.CreateCommandで作成したDbCommandオブジェクトのTransactionプロパティに❶のDbTransactionを設定します。

❸ DbCommandを利用してSQLを発行します。

❹-1 すべての更新が完了したら❶のDbTransactionオブジェクトのCommitメソッドを実行します。

❹-2 もし途中で例外やエラーが発生したら❶のDbTransactionオブジェクトのRollbackメソッドを実行します。

DbTransactionはDbConnection、DbCommand、DbDataReaderと同じくIDisposableインターフェイスを持つクラスです。利用時はusingステートメントを使います。

下のプログラムは レシピ227 のコードにトランザクションを追加したものです。ただし一部の処理は省略しています。

●updateにトランザクションを利用する

```
var fac = DbProviderFactories.GetFactory("System.Data.SqlClient");
using (var conn = fac.CreateConnection())
{
    conn.ConnectionString = SqlExpress;
    conn.Open();
    // トランザクションを開始する
    // DbTransactionはIDisposableなのでusingステートメントを利用する
    using (var transaction = conn.BeginTransaction())
```

```
using (var command = conn.CreateCommand())
{
    // DbCommandにトランザクションを設定する
    // 設定しないとInvalidOperationException例外となる
    command.Transaction = transaction;
    var sql = new StringBuilder("update TempTable set ");
    ...
    command.CommandText = sql.ToString();
    try
    {
        var ret = command.ExecuteNonQuery();
        Console.WriteLine($"{ret} row(s) affected");
        // すべての更新処理が完了したらコミットする
        transaction.Commit();
    }
    catch (Exception e)
    {
        Console.Error.WriteLine(e);
        // 例外となったのでロールバックし、それまでの更新はなかったことにする
        transaction.Rollback();
    }
}
```

DbTransactionはBeginTransactionメソッドを呼び出したDbConnectionをConnectionプロパティに保持します。反面、DbConnectionはDbTransactionに関するプロパティを持ちません。

このため、DbCommandを作成する自前のファクトリメソッドを作成する場合は、DbTransactionをファクトリメソッドの引数とします。

●DbCommandを作成するファクトリメソッド

```
DbCommand CreateCommand(DbTransaction tx)
{
    var command = tx.Connection.CreateCommand();
    command.Transaction = tx;
    return command;
}
...
using (var transaction = connection.BeginTransaction())
using (var command = CreateCommand(transaction))
{
    ...
}
```

229 データオブジェクトにレコードを転送したい（データベースのロウをオブジェクトとしてアクセスしたい）

| System.Data.Linq.DataContext | DataContext.ExecuteQuery | .NET Framework 3.5 |

| 関連 | — |
| 利用例 | ロウデータをオブジェクトとしてアクセスすることでコードのドキュメント性を高める |

Linq.DataContextを利用する

System.Data.Linq.DataContextを利用すると、テーブルからselect文で読みだしたロウをオブジェクトとしてアクセスできます。

```
using System.Data.Linq;
class UseDataContext
{
    const string SqlExpress = @"Data Source=.¥SQLEXPRESS;Integrated Security=SSPI;DataBase=master";
    // ターゲットとするテーブルとカラム名とデータ型を合わせたクラスを用意する
    // 利用しないカラムについてはプロパティを用意する必要はない
    class Person
    {
        internal int Id { get; set; }
        internal string Name { get; set; }
        internal string Address { get; set; }
    }
    static void Main()
    {
        var fac = DbProviderFactories.GetFactory("System.Data.SqlClient");
        using (var conn = fac.CreateConnection())
        {
            conn.ConnectionString = SqlExpress;
            conn.Open();
            // DataContextのインスタンスを作成する
            // IDisposableなのでusingステートメントで利用する
            using (var context = new DataContext(conn))
            {
                // DataContext.ExecuteQuery<T>はIEnuerable<T>を返す
                // 引数はselect文
                foreach (var person in context.ExecuteQuery<Person>(
                    "select * from TempTable"))
                {
```

```csharp
                Console.WriteLine($"Id:{person.Id}, Name:{person.Name}, ↵
Address:{person.Address}");
            }
            Console.WriteLine("-------------------");
            // DataContext.ExecuteQuery<T>には
            // 引数のSQLに{0}...{n}を埋め込みn+1個のパラメーターを与えることも可能
            foreach (var person in context.ExecuteQuery<Person>(
                "select * from TempTable where id={0} or Name={1}", 1,
                "チャーリー"))
            {
                Console.WriteLine($"Id:{person.Id}, Name:{person.Name}, ↵
Address:{person.Address}");
            }
        }
    }
}
```

> **NOTE**
>
> ### DataContext.ExecuteQuery<T>で取得した
> ### IEnumerable<T>を利用する際の注意点
>
> 　DataContext.ExecuteQuery<T>から返されたIEnumerable<T>は、DataContextが内部的に持つリーダーオブジェクトを使って、列挙の都度データベースから転送されます。このため、すべてのロウを読み込んでから処理を行うより効率的です。その反面、プログラムからIEnumerable<T>にアクセス可能なのは、DataContextが有効でかつ他のExeucteQuery実行前の時点に限定されます。
>
> 　それよりも後に処理を行うのであれば、IEnumerable<T>のToListやToArrayメソッドを呼び出してListか配列へ保存する必要があります（using System.Linq;が必要です）。ただしロウ数によっては大量のメモリ消費や対象の全ロウ読み込みに要する時間がかかったりするため、ナイーブに実装することは推奨できません。その場合は、OpenしていないDbConnectionオブジェクト（接続文字列を設定する必要があります）をDataContextへ与え、DbConnectionのオープン／クローズ管理をDataContextに行わせます。その際は、該当DbConnectionオブジェクトを他の用途に利用できない点と、DbConnection、DataContextのいずれにもusingステートメントを適用してはならない点に注意してください。

PROGRAMMER'S RECIPE

第 14 章

LINQ

本章のすべてのコードは特に断り書きがない限り
using System;
using System.Linq;
が必要です。
レシピ234 から レシピ245 ではEnumerableクラスが提供する拡張メソッドについて取り上げます。これらは拡張メソッドのため、実際にプログラムで利用する場合は、第1パラメーターに与えるオブジェクトの型によって適用可否が決まります。このため利便性を考えてキーワードは「適用可能型.拡張メソッド名」と記述しています。
実際にはこれらのメソッドはEnumerableクラスが提供する拡張メソッドです。

230 XMLのアクセスにLINQを使いたい

System.Xml.Linq | XElement   .NET Framework 3.5

関　連	—
利用例	XMLから情報を取得する

XElementクラスを利用する

LINQを使ってXMLを読むには、System.Xml.Linq.XElementクラスを利用します。

XElementを使うには以下の手順を取ります。

❶-1　XElement.Load静的メソッドにXMLが入ったStream、TextReader、ファイル名の文字列またはXmlReaderを与えます。

❶-2　XElement.ParseメソッドにXMLの文字列を与えます。

❷ルート要素のXElementが返るので操作します。

●XMLから情報を得る

```
// using System.Xml.Linq;が必要
var source = @"<?xml version=""1.0""?>
<works>
  <work>
    <title>魔都</title>
    <author>久生十蘭</author>
  </work>
  <work>
    <title>ハムレット</title>
    <author>久生十蘭</author>
  </work>
</works>
";
// XML文字列はXElement.Parseでオブジェクト化する
// Parseはルート要素のXElementを返す
// XElement.Element()は子要素の列挙(IEnumerable<XElement>)を返す
foreach (var title in XElement.Parse(source).Elements()
           // XElement.Element(XName)は指定した名前の最初の子要素を返す
           // XName.Get(string)でXNameを作成する
```

```
            // XElement.Valueは内包するテキストを返す
        .Where(e => e.Element(XName.Get("author")).Value == "久生十蘭")
        .Select(e => e.Element(XName.Get("title")).Value))
{
    Console.WriteLine(title);  // => 魔都(改行)ハムレット(改行)
}
```

関連するクラスのプロパティ/メソッド

XMLの読み取りに関連する主なクラスのプロパティ/メソッドを表14.1および表14.2に示します。

表14.1 XElementクラスの主要メンバー

名前	種類	型	内容
Name	プロパティ	string	要素名
Parent	プロパティ	XElement	親要素
Value	プロパティ	string	テキスト
Attribute(XName)	メソッド	XAttribute	指定した最初の属性
Attributes()	メソッド	IEnumerable<XAttribute>	属性の列挙
Attributes(XName)	メソッド	IEnumerable<XAttribute>	指定した属性の列挙
Element(XName)	メソッド	XElement	指定した最初の子要素
Elements()	メソッド	IEnumerable<XElement>	子要素の列挙
Elements(XName)	メソッド	IEnumerable<XElement>	指定した子要素の列挙

表14.2 XAttributeクラスの主要メンバー

名前	種類	型	内容
Name	プロパティ	string	要素名
Parent	プロパティ	XElement	親要素
Value	プロパティ	string	テキスト

XNameオブジェクトについて

XNameを作成するには、Get静的メソッドを利用します。

ネームスペースがある場合は、以下のいずれかの方法でXName.Get静的メソッドを呼び出します。

```
Get(ローカル名, ネームスペース名);  // または Get("{ネームスペース名}ローカル名");
```

231 配列のアクセスにLINQを使いたい

System.Linq	.NET Framework 3.5
関連	—
利用例	配列のフィルタリングにLINQを利用する

System.Linqをusingする

System.Linqをusingすれば配列はLINQの対象となります。

```
string[] array =
{
    "sun", "mon", "TUE", "wed", "Thu", "fri", "sat"
};
// ファイルからパラメーターを読み込んで配列に格納したことを想定する
var wrong = array.Where(s => char.IsUpper(s[0]));
// 先頭が大文字のデータが存在すれば
if (wrong.Count() > 0)
{   // 該当するデータを出力する
    Console.WriteLine($"wrong literal: {string.Join(",", wrong)}"); // => ↵
TUE,Thu
}
```

232 NameValueCollectionをLINQで使いたい

| NameValueCollection | IEnumerable.Cast<T> | .NET Framework 3.5 |

| 関連 | — |
| 利用例 | WebResponseから取得したヘッダ変数をLINQで処理する |

コレクションにLINQが適用できない場合はIEnumerable<T>を作る

　NameValueCollectionとその派生クラスは、旧型のコレクション（IEnumerable）なのでLINQを適用できません。
　このような場合以下の手順でIEnumerable<T>を作ります。

❶ Keys（またはAllKeys）プロパティに拡張メソッドのCast<T>をキーの型を指定して適用します。

❷ Castメソッドが返すIEnumerable<T>のSelectメソッドを呼び出します。Selectに与えるラムダ式で、引数に与えられたキーを元のNameValueCollectionに適用して値を取得し、キーと値のペアを格納する匿名クラスかタプルを返します。

❸ ②によってキーと値のペアのIEnumerable<T>が得られるので、以降は通常通りにLINQで記述します。

● WebResponseのHeadersプロパティ（WebHeaderCollection）にLINQでアクセスする

```
// using System.Net;が必要
// URIを与えてHttpWebRequestを生成する
var req = WebRequest.CreateHttp("http://example.com/");
req.UserAgent = "testagent";
req.Accept = "*/*";
// Webサーバーからレスポンスを得る
using (var resp = req.GetResponse())
{
    // WebResponse.HeadersはWebHeaderCollectionなのでそのままではLINQを適用できない
    // Cast<string>を呼び出してキーのIEnumerable<string>を得る
    foreach (var h in resp.Headers.Keys.Cast<string>()
        // Selectを呼び出してキーと値の匿名クラスのオブジェクトに変換する
        .Select(k => new { Key = k, Values = resp.Headers.GetValues(k) })
        // キーにContentが含まれるものを抽出する
        .Where(kv => kv.Key.IndexOf("Content") >= 0))
    {
```

```
        // Valuesはstring[]なのでstring.Joinを使って全要素を出力する
        Console.WriteLine($"{h.Key}: {string.Join(",", h.Values)}");
    }
}
// 出力（例）
// Content-Length: 1270
// Content-Type: text/html
```

MEMO

233 LINQ式の途中で内容をコンソール出力したい

| Console.WriteLine | is | System.Void | .NET Framework 3.5 |

| 関連 | — |
| 利用例 | デバッグ時にLINQの途中での列挙内容をコンソールに出力する |

LINQの途中に出力処理を挿入する

　LINQは列挙対象の要素を順に関数に与えてその結果の真偽によってフィルタリングしたり、変換されたオブジェクトによって置き換えたりしながら処理を進めます。このため、Console.WriteLineのような値を返さないメソッドをラムダ式に記述しても通常は意味を持ちません。

　ただしデバッグなどの目的で列挙中の各要素の値を見たい場合があります。このような場合は、以下の例のように、Console.WriteLineがvoidであることを利用して、LINQの途中に出力処理を挿入できます。

●LINQの途中で列挙された要素をコンソールに表示する

```
using System;
using System.Linq;
#if DEBUG // 「warning CS0184: 式は指定された型 ('object') ではありません」を抑制
#pragma warning disable 184
#endif
class LinqCons
{
    static void Main()
    {
        // 1 ～ 10まで偶数の総和を求める
        Console.WriteLine(new int[] { 1, 2, 3, 4, 5, 6, 7, 8, 9, 10 }
#if DEBUG // デバッグコンパイル時のみ以下の行を有効とする
            .Where(e => !(Console.WriteLine($"original={e}") is object))
#endif
            .Where(e => e % 2 == 0)
#if DEBUG // デバッグコンパイル時のみ以下の行を有効とする
            .Where(e => !(Console.WriteLine($"after even = {e}") is object))
#endif
            .Sum()); // => 30
    }
}
```

```
// 出力
// original=1
// original=2
// after even = 2
// original=3
// original=4
...
// after even = 8
// original=9
// original=10
// after even = 10
// 30
//
// コンパイル方法
// csc /define:DEBUG Sample233.cs
```

Console.WriteLine(...)はvoidなので「is object」演算がfalseとなります。それに対して単項否定演算を行うことでtrueが得られます。結果としてすべての要素はWhereによるフィルタリングを通過して後続のメソッドを実行します。

> **NOTE**
> **「voidである」とは**
> voidは、System.Voidクラスのことです。C#ではオブジェクトを返さないメソッドの型としてのみ利用できます。

234 コレクション（配列）の総和を求めたい

| IEnumerable<T>.Sum | .NET Framework 3.5 |

関　連	—
利用例	—

IEnumerable<T>.Sumメソッドを利用する

IEnumerable<T>.Sumメソッドを使うと、総和を求められます。

● 配列内の数値の総和を求める

```
int[] data = { 1, 2, 3, 4, 5, 6, 7, 8, 9, 10 };
Console.WriteLine(data.Sum()); // -> 55
```

235 コレクション（配列）の集計値を得たい

| IEnumerable<T>.Aggregate | IEnumerable<T>.Min |
| IEnumerable<T>.Max | IEnumerable<T>.Average |

.NET Framework 3.5

| 関　連 | — |
| 利用例 | コレクションのすべての要素の計算結果を求める |

IEnumerable<T>.Aggregateメソッドとラムダ式を利用する

コレクションの集計処理を行うにはIEnumerable<T>.Aggregateメソッドを利用します。

Aggregateメソッドに与えるラムダ式は2つのパラメーターを持ちます。最初の引数は直前の要素までの計算結果です。2つ目の引数が現在の要素です。初回の呼び出し時は直前の要素までの計算結果がないため、Aggregateメソッドの第1パラメーターで指定した値がそのまま与えられます。

レシピ234 で示したSumをAggregateで実装すると、Aggregate(0, (previousResult, elem) => previousResult + elem)となります。

たとえば、int[] { 1, 2, 3 } にAggregate(0, (previousResult, elem) => previousResult + elem)を適用すると図14.1のように動作します。

図14.1 Aggregate(0, (previousResult, elem) => previousResult + elem)の動作

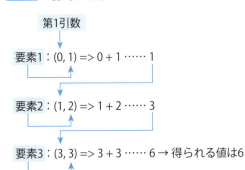

● **Aggregateと他の集計メソッドの関係**

```
int[] array = { 1, 2, 3, 4, 5 };
// 列挙の中で最も小さい値を返す(IEnumerable<T>.Min)
array.Aggregate((int?)null, (r, e) => (r == null) ? e : ((r < e) ? r : e))
    == array.Min();
// 列挙の中で最も大きい値を返す(IEnumerable<T>.Max)
array.Aggregate((int?)null, (r, e) => (r == null) ? e : ((r > e) ? r : e))
    == array.Max();
// すべての要素数を返す(IEnumerable<T>.Count)
array.Aggregate(0, (r, e) => r + 1) == array.Count();
// 列挙の算術平均を返す(IEnumerable<T>.Average)
array.Aggregate(0, (r, e) => r + e) / array.Count() == array.Average();
```

Aggregateメソッドの利用は数値のみに限定されません。下のプログラムは初期値としてStringBuilderオブジェクトを与えてバイト配列の各要素を16進文字列として結合します。

● **バイト配列を16進化文字列にする**

```
// using System.Text;が必要
byte[] array = { 1, 20, 32, 58, 200, 63 };
// StringBuilder.AppendFormatはStringBuilder自身を返すことを利用する
Console.WriteLine(array.Aggregate(new StringBuilder(),
                                  (r, e) => r.AppendFormat("{0,2:X2}", e)));
// 出力
// 0114203AC83F
```

236 コレクション（配列）の写像を作りたい

IEnumerable<T>.Select		.NET Framework 3.5
関 連	—	
利 用 例	オブジェクトのコレクションを元に、異なるオブジェクトの列挙を作成する	

IEnumerable<T>.Selectメソッドとラムダ式を利用する

IEnumerable<T>.Selectメソッドは、元の列挙の各要素をラムダ式の返り値で置き換えます。

●与えられたすべての数値を2倍する

```
int[] array = { 1, 2, 3, 4, 5 };
// Selectで各要素を2倍した列挙をstring.Joinで連結した文字列として出力
Console.WriteLine(string.Join(",", array.Select(e => e * 2)));
// 出力
// 2,4,6,8,10
```

ラムダ式内で匿名クラスを生成する

Selectに与えるラムダ式内で匿名クラスを生成すると、そのクラスのオブジェクトの列挙となります。

●与えられた文字列の最初の文字と長さからなるオブジェクトの列挙を作る

```
string[] array = { "abc", "xyz", "tuvw", "fg" };
foreach (var o in array.Select(e => new { First = e[0], Length = e.Length }))
{
    Console.WriteLine(o);
}
// 出力
// { First = a, Length = 3 }
// { First = x, Length = 3 }
// { First = t, Length = 4 }
// { First = f, Length = 2 }
```

237 コレクション（配列）をソートしたい

| IEnumerable<T>.OrderBy | IEnumerable<T>.Reverse | .NET Framework 3.5 |

関連	—
利用例	オブジェクトの列挙を指定したプロパティを元にソートする

IEnumerable<T>.OrderBy メソッドとラムダ式を利用する

IEnumerable<T>.OrderBy メソッドは、ラムダ式が返した値をキーとしてソートした結果の列挙を返します。

●与えられた文字列の最初の文字と長さからなるオブジェクトの列挙を作り、最初の文字でソートする

```
string[] array = { "abc", "xyz", "tuvw", "fg" };
foreach (var o in array.Select(e => new { First = e[0], Length = e.Length })
                       .OrderBy(e => e.First))  // Firstプロパティによってソートする
{
    Console.WriteLine(o);
}
// 出力
// { First = a, Length = 3 }
...
```

逆順ソートを行う方法

OrderBy は昇順のソートを行います。逆順ソートを求めるには、Reverse メソッドを後続させます。

●与えられた文字列の最初の文字と長さからなるオブジェクトの列挙を作り、最初の文字で降順ソートする

```
string[] array = { "abc", "xyz", "tuvw", "fg" };
foreach (var o in array.Select(e => new { First = e[0], Length = e.Length })
                       .OrderBy(e => e.First)    // Firstプロパティによって昇順に
                                                 // ソートする
                       .Reverse())               // 降順に変える
{
    Console.WriteLine(o);
}
// 出力
// { First = x, Length = 3 }
...
```

238 コレクション（配列）の先頭から指定した数または条件に合致する要素を取り出したい

| IEnumerable<T>.Take | IEnumerable<T>.TakeWhile | .NET Framework 3.5 |

関 連	―
利用例	オブジェクトの列挙を指定したプロパティを元にソートし、上位3個の要素を処理する

IEnumerable<T>.Takeメソッドを利用する

　IEnumerable<T>.Takeは列挙の先頭から引数で指定した要素数を取り出した列挙を返します。もし全体の要素数が指定数より小さい場合は、0を含む全要素の列挙となります。

● レシピ237 で得たソート済み列挙から先頭2オブジェクトを取り出す

```
string[] array = { "abc", "xyz", "tuvw", "fg" };
foreach (var o in array.Select(e => new { First = e[0], Length = e.Length })
                       .OrderBy(e => e.First)    // Firstプロパティによってソートする
                       .Take(2))                 // 先頭から2要素を取り出す
{
    Console.WriteLine(o);
}
// 出力
// { First = a, Length = 3 }
// { First = f, Length = 2 }
```

IEnumerable<T>.TakeWhileメソッドを利用する

　IEnumerable<T>.TakeWhileは列挙の先頭から与えたラムダ式がfalseを返すまで要素を列挙します。

● レシピ237 で得たソート済み列挙から長さが3以下の要素を列挙する

```
string[] array = { "abc", "xyz", "tuvw", "fg" };
foreach (var o in array.Select(e => new { First = e[0], Length = e.Length })
                       .OrderBy(e => e.First)    // Firstプロパティによってソートする
                       .TakeWhile(e => e.Length <= 3))  // 長さが3以下ならば列
挙を続ける
{
    Console.WriteLine(o);
}
```

```
// 出力
// { First = a, Length = 3 }
// { First = f, Length = 2 }   <= 3番目の{ First = t, Length = 4 }は長さが4なの
で2番目までで列挙が終了する
```

　IEnumerable<T>.TakeWhileには、ラムダ式に第2パラメーターとして0からのインデックス番号を与えるオーバーロードされたメソッドも用意されています。こちらのメソッドを利用して

```
array.TakeWhile((e, index) => index < 2)
```

のように第2パラメーターのみを条件とすると

```
array.Take(2)
```

と等しい結果となります。

239 コレクション(配列)から特定のクラスのオブジェクトを取得したい

| IEnumerable.OfType | Windows.Forms.Form.Controls | .NET Framework 3.5 |

| 関連 | — |
| 利用例 | Windowsフォーム上の特定クラスのプロパティのみを変更する |

IEnumerable.OfType<T>メソッドを利用する

　IEnumerable.OfType<T>メソッドは適用したコレクションからT型のオブジェクトのみを列挙します。

　このメソッドを利用すると、Windowsフォーム上の特定クラスの子コントロールのみを対象にした処理を簡潔に記述できます。

●フォーム上のすべてのラベルの文字色を赤にする

```
// Windowsフォーム内の処理
// FormクラスのControlsプロパティ(ControlCollectionクラス)には
// フォーム上の子コントロールが格納されている
foreach (var label in Controls.OfType<Label>()) // Labelオブジェクトのみを対象↵
とする
{
    label.ForeColor = Color.Red;                // 文字を赤に変更する
}
```

240 コレクション（配列）に条件を満たすオブジェクトが格納されているか調べたい

| IEnumerable<T>.Any | IEnumerable<T>.All | .NET Framework 3.5 |

関　連	—
利用例	コレクションが処理の前提条件を満たすか検証する

IEnumerable<T>.Anyメソッドとラムダ式を利用する

IEnumerable<T>.Anyメソッドはラムダ式がtrueを返すと、列挙を中止してtrueを返します。コレクション内に特定条件を満たす要素があるかどうかを調べるメソッドです。

●配列内に偶数が存在するかチェックする

```
int[] array = { 1, 3, 5, 9, 15, 20, 21 };
if (array.Any(e => e % 2 == 0))
{
    Console.WriteLine("偶数が混じっています");
}
// 出力
// 偶数が混じっています
```

IEnumerable<T>.Allメソッドとラムダ式を利用する

コレクション内にあるすべての要素が特定条件を満たすかどうかを調べるにはIEnumerable<T>.Allメソッドを利用します。

●すべての要素が偶数かチェックする

```
int[] array1 = { 1, 3, 5, 10 };
int[] array2 = { 2, 8, 50, 62 };
Console.WriteLine(array1.All(e => e % 2 == 0)); // => False
Console.WriteLine(array2.All(e => e % 2 == 0)); // => True
```

241 任意の条件でコレクション（配列）をフィルタリングしたい

| IEnumerable<T>.Where | .NET Framework 3.5 |

| 関連 | 242 インデックス番号を利用してコレクション（配列）をフィルタリングしたい P.375 |
| 利用例 | ディレクトリ内の特定サイズを超えるファイルを列挙する |

IEnumerable<T>.Whereメソッドとラムダ式を利用する

IEnumerable<T>.Whereメソッドは、与えたラムダ式がtrueを返した要素のみを残した列挙を返します。

●カレントディレクトリのサイズが1MBを超えるファイルを列挙する

```
// using System.IO;が必要
foreach (var file in new DirectoryInfo(".").EnumerateFiles() // カレントディ
レクトリ内のFileInfoを列挙
        .Where(f => f.Length > 1000000)) // サイズが1000000バイトを超えるものを残す
{
    Console.WriteLine($"name: {file.Name}, size: {file.Length}");
}
// 出力（サイズが1000000バイトを超えるファイルが出力される）
```

242 インデックス番号を利用してコレクション（配列）をフィルタリングしたい

IEnumerable<T>.Where	.NET Framework 3.5

関　連	241　任意の条件でコレクション（配列）をフィルタリングしたい　P.374
利用例	列挙内から中央周辺の要素のみを取り出す

IEnumerable<T>.Whereメソッドとラムダ式、インデックス番号を利用する

　IEnumerable<T>.Whereメソッドにはラムダ式に要素と共にインデックス番号を与える、オーバーロードされたメソッドがあります。
　レシピ241と同様に、ラムダ式がtrueを返した要素のみを残した列挙を返します。

●カレントディレクトリのファイルをサイズ順に並べ、中央から±1要素を取り出す

```
// using System.IO;が必要
var files = new DirectoryInfo(".").EnumerateFiles(); // カレントディレクトリ内の
FileInfoを列挙
var count = files.Count();
foreach (var file in files.OrderBy(f => f.Length)// サイズ順にソート
                  .Where((f, i) => i <= count / 2 + 1 && i >= count / 2 - 1))
{
    Console.WriteLine($"name: {file.Name}, size: {file.Length}");
}
// 出力（サイズ順にソートした中央値とその前後の3ファイルが出力される）
```

243 コレクション（配列）をフィルタリングした結果の1要素を利用したい

| IEnumerable<T>.Single | IEnumerable<T>.First | .NET Framework 3.5 |
| IEnumerable<T>.ElementAt | IEnumerable<T>.ElementAtDefault |
| IEnumerable<T>.DefaultIfEmpty |

| 関連 | 238 | コレクション（配列）の先頭から指定した数または条件に合致する要素を取り出したい | P.370 |
| | 241 | 任意の条件でコレクション（配列）をフィルタリングしたい | P.374 |

| 利用例 | フィルタリング結果の1要素を得る |

利用できるメソッド

　LINQの結果は通常列挙ですが、あらかじめWhere呼び出しの結果が1要素に絞り込めることがわかっている場合や、絞り込んだ結果であればどれでも良いので1要素だけを後続の処理で利用したい場合があります。

　このような場合は、表14.3のいずれかのメソッドを利用します。

表14.3 要素の取り出しメソッド

メソッド	特徴	例外
Single()	列挙内の唯一の要素	要素がないか2要素以上あるとInvalidOperationException例外
Single(Func<TSource, bool>)	指定したラムダ式がtrueを返した唯一の要素	要素がないか2要素以上がtrueになるとInvalidOperationException例外
SingleOrDefault()	列挙内の唯一の要素または既定値	既定値は通常参照型であればnull、構造体であれば0
SingleOrDefault(Func<TSource, bool>)	指定したラムダ式がtrueを返した唯一の要素または既定値	ラムダ式が2要素以上にtrueを返すとInvalidOperationException例外
First()	先頭要素	要素がなければInvalidOperationException例外
First(Func<TSource, bool>)	指定したラムダ式がtrueを返した最初の要素	要素がなければInvalidOperationException例外
FirstOrDefault()	最初の要素または既定値	
FirstOrDefault(Func<TSource, bool>)	指定したラムダ式がtrueを返した最初の要素または既定値	
ElementAt(int)	引数のインデックス値で指定した要素	引数が0未満または要素数以上ならArgumentOutOfRangeException

表14.3次ページへ続く

表14.3の続き

メソッド	特徴	例外
ElementAtOrDefault(int)	引数のインデックス値で指定した要素または指定インデックスが範囲外であれば既定値	

既定値となっているものは、参照型であればnull、数値であれば0、boolであればfalseです。

●配列から指定した数で割り切れる要素を取り出す。

```
int[] array = { 1, 2, 3, 4, 5 };
Console.WriteLine(array.Single(e => e % 3 == 0));    // => 3
Console.WriteLine(array.First(e => e % 2 == 0));     // => 2
// Console.WriteLine(array.Single(e => e % 2 == 0)); // => ↵
InvalidOperationException (複数要素)
// Console.WriteLine(array.Single(e => e % 9 == 0)); // => ↵
InvalidOperationException (要素なし)
Console.WriteLine(array.ElementAt(2));               // => 3
Console.WriteLine(array.ElementAtOrDefault(80));     // => 0 (intの既定値)
```

　列挙に要素が存在しない場合に既定値を与えるDefaultIfEmptyメソッドとSingleなどのメソッドを組み合わせると、*OrDefaultメソッドが返す通常の既定値であるnullや0以外のオブジェクトを既定値として利用できます。

●条件に合致した要素がなければ既定値を設定してSingleで取り出す

```
int[] array = { 1, 2, 3, 4, 5 };
Console.WriteLine(array.Where(e => e % 3 == 0)      // 列挙に3が存在する
                       .DefaultIfEmpty(-1)           // 列挙が空ではないので無視される
                       .Single());   // => 3         // Whereで選択した3が返る
Console.WriteLine(array.Where(e => e % 9 == 0)      // 列挙は空
                       .DefaultIfEmpty(-1)           // 空なので引数で指定した-1が↵
列挙に設定される
                       .Single());   // => -1        // DefaultIfEmptyで設定した↵
-1が返る
```

244 連番の配列やリストを作りたい

Enumerable.Range	.NET Framework 3.5
関連	—
利用例	連続した数値のコレクションや配列を作る

Enumerable.Range静的メソッドを利用する

　Enumerable.Range静的メソッドは、第1引数で指定したint値から開始する、第2引数で指定した個数の連番の列挙（IEnumerable<int>）を返します。

```
// 10から15までのint配列を作る
var array = Enumerable.Range(10, 6).ToArray(); // 10から6個で10, 11, 12, 13,
                                               // 14, 15の配列
foreach (var num in array)
{
    Console.WriteLine(num); // => 10(改行)11(改行)12(改行)13(改行)14(改行)15(改行)
}
```

245 LINQの結果にインデックス番号が欲しい

| IEnumerable<T>.Zip | .NET Framework 3.5 |

関連	244 連番の配列やリストを作りたい P.378
利用例	LINQの結果の各要素にインデックスを付番する

IEnumerable<T>.Zipメソッドとラムダ式を利用する

IEnumerable<T>.Zipメソッドは、2つの列挙の各要素を組み合わせてラムダ式を呼び出し、結果の値の列挙を作ります。

> **NOTE**
> 「Zip」という名称
> ジッパー（ファスナー）を締めるように2つのシーケンスを交互に組み合わせるためこの名前があります。

どちらかの列挙の要素数が少ない場合は、少ないほうに合わせられます。Zipメソッドの第1引数は元の列挙に組み合わせる別の列挙、第2引数は2引数のラムダ式です。ラムダ式の第1引数は元の列挙の要素で第2引数はZipの第1引数で指定した列挙の要素です。Zipメソッドはラムダ式が返したオブジェクトの列挙を返します。

ZipメソッドとEnumerable.Rangeメソッドを組み合わせると、列挙の要素とインデックスの組を作れます。

●後続の処理用に連番をジップする

```
string[] data = { "ab", "abc", "xyz", "aaaaa", "n", "abcd", "hi", "nnn" };
foreach (var pair in data.Where(e => e.Length > 2)          // 2文字よりも
大きい文字列を選択する
                         .Zip(Enumerable.Range(1, data.Length),// 1から元の
データ数までの連番を作る
                              (s, i) => Tuple.Create(i, s)))  // 連番と
Whereで選択した要素をタプルにする
{                                                            // （連番と要素
の順序を入れ替えているので注意）
    Console.WriteLine($"{pair.Item1}番目のアイテムは{pair.Item2}です");
}
```

```
// 出力
// 1番目のアイテムはabcです
// 2番目のアイテムはxyzです
// 3番目のアイテムはaaaaaです
// 4番目のアイテムはabcdです
// 5番目のアイテムはnnnです
```

　上の例ではZipメソッドの第1引数にRangeメソッドを利用して連番を渡しています。Rangeメソッドの第2引数で指定する数はdata.Lengthとしていますが、Zipメソッドの呼び出し時点ですべての連番が作られるのではないため、たとえばint.MaxValueであっても構いません。組み合わせ元となる列挙の要素数以上の連番が用意できることが重要です。

第 15 章

ネットワークと通信

本章では.NET Frameworkを利用したネットワーク
関連処理のレシピを取り上げます。
本章のすべてのコードは特に断り書きがない限り
using System;
using System.Net;
が必要です。

246 コンピューター名を取得したい

Environment.MachineName	Dns.GetHostName
関連	—
利用例	アプリケーション実行中のコンピューター名を表示する

静的プロパティを利用する方法

コンピューター名を取得する方法は複数あります。

LANで利用可能なコンピューター名（NetBIOS名）を取得するには、System.EnvironmentクラスのMachineName静的プロパティか、System.Windows.Forms.SystemInformationクラスのComputerName静的プロパティを参照します。

この2つについては内部処理が同じためまったく同じものが返ります。WindowsフォームアプリケーションでほかのほかもSystemInformationから取得するのであれば後者、それ以外のすべての場合においては前者を利用してください。

GetHostName静的メソッドを利用する方法

もう1つの方法は、TCP/IPのホスト名を取得する方法で、System.Net.DnsクラスのGetHostName静的メソッドを呼び出します。

System.Netネームスペースのクラスにホスト名を与える場合はこの方法で得られた値を利用するのが良いでしょう。

●コンピューター名（ホスト名）を表示する

```
using System;
using System.Net;
using System.Windows.Forms;
class ShowName
{
    static void Main()
    {
        Console.WriteLine(Environment.MachineName);          // NetBIOS名を表示
        Console.WriteLine(SystemInformation.ComputerName);   // NetBIOS名を表示
        Console.WriteLine(Dns.GetHostName());                // ホスト名を表示
    }
}
```

247 IPアドレスとMACアドレスを取得したい

NetworkInterface.GetAllNetworkInterfaces	IPGlobalProperties.GetUnicastAddressesは.NET Framework 4.0
IPInterfaceProperties.UnicastAddresses	IPAddress	PhysicalAddress	

関連	—
利用例	自IPアドレスを接続先ホストへ与えるために取得する

取得手順

IPアドレスとMACアドレスはコンピューターのネットワークインターフェイス（仮想を含むネットワークアダプタ）に依存します。

これを利用して次の手順でIPアドレスとMACアドレスを取得します。

❶ System.Net.NetworkInformation.NetworkInterfaceクラスのGetAllNetworkInterfaces静的メソッドを呼び出します。

❷ ①が返したNetworkInterfaceオブジェクトの、配列の各要素について以下を実行します。このとき、NetworkInterfaceTypeプロパティが、System.Net.NetworkInformation.NetworkInterfaceType列挙体のEthernet以外のものは無視します。

❸ GetIPPropertiesメソッドを呼び出してSystem.Net.NetworkInformation.IPInterfacePropertiesオブジェクトを取得します。

❹ a. IPv4のアドレスが必要な場合は、IPInterfacePropertiesオブジェクトのGetIPv4Propertiesメソッドを呼び出します。nullでなければIPv4の情報を保持しているのでUnicastAddressesプロパティ（System.Net.NetworkInformation.UnicastIPAddressInformationクラスのコレクション）を列挙します。

b. IPv6のアドレスが必要な場合は、IPInterfacePropertiesオブジェクトのGetIPv6Propertiesメソッドを呼び出します。nullでなければIPv4の情報を保持しているのでUnicastAddressesプロパティ（System.Net.NetworkInformation.UnicastIPAddressInformationクラスのコレクション）を列挙します。

❺ UnicastIPAddressInformationオブジェクトのAddressプロパティを参照してSystem.Net.IPAddressクラスのオブジェクトを取得します。

❻ IPAddressオブジェクトのAddressFamilyプロパティを参照します。System.Net.Sockets.AddressFamily列挙体が返るので、IPv4アドレスが必要な場合はAddressFamily.InterNetworkのものを、IPv6アドレスが必要な場合はAddressFamily.

InterNetworkV6のものを選択します。

❼ ⑥で選択したIPAddressオブジェクトのToStringメソッドを呼び出して可読表現を入手します。

❽MACアドレスを入手するには、④a.または④b.で選択されたNetworkInterfaceオブジェクトを利用します。

 a. GetPhysicalAddressメソッドを呼び出してSystem.Net.NetworkInformation.PhysicalAddressオブジェクトを取得します。

 b. PhysicalAddressオブジェクトのToStringメソッドを呼び出して可読表現を入手します。

> **NOTE**
>
> **MACアドレスの表記方法**
>
> 通常MACアドレスはバイト単位に「-」を入れて表現しますが、ToStringメソッドは単に16進化した文字列を出力します。以下のコードではBitConverter.ToStringメソッドをMACアドレスのバイト配列に対して適用しています。

●コンピューターで利用可能なIPv4およびIPv6アドレスを表示する

```
// using System.Net.NetworkInformation; using System.Net.Sockets;が必要

// すべてのネットワークアダプタを列挙する
foreach (var itf in NetworkInterface.GetAllNetworkInterfaces()
    // イーサネットタイプのものだけを選択する
    .Where(itf => itf.NetworkInterfaceType == NetworkInterfaceType.Ethernet)
    // 後続の処理が楽になるように必要な情報のみのオブジェクトを作成する
    .Select(itf => new { Name = itf.Name,
                         MacAddress = itf.GetPhysicalAddress(),
                         IPProperties = itf.GetIPProperties() })
    // IPアドレスを持つかどうかを判定する
    // GetIPv?Propertiesはそれぞれ返す型が異なるので本来は??では接続できない
    // ここではnullかどうかの判定なのでobjectにキャストして同時に判定している
    .Where(e => ((object)e.IPProperties.GetIPv4Properties()
             ?? (object)e.IPProperties.GetIPv6Properties()) != null))
{
    // アダプタ名とMACアドレスを出力する
    Console.WriteLine($"Name: {intf.Name}, MACAddress: {BitConverter.
ToString(intf.MacAddress.GetAddressBytes())}");
    // IPv4アドレスを表示する
    foreach (var address in intf.IPProperties.UnicastAddresses
        .Select(e => e.Address)
```

```
        .Where(e => e.AddressFamily == AddressFamily.InterNetwork))
    {
        Console.WriteLine($"IPv4 Address: {address}");
    }
    // IPv6アドレスを表示する
    foreach (var address in intf.IPProperties.UnicastAddresses
        .Select(e => e.Address)
        .Where(e => e.AddressFamily == AddressFamily.InterNetworkV6))
    {
        Console.WriteLine($"IPv6 Address: {address}");
    }
}
// 出力例
// Name: vEthernet (Hyper-V virtual interface), MACAddress: 00-xx-xx-xx-xx-xx
// IPv4 Address: 192.168.253.10
// IPv6 Address: xxxx::xxxx:xxxx:xxxx:xxxx%yy
```

GetUnicastAddressesメソッドを利用する方法

　.NET Framework 4以降であれば次のプログラムで示すように、利用可能なUnicastAddressInformationのコレクションをSystem.Net.NetworkInformation.IPGlobalPropertiesクラスのGetUnicastAddressesメソッドで取得できます。アダプタ情報等が不要な場合はこの方法が簡便です。

●利用可能なIPv4アドレスを取得する（.NET Framework 4以降）

```
// using System.Net.NetworkInformation;  using System.Net.Sockets; が必要
var address = IPGlobalProperties.GetIPGlobalProperties()
                    .GetUnicastAddresses()
                    // 以降の処理用にIPAddressオブジェクトの
                    // 列挙に変換する
                    .Select(e => e.Address)
                    // IPv4にここでは限定する (IPv6アドレスが
                    // 必要であれば条件を変える)
                    .Where(e => e.AddressFamily == AddressFamily.InterNetwork)
                    // この方法はループバックアドレス (127.0.0.1) が
                    // 含まれるので除外する
                    .Where(e => !IPAddress.IsLoopback(e))
                    // マルチホームコンピューターの場合は他の条件も要考慮
                    .First();
Console.WriteLine($"IPv4 Address: {address}");
```

248 ソケットを使って通信したい（サーバー）

TcpListener

関　連	249　ソケットを使って通信したい（クライアント）　P.388
利用例	TCP/IPを使って通信するサーバーを実装する

System.Net.Sockets.TcpListenerクラスを利用する

　TCP/IPは、リクエストを最初に送り接続の確立を要求するクライアントと、クライアントからの要求を受け付け接続を確立するサーバーに分けて実装します。通常、クライアントとサーバーの関係は多対1となりますが、1対1のプロトコルであっても要求を送る側と要求を待ち受ける側に分かれることには違いはありません。

　クライアントからの要求を待ち受けるには、System.Net.Sockets.TcpListenerクラスを以下の手順で使います。

❶TcpListenerクラスのコンストラクターにIPAddressオブジェクトと待ち受けに利用するポート番号を与えて生成します。またはTcpListener.Create静的メソッドに待ち受け用ポート番号を与えてTcpListenerのオブジェクトを生成します（.NET Framework 4.5以降）。

❷Startメソッドを呼び待ち受けを開始します。

❸AcceptTcpClientメソッドを呼びクライアントからの要求を受信するまで待機します。またはAcceptTcpClientAsyncを呼びクライアントからの要求を非同期で待ちます（.NET Framework 4.5以降）。

❹いずれかのAcceptTcpClientメソッドから取得したTcpClientオブジェクトのGetStreamメソッドを呼び出してReadまたはWriteメソッドでデータを転送します。

❺通信が完了したらTcpClientをClose（Dispose）します。

❻サーバー処理を終了するにはTcpListenerのStopメソッドを呼びます。

サーバーの実装例

　次のプログラムは、レシピ249 の簡易エコークライアントとペアでクライアントからの改行までのUTF-8文字列を受信し、受信した文字列をコンソールへ出力し、そのままクライアントへ送り返すサーバーの実装です。この実装は1つのクライアントと通信するとそのまま処理を終了します。

NOTE

実行時の注意点

実行すると通常の環境ではファイアウォールが実行を許可するか確認メッセージをポップアップします。動作を見るには許可してください。

●Sample248.cs：簡易エコーサーバー

```csharp
using System;
using System.IO;
using System.Net;
using System.Net.Sockets;
class Listener
{   // ここでは9020をポートとして利用する
    const int ServicePort = 9020;
    static void Main()
    {
        // マルチホームコンピューターでなければIPAdress.Anyを指定することで
        // 適切なIPアドレスを利用可能
        var listener = new TcpListener(IPAddress.Any, ServicePort);
        listener.Start();
        using (var client = listener.AcceptTcpClient())
        // NetworkStreamは読み書き両用のストリーム
        using (var stream = client.GetStream())
        {
            var reader = new StreamReader(stream);
            var line = reader.ReadLine();
            Console.WriteLine(line);
            var writer = new StreamWriter(stream);
            writer.WriteLine(line);
            // StreamWriter.Flushを呼び出してデータをすべて送信する
            writer.Flush();
        }
        listener.Stop();
    }
}
```

実際のプログラムではAcceptTcpClientメソッドで取得したTcpClientをワーカスレッドに与えたり非同期IOを利用したりして複数のクライアントをサポートします。

249 ソケットを使って通信したい（クライアント）

TcpClient

関　連	248　ソケットを使って通信したい（サーバー）　P.386
利用例	TCP/IPを使ってサーバーと通信する

System.Net.Sockets.TcpClientクラスを利用する

TCP/IPのクライアント側を実装するときに利用するのが、System.Net.Sockets.TcpClientクラスです。

以下の手順で利用します。

❶TcpClientのオブジェクトを生成します。

❷接続先ホストのIPアドレスとポート番号を指定してConnectメソッドまたはConnectAsyncを呼び出します。

❸GetStreamメソッドを呼び出して入出力用のNetworkStreamを取得します。

❹ ③で取得したストリームを利用してデータの読み書きを実行します。

❺Close（Dispose）します。

クライアントの実装例

次のプログラムは レシピ248 で実装したサーバーに対してHello Worldを送信して表示させ、送り返されたHello Worldを表示します。

●Sample249.cs：簡易エコークライアント

```
using System;
using System.IO;
using System.Net;
using System.Net.Sockets;
class Client
{   // ここでは9020をポートとして利用する
    const int ServicePort = 9020;
    static void Main()
    {
        using (var client = new TcpClient())
        {   // ループバックアドレスで接続可能
```

```
        client.Connect("127.0.0.1", ServicePort);
        // NetworkStreamは読み書き両用のストリーム
        using (var stream = client.GetStream())
        {
            var writer = new StreamWriter(stream);
            writer.WriteLine("Hello World");
            // StreamWriter.Flushを呼び出してデータをすべて送信する
            writer.Flush();
            var reader = new StreamReader(stream);
            var line = reader.ReadLine();
            Console.WriteLine(line);
        }
    }
  }
}
```

250 社内サーバーのネットワークドライブを利用したい

| InteropServices | WNetAddConnection3 | WNetCancelConnection2 | WinNetWk.h |

関　連	―
利用例	アプリケーション内でネットワークドライブをアサインする

▍テンポラリに1つのファイルのみを扱う場合

　ファイルサーバーと単独のファイルをやり取りする場合、アクセス時のユーザー名／パスワード入力がWindows認証によって不要化されていれば、UNCという記法を利用してリモートファイルをローカルファイルのようにアクセスできます。

　UNCは「￥￥サーバー名￥共有ディレクトリ名￥パス名」の形式で記述します。

▍ドライブのマウントやユーザー認証が必要な場合

　ユーザー名／パスワードの入力が必要である場合は、実行時に入力を求めるか、構成ファイルなどから取得して設定する必要があります。

　現時点では.NET Frameworkに該当する機能を実現するクラス／メソッドは提供されていないため、Win32 APIのWNetAddConnection3（ネットワークドライブのアサイン）とWNetCancelConnection2（ネットワークドライブの削除）をプラットフォーム呼び出しで利用する必要があります。

　なお、次の例で記述しているのは一部の定数のみです。完全な定数はMicrosoft SDKのWinNetWk.hヘッダファイルに定義されています。

● ネットワークドライブをアサインする

```
// using System.Runtime.InteropServices; が必要
// WinNetWk.hからC#用に変換した定数と構造体の定義
public enum ResourceScope : uint
{
    Connected = 0x1,
    // WNetAddConnection3では利用しないので以降省略
}
public enum ResourceType : uint
{
    Any = 0x0,
    Disk = 0x1,
```

```csharp
    // サンプルではDiskを利用する（以降省略）
}
public enum ResourceDisplayType : uint
{
    Generic = 0x0,
    // WNetAddConnection3では利用しないので以降省略
}
public enum ResourceUsage : uint
{
    Connectable = 0x1,
    // WNetAddConnection3では利用しないので以降省略
}
[StructLayout(LayoutKind.Sequential)]
public struct NetResource
{
    public ResourceScope dwScope;       // WNetAddConnection3では利用しない
    public ResourceType dwType;          // リソースタイプを指定する
    public ResourceDisplayType dwDisplayType; // WNetAddConnection3では利用しない
    public ResourceUsage dwUsage;       // WNetAddConnection3では利用しない
    public string lpLocalName;          // ドライブレターにアサインするときは指定
    public string lpRemoteName;         // 接続先をUNCで指定
    public string lpComment;            // 利用しない
    public string lpProvider;           // nullでWindowsのファイル共有が選択される
}

const int CONNECT_INTERACTIVE = 8;       // 認証処理をOSに実行させる
const int CONNECT_UPDATE_PROFILE = 1;    // 接続情報を記憶するときに利用
const int CONNECT_PROMPT = 0x10;         // CONNECT_INTERACTIVEと組み合わせて
                                         // GUIで認証入力を行う
const int CONNECT_COMMANDLINE = 0x0800;  // CONNECT_INTERACTIVEと組み合わせてコ
                                         // マンドラインで認証入力を行う
const int CONNECT_CMD_SAVECRED = 0x1000; // CONNECT_COMMANDLINEと組み合わせて認
                                         // 証情報を記憶させる

[DllImport("mpr.dll")]
// hWndOwner ……    Windowsフォームアプリケーションで
//                  ユーザー／パスワード入力ダイアログを表示するには
//                  Handleプロパティを与える
// lpNetResource … NetResource構造体を与える
// lpPassword      パスワード（入力プロンプトを使う場合はnull）
// lpUserName ……   ユーザー名（入力プロンプトを使う場合はnull）
// dwFlags ……      上で示したCONNECT_定数を指定する
static extern int WNetAddConnection3([In]IntPtr hWndOwner,
```

```
                                        [In]ref NetResource lpNetResource,
                                        [In]string lpPassword,
                                        [In]string lpUserName,
                                        [In]int dwFlags);
...
var info = new NetResource();
info.dwType = ResourceType.Disk;
// ドライブO:に接続（ドライブを利用しない場合は設定不要）
info.lpLocalName = "O:";
//（リモートログオンのみで後からUNCを利用するなら¥¥serverのみで良い）
info.lpRemoteName = @"¥¥server¥shared¥dir";
// ユーザー、パスワードを指定して接続する（接続を記憶しない）
var ret = WNetAddConnection3(IntPtr.Zero, ref info, "user", "password", 0);
// コンソールアプリケーションでユーザー／パスワードの入力を求める
var ret = WNetAddConnection3(IntPtr.Zero, ref info, null, null,
        CONNECT_INTERACTIVE | CONNECT_COMMANDLINE);
// Windowsフォームアプリケーションでユーザー／パスワードの入力を求める
var ret = WNetAddConnection3(Handle, ref info, null, null,
        CONNECT_INTERACTIVE | CONNECT_PROMPT);
```

●ネットワークドライブを削除する

```
// using System.Runtime.InteropServices;が必要
[DllImport("mpr.dll")]
static extern int WNetCancelConnection2([In]string lpName,
                                        [In]int dwFlags, // 0:次回ログオン時に
再接続 1:切断状態を記憶
                                        [In]bool fForce);// true:オープンして
いるファイルがあっても切断

// リモートログオンのみした（IPC$に接続した）サーバーの削除
var ret = WNetCancelConnection2(@"¥¥server", 0, true);
// ドライブレターなしでUNC接続したドライブの削除
var ret = WNetCancelConnection2(@"¥¥server¥share", 0, true);
// ドライブレター（以下では「O:」）に接続した場合の削除
var ret = WNetCancelConnection2("O:", 0, true);
```

251 IISの仮想ディレクトリの物理ディレクトリ名を知りたい（IIS内）

HostingEnvironment.ApplicationPhysicalPath	HostingEnvironment.QueueBackgroundWorkItem
関連	—
利用例	ASP.NETやWCF Webサービスからクライアントへファイルを転送する

ApplicationPhysicalPath静的プロパティを利用する

ASP.NETやIISにホストされているWCFサービスが、自分が動作しているWebアプリケーションのルートを取得するには、System.Web.Hosting.HostingEnvironmentクラスのApplicationPhysicalPath静的プロパティを参照します。

● App_Dataディレクトリの物理パスを得る

```
// using System.IO; using System.Web.Hosting; が必要
var info = new DirectoryInfo(Path.Combine(
        HostingEnvironment.ApplicationPhysicalPath, "App_Data"));
Console.WriteLine(info.FullName);
```

有用な他の静的プロパティ／メソッド

HostingEnvironmentクラスからは他にも、動作しているWebアプリケーションのサイト名を得るためのSiteName静的プロパティ、Webサーバーの他Webアプリケーションの仮想パスを物理パスに変換するMapPath静的メソッドなど、HostingEnvironmentを参照したWebアプリケーションのコンテキストにとって有用な情報を得るための静的プロパティ／メソッドが用意されています。

また、.NET Framework 4.5.2以降はASP.NETでクライアントからのリクエストとは独立してバックグラウンドで処理を実行するための、QueueBackgroundWorkItemメソッドが追加されています。このメソッドはASP.NETのシャットダウンを感知できるため、ワーカスレッドの実行よりは安全です。なお、確実に最後までバックグラウンド処理を実行するには、MSMQか独自のサービスを利用します。

252 リモートホストがネットワークに参加しているか知りたい

Ping	
関連	─
利用例	特定のホスト、IPアドレスにICMPエコーを送り応答を確認する

ICMPエコー（PING）を送信する

ネットワーク上のホスト、ルータなどアドレスが割り当てられているホストは、ネットワーク上に存在すればICMPエコー（いわゆるPING）に対して応答します。

.NET FrameworkでPINGを実行するには、System.Net.NetworkInformation.PingクラスのSendメソッドを利用します。

なお、パーソナルファイアウォールの設定でICMPエコーを無効化しているコンピューターについては、この方法ではオンライン状態を確認できないことに留意してください。

●指定されたIPアドレスにPINGを送る

```
var ping = new Ping();
// SendメソッドはIPAdressクラスのオブジェクトまたは文字列（アドレスかホスト名）を取る
var reply = ping.Send("192.168.253.111");
// Sendが返すPingReplyクラスはラウンドトリップ時間（ミリ秒）、ステータス（IPStatus
// 列挙体）などを保持する
Console.WriteLine($"Status:{reply.Status}, RoundtripTime:{reply.
RoundtripTime}");
// 成功時の出力例 => Status:Successe, RoundtripTime:3
// 失敗時の出力例 => Status:DestinationHostUnreachable, RoundtripTime:0
```

253 Web サーバーにアクセスしたい

WebRequest	HttpWebRequest		WebRequest.CreateHttp メソッドは .NET Framework 4.0
関連	—		
利用例	Web サーバーから HTML を取得する		

System.Net.HttpWebRequestを利用する

　.NET Frameworkは、Webサーバーへアクセスするために複数の方法を提供しています。ここでは最も応用範囲が広い（逆に言うと比較的低レベルな）System.Net.HttpWebRequestの利用方法を示します。

> **NOTE**
>
> **HttpWebRequestオブジェクトを生成するメソッド**
>
> 　このクラスは、.NET Framework 4より前のバージョンでは、WebRequest.Create(Uri)静的メソッドを使ったファクトリ方式の生成しかできず、ほとんどのユースケースで、返されたWebRequestオブジェクトをHttpWebRequestにキャストする必要がありました。.NET Framework 4以降はWebRequest.CreateHttp静的メソッドが追加されたため、本書のプログラムではCreateHttpメソッドを使います。

●http://example.com/のトップページを取得する

```
// using System.IO; が必要
// 指定したURIにリクエストするHttpWebRequestを作成する
var request = WebRequest.CreateHttp("http://example.com/");
// エラーステータスが欲しい場合はURIを http://example.com/not-exist などに変える
// .NET Framework 4.0よりも前は以下のようにする
// var request = WebRequest.Create("http://example.com/") as HttpWebRequest;
// User-Agentヘッダ値を設定する (サイトによっては必須)
request.UserAgent = "test requester";
// コンテンツタイプを問わない
request.Accept = "*/*";
// リダイレクトを自動追随する
request.AllowAutoRedirect = true;
// 例外処理はGetResponse呼び出し前に入れる
try
{
    // WebResponseは必ずusingステートメントで利用する
```

```csharp
    using (var response = request.GetResponse() as HttpWebResponse)
    {   // 返されたコンテンツがテキストならStreamReaderを使って読み取る
        if (response.ContentType.IndexOf("text") >= 0)
        {
            using (var reader = new StreamReader(response.GetResponseStream()))
            {
                Console.WriteLine(reader.ReadToEnd());
            }
        }
        else
        {
            Console.WriteLine("binary data");
        }
    }
}
catch (WebException e) // WebExceptionがスローされた場合は詳細情報が取得できる
{
    if (e.Status == WebExceptionStatus.ProtocolError)
    {   // HTTPのエラーステータスが返送されたので理由を調べる
        // http://exmple.com/に続けて適当な値を入れると
        // 404 (Not Found) が返るので確認できる
        // Responseは必ずusingステートメントで利用する
        using (var response = e.Response as HttpWebResponse)
        {
            Console.WriteLine($"HTTP status: {response.StatusCode}, {response.StatusDescription}");
            // エラー内容を示すHTMLが返されている可能性があるので読み取る
            if (response.ContentType.IndexOf("text") >= 0)
            {
                using (var reader = new StreamReader(
                    response.GetResponseStream()))
                {
                    Console.WriteLine(reader.ReadToEnd());
                }
            }
        }
    }
    else
    {
        Console.WriteLine($"exception while fetching from example.com {e.Status}");
    }
}
```

254 自己署名証明書を使っているWebサーバーにHTTPSでアクセスしたい

ServicePointManager.ServerCertificateValidationCallback	
関　連	―
利用例	テスト用の自己署名証明書を使っているサーバーとHTTPSで通信する

AuthenticationExceptionを独自に検証する方法

　HTTPSでは接続の開始時にサーバーの提示したサーバー証明書の正当性が検証されます。このときにサーバーが提示した証明書の正当性を検証できない場合（つまり、そのサーバーが正しい接続先だと認められない場合）、WebException（内容はAuthenticationException）がスローされて通信に失敗します。

　System.Net.ServicePointManagerクラスのServerCertificateValidationCallback静的イベントにコールバックを登録すると.NET Frameworkによる検証後に独自の検証処理を追加できます。

●Sample254.cs：接続先ホストが提示した証明書のフィンガープリントが既知のものであれば接続を許可する

```
using System;
using System.IO;
using System.Net;
using System.Net.Security;
class VerifyTestCert
{
    // 既知のテスト証明書のフィンガープリント
    const string ExpectedFingerprint = "4F-F6-5E-E3-CE-B0-99-BD-68-6D-AD-BA-EC-16-B8-D1-5C-30-75-6A";

    // 静的コンストラクターでServicePointMangerのコールバックを設定する
    static VerifyTestCert()
    {   // ServerCertificateValidationCallbackは.NET Frameworkによる検証後に
        // 呼び出されて、検証結果をオーバーライドできる
        ServicePointManager.ServerCertificateValidationCallback =
            // certはX509Certifacteクラスのオブジェクト
            // chainはX509Chainクラスのオブジェクト
            // sslPolicyErrosはSslPolicyErrors列挙体
            // trueを返すと接続処理が続行される。falseを返すと
            // WebExceptionがスローされる
            (sender, cert, chain, sslPolicyErros) => {
```

```csharp
            if (sslPolicyErros == SslPolicyErrors.None)
            {   // .NET Frameworkによってポリシーエラーが検出されていなければOK
                return true;
            }
            // エラーであっても証明書のハッシュが既知のフィンガープリントと
            // 一致していればOKとする
            return ExpectedFingerprint == BitConverter.ToString(
                    cert.GetCertHash());
        };
    }
    static void Main(string[] args)
    {   // 引数で接続先を変える
        var request = WebRequest.CreateHttp(args[0]);
        request.UserAgent = "sample web client";
        request.Accept = "*/*";
        using (WebResponse response = request.GetResponse())
        using (var reader = new StreamReader(response.GetResponseStream()))
        {
            Console.WriteLine(reader.ReadToEnd());
        }
    }
}
```

255 Webサーバーに Windows 認証や基本認証でアクセスしたい

| WebRequest.Credentials | NetworkCredential | CredentialCache.DefaultCredentials |

関連	—
利用例	Webサーバーの認証処理をプログラム的に処理する

認証に対してユーザー名／パスワードを与える方法

　BASIC認証、DIGEST認証、IISが提供するWindows認証に対してユーザー名／パスワードをプログラムから与えるには、HttpWebRequestクラスのCredentialsプロパティにCredentialオブジェクトを設定してからGetResponseメソッドを呼び出します。

●ユーザー／パスワードをリクエストに設定する

```
    var request = WebRequest.CreateHttp("http://example.com/");
    request.UserAgent = "sample web client";
    request.Accept = "*/*";
#if USE_LOGIN_USER  // Windows認証でログインユーザー／パスワードを利用する場合
    request.Credentials = CredentialCache.DefaultCredentials;
#else
    // それ以外の場合は、NetworkCredentialクラスにユーザー／パスワードを指定して与える
    request.Credentials = new NetworkCredential("username", "password");
#endif
    using (WebResponse response = request.GetResponse())
    using (var reader = new StreamReader(response.GetResponseStream()))
    {
        Console.WriteLine(reader.ReadToEnd());
    }
```

256 Webサーバーへファイルをアップロードしたい

WebClient.UploadFileAsync

関 連	―
利用例	ASP.NETで作ったファイルアップローダへファイルを送る

WebClientクラスを利用する

　System.Net.WebClientクラスのUplaodFile／UploadFileAsyncメソッドは、ASP.NETで開発するファイルを受信するプログラムと組み合わせることを前提としています。このため極めて簡単にファイルのアップロードを実現できます。ただし、このメソッドはHTMLの<input type="file">には対応していません。

　WebClientクラスはHttpWebRequestクラスよりも、Windowsフォームアプリケーションで使いやすいように非同期メソッドが充実しています。次のプログラムではUploadFileAsyncメソッドを使ってファイルをアップロードします。

●WebClientの非同期メソッドを使ってファイルをアップロードする

```
// using System.Threading; が必要
// コンソールで非同期処理を実現するために、メインスレッドを待機させるキー
var key = new object();
var client = new WebClient();
var prior = 0L;   // どこまで送れたかを示す変数
client.Headers.Add("User-Agent", "sample web client");
client.Headers.Add("Accept", "*/*");
// 送信状態が変化すると通知されるイベント
// 第2引数はUploadProgressChangedEventArgsクラスで送信状態を示すプロパティを持つ
client.UploadProgressChanged += (sender, e) => {
    lock (key)
    {
        if (prior < e.BytesSent) // 前回表示時よりも送れたら表示する
        {                        // 進行状況を示すプロパティ
            Console.WriteLine("sent:" + e.ProgressPercentage + "%, "
                      // 送信済みバイト数      // 総バイト数（ファイルサイズ）
                    + e.BytesSent + "/" + e.TotalBytesToSend);
            prior = e.BytesSent;
        }
    }
};
// 送信が完了したら通知されるイベント
// 第2引数はUploadFileCompletedEventArgsクラスで完了状態を示すプロパティを持つ
```

```
client.UploadFileCompleted += (sender, e) => {
    // エラーが発生していなければ完了
    if (e.Error == null)
    {   // サーバーの応答ステータスをチェックする場合は、e.Resultを参照する
        Console.WriteLine("completed");
    }
    else
    {   // エラーを表示する
        Console.WriteLine(e.Error.ToString());
    }
    lock (key)
    {   // メインスレッドの実行を再開する(終了させる)
        Monitor.Pulse(key);
    }
};
lock (key)
{   // UploadFileAsyncの第1引数は接続先URI。第2引数は送信ファイルのパス名
    client.UploadFileAsync(new Uri("http://testserver/Upload.aspx"),
        "testdata.txt");
    Monitor.Wait(key),    // 送信が完了してMonitor.Pulseが呼ばれるまで待機する
}
client.Dispose();
```

●Sample256.aspx：ASP.NET側の受信処理

```
<%@ Import Namespace="System.IO"%>
<Script language="C#" runat="server">
void Page_Load(object sender, EventArgs e)
{
    foreach (var f in Request.Files.AllKeys)
    {   // WebClient.UploadFileが送信したファイルはRequest.Filesに格納される
        var file = Request.Files[f];    // HttpPostedFileクラスのオブジェクト
        // IISから書き込み可能なディレクトリに保存する
        file.SaveAs(Path.Combine(@"c:\testdata\uploads", file.FileName));
    }
}
</Script>
<html>
done
</html>
```

Windowsフォームアプリケーションで利用する場合

　Windowsフォームアプリケーションで利用する場合は、UploadProgressChangedイベントによってプログレスバーを操作すると良いでしょう（Invokeが必要です）。

257 Webサーバーからファイルをダウンロードしたい

WebClient.DownloadFileAsync

関　連	—
利用例	指定されたURIからコンテンツを取得してファイルとして保存する

利用するクラス／メソッド

　Webサーバーからコンテンツを取得してファイルへ保存するには、WebClientクラスのDownloadFile／DownloadFileAsyncメソッドを利用します。
　WebClientクラスは、Windowsフォームアプリケーションで使いやすいようにHttpWebRequestクラスよりも非同期メソッドが充実しています。次のプログラムではDownloadFileAsyncメソッドを使ってファイルをダウンロードします。

●WebClientの非同期メソッドを使ってファイルをダウンロードする

```
// using System.Threading; が必要
// コンソールで非同期処理を実現するために、メインスレッドを待機させるキー
var key = new object();
var client = new WebClient();
var prior = 0L;   // どこまで受信したかを示す変数
client.Headers.Add("User-Agent", "sample web client");
client.Headers.Add("Accept", "*/*");
// 送信状態が変化すると通知されるイベント
// 第2引数はDownoadProgressChangedEventArgsクラスで受信状態を示すプロパティを持つ
// （サーバーの応答によってすべてのプロパティに有効な値が設定されるわけではない）
client.DownloadProgressChanged += (sender, e) => {
    lock (key)
    {
        if (prior < e.BytesReceived)   // 前回表示時よりも受信していたら表示する
        {   // 進行状況を示すプロパティ
            Console.WriteLine("received:" + e.ProgressPercentage + "%, "
                              // 受信済みバイト数 / 総バイト数（ファイルサイズ）
                              + e.BytesReceived + "/" + e.TotalBytesToReceive);
            prior = e.BytesReceived;
        }
    }
};
// 受信が完了したら通知されるイベント
// 第2引数はDownloadFileCompletedEventArgsクラスで完了状態を示すプロパティを持つ
```

```
client.DownloadFileCompleted += (sender, e) => {
    // エラーが発生していなければ完了
    if (e.Error == null)
    {   // サーバーの応答ステータスをチェックする場合は、e.Resultを参照する
        Console.WriteLine("completed");
    }
    else
    {   // エラーを表示する
        Console.WriteLine(e.Error.ToString());
    }
    lock (key)
    {   // メインスレッドの実行を再開する(終了させる)
        Monitor.Pulse(key);
    }
};
lock (key)
{
    // WebClient.DownloadFileAsyncの第1引数は接続先URI。第2引数は保存先のパス名
    client.DownloadFileAsync(new Uri("http://example.com"), "example.html");
    Monitor.Wait(key);    // 受信が完了してMonitor.Pulseが呼ばれるまで待機する
}
client.Dispose();
```

258 Webサーバーからファイル／ページの情報を取得したい

HttpWebRequest.Method	WebRequestMethods.Http

関　連	―
利 用 例	ダウンロード前に更新日付が変更されているか確認する

HTTPのHEADメソッドを利用する方法

　HTTPでURIが示すリソースのメタデータ（ヘッダ変数）を取得するにはHEADメソッドを使います。

　HttpWebRequestでHTTPのメソッドを変更するには、Methodプロパティを利用します。設定値はWebRequestMethods.Httpクラスの静的フィールドを利用します。なお、HttpWebRequestクラスのMethodプロパティの初期値はGETです。

●コンテンツのヘッダ情報を参照する

```
var request = WebRequest.CreateHttp("http://example.com");
// HEADメソッドはWebRequestMethods.Http.Headを利用する
request.Method = WebRequestMethods.Http.Head;
request.UserAgent = "sample web client";
request.Accept = "*/*";
using (var response = request.GetResponse() as HttpWebResponse)
{
    // HEADメソッドはレスポンスヘッダ変数のみを返すため、GetStreamメソッドは使わない
    // コンテンツのバイト数(不定は-1)
    Console.WriteLine("Content-Length:" + response.ContentLength);
    // 文字コード
    Console.WriteLine("CharacterSet:" + response.CharacterSet);
    // コンテンツの種類
    Console.WriteLine("Content-Type:" + response.ContentType);
    // 最終更新日付
    Console.WriteLine("Last-Modified:" + response.LastModified);
    // 最終更新日付は実行しているWindowsのタイムゾーンに調整済みのものが与えられる
}
```

> **NOTE**
> サーバーによるHEADとGETの扱いの違い
> 　サーバーによってはHEADとGET（コンテンツの取得）に同じ応答を利用するものもあります。

259 WebサーバーからWebRequestで圧縮されたレスポンスを受信したい

| HttpWebRequest.AutomaticDecompression | DecompressionMethods |

| 関連 | — |
| 利用例 | Webサーバーからデータを圧縮して受信する |

HttpWebRequestのAutomaticDecompressionプロパティを利用する

　HTTPでは、コンテンツの圧縮をクライアント側のAccept-Encodngヘッダ変数により要求できます。サーバーが圧縮をサポートしている場合、Content-Encodingヘッダに示された圧縮方法でコンテンツが返されます。

　圧縮に利用できるのはgzip、deflateで、いずれもテキストデータだと1/8程度には圧縮されます。圧縮／伸長に要する時間よりも通常はデータをネットワークで転送する速度のほうが遅いので、ほとんどの場合レスポンスタイムの短縮になります。

　HttpWebRequestのAutomaticDecompressionプロパティにDecompressionMethods列挙体で圧縮方法を指定すると、サーバーがサポートしている場合、コンテンツが圧縮されて応答されます。この場合、HttpWebResponse.GetResponseStreamを利用することで、特に意識せず圧縮されていない場合と同様に処理ができます。

●サーバーへコンテンツの圧縮転送を要求する

```
var request = WebRequest.CreateHttp("http://example.com");
request.UserAgent = "sample web client";
request.Accept = "*/*";
request.AutomaticDecompression  // GZipはDeflateにCRC-32によるチェックを追加したもの
    = DecompressionMethods.GZip | DecompressionMethods.Deflate;
using (WebResponse response = request.GetResponse())
using (var reader = new StreamReader(response.GetResponseStream()))
{
    Console.WriteLine(reader.ReadToEnd());
}
```

260 Webサーバーからレンジ指定でファイルをダウンロードしたい

HttpWebRequest.AddRange

関　連	259 WebサーバーからWebRequestで圧縮されたレスポンスを受信したい　P.405
利用例	巨大なファイルを分割して取得する

AddRangeメソッドを利用する

HTTPでは取得するコンテンツの範囲を指定できます。

HttpWebRequestでこの機能を利用するには、AddRangeメソッドで0からの取得開始位置と0からの取得終了位置（指定位置を含みます）を指定します。AddRangeメソッドで2番目の引数を指定しなかった場合は、1番目の引数で指定した位置から最後までの要求となります。

●先頭10バイトだけ読み込む

```
var request = WebRequest.CreateHttp("http://example.com");
request.UserAgent = "sample web client";
request.Accept = "*/*";
request.AddRange(0, 9);          // 0バイト目から9バイト目までの10バイトを要求
// request.AddRange(100);        // 100バイト目から最後までを要求
// request.AddRange(100, 100);   // 100バイト目から100バイト目までの1バイトを要求
using (var response = request.GetResponse() as HttpWebResponse)
using (var reader = new StreamReader(response.GetResponseStream()))
{
    Console.WriteLine(reader.ReadToEnd());
}
```

例外的な場合

Webサーバーによっては範囲指定をサポートしていないものもあります。その場合はAddRangeメソッドを呼び出してもコンテンツ全体の取得となります。

また、範囲指定と圧縮指定 レシピ259 の組み合わせは、圧縮ヘッダの扱いについて規定したHTTPの仕様に不備があるため、処理しないサーバーがほとんどです。また仮にレスポンスが返ってきても伸長できないことがあります。伸長できない場合は、全体を分割ダウンロードして、各データを伸長せずに保存、結合して最後に一括して伸長することで対応できます。したがって レシピ259 で示したAutomaticDecompressionは利用できません。

261 Webサーバーに非同期でアクセスしたい

System.Net.Http.HttpClient	.NET Framework 4.5
関連	—
利用例	Webサーバーからのレスポンスを待機せずに現在の処理を実行する

HttpClientクラスを利用する

System.Net.Http.HttpClientクラスは、レスポンスが返るまで待ち合わせするTaskを返す非同期実行機能を提供します。

●HttpClientの単純な利用

```
// using System.Net.Http; using System.Threading.Tasks; が必要
// HttpClientはIDisposableなのでusingステートメント内で利用する
using (var client = new HttpClient())
{
    // GetStringAsyncメソッドは指定したURLにGETリクエストを送り
    // レスポンスをTask<string>で返す
    var task = client.GetStringAsync("http://example.com");
    // レスポンスを受信したら表示する
    Task.Run(() => Console.WriteLine(task.Result));
    // Enterキーを押すまでメインスレッドに待機させる
    Console.ReadLine();
}
// コンパイル方法
// csc /r:System.Net.Http.dll Sample261.cs
```

HttpClientクラスに値を設定する

HttpClientクラスに対して認証情報や圧縮要求などを設定するには、HttpClientHandlerクラスのオブジェクトをコンストラクターへ与えます。

リクエストヘッダに値を設定するには2つの方法があります。1つはHttpClient.DefaultRequestHeadersプロパティに設定する方法です。もう1つは、HttpRequestMessageクラスのオブジェクトに設定してSendAsyncメソッドを使う方法です。後者の方法はリクエストメソッドも指定できます。次のプログラムでは後者の方法を示します。

> **NOTE**
>
> **HttpClientHandler の利用方法**
>
> 次の例ではHttpClientHandlerをusingステートメント内で利用しています。しかし非同期処理はどの時点が最終利用箇所か判別が難しいので、usingを利用するのが最善とは限りません。現実のプログラムでは最後の参照箇所の後でDisposeを呼び出すほうが良いと思います。

● リクエストヘッダを設定する

```
// using System.Net.Http; using System.Net.Http.Headers; using System.
Threading.Tasks; が必要
// HttpClientHandlerはIDisposableなのでusingステートメント内で利用
using (var handler = new HttpClientHandler {
        AutomaticDecompression = DecompressionMethods.GZip,
        Credentials = new NetworkCredential("username", "password") })
using (var client = new HttpClient(handler))
// リクエストメソッドとリクエストURIを指定してHttpRequestMessageクラスの
// オブジェクトを生成する
using (var request = new HttpRequestMessage(HttpMethod.Get, "http://example.
com"))
{
    // HttpRequestMessage.HeadersはHttpRequestHeadersクラスのオブジェクト
    // Acceptヘッダ変数(MediaTypeWithQualityHeaderValueクラス)を設定する
    request.Headers.Accept.Add(MediaTypeWithQualityHeaderValue.Parse("*/*"));
    // UserAgentヘッダ変数(ProductInfoHeaderValueクラス)を設定する
    // ProductInfoHeaderValueの第1引数は製品名、
    // 第2引数はコメント(バージョン)を指定する
    request.Headers.UserAgent.Add(new ProductInfoHeaderValue("Test-Client",
"1.0.0"));
    // SendAsyncはHttpResponseMessageクラスのオブジェクトを返す
    var task = client.SendAsync(request);
    // 完了するまで待機する
    var hrm = task.Result;
    // HttpResponseMessage.Headersプロパティは
    // HttpResponseHeadersクラスのオブジェクト
    Console.WriteLine(hrm.Headers);   // => レスポンスヘッダの変数が表示される
    // HttpResponseMessage.ContentプロパティはHttpContentクラスのオブジェクト
    // HttpContentクラスのオブジェクトを利用して、ヘッダ読み取り後、
    // コンテンツ読み取り中の時点で処理を行える
    // コンテンツを完全に取得するにはTask<string> ReadAsStringAsyncを呼び出す
    Console.WriteLine(hrm.Content.ReadAsStringAsync().Result);
        // => HTMLが表示される
}
// コンパイル方法
// csc /r:System.Net.Http.dll Sample261-2.cs
```

262 WebSocketでサーバーにアクセスしたい

System.Net.WebSockets.ClientWebSocket　　　　　.NET Framework 4.5

関連	271	デスクトップアプリケーションにWebSocketサーバー機能を付けたい　P.428
利用例		WebSocketサーバーとデータを送受する

ClientWebSocketクラスを利用する

　C#でWebSocketを使うには、System.Net.WebSockets.ClientWebSocketクラスを利用します。

　ClientWebSocketのすべてのメソッドはTaskを返す非同期メソッドです。

●送信メッセージを送り返すエコーサーバーとの通信例

```
// using System.Net.WebSockets; using System.Text; using System.Threading;
// および using System.Threading.Tasks; が必要
// WebSocketクライアントを作成する

// WebSocketクライアントはIDisposableだが、複数のスレッドで非同期に動作するため
// usingステートメントを適用するとかえって処理が煩雑になる可能性がある
// それを避けるため、ここでは最後の利用箇所で明示的にDisposeする
var cli = new ClientWebSocket();
// 認証が必要な場合、ClientWebSocket.Options.Credentialsプロパティに設定する。
// cli.Options.Credentials = new NetworkCredential("username", "password");

// 現在のログインユーザーを認証に利用する場合は、
// UseDefaultCredentialsプロパティをtrueにする
// cli.Options.UseDefaultCredentials = true;
// 注：http://example.comと違い、
// ws://example.comは状態コード200を返すためエラーとなる

// サーバーとの接続にはConnectAsyncを利用する。第1引数はUriクラスのオブジェクト、
// 第2引数はCancellationToken
// ここではキャンセルはしないのでCancellationToken.Noneを指定する（以下同様）
var conntask = cli.ConnectAsync(new Uri("ws://example.com"), CancellationToken.None);
Task.Run(() =>
    {
        // 接続が完了したら送信を行う
        conntask.Wait();
        Console.WriteLine("connected");
```

```csharp
        // SendAsyncの第1引数は送信バッファをArraySegment<byte>で指定する
        // 第2引数は、メッセージタイプをWebSocketMessageType列挙体で指定する
        // 第3引数は、最終メッセージかどうかを示すフラグ
        // 第4引数は、CancellationToken
        cli.SendAsync(new ArraySegment<byte>(
                Encoding.UTF8.GetBytes("websocket rocks")),
                WebSocketMessageType.Text,
                true,
                CancellationToken.None).Wait();  // 送信完了を待機する
        Console.WriteLine("sent");
    });
// 受信バッファを用意する
var buffer = new ArraySegment<byte>(new byte[500]);
var closetask = Task.Run(() =>
    {
        // 接続が完了したら受信を開始する(送信と多重化している点に注意)
        conntask.Wait();
        // ReceiveAsyncの第1引数は受信バッファをArraySegment<byte>で指定する
        //         第2引数は、CancellationToken
        var receiveTask = cli.ReceiveAsync(buffer, CancellationToken.None);
        // 受信が完了するまで待機する
        receiveTask.Wait();
        // ReceiveAsyncが返すTask<WebSocketReceiveResult>の
        // WebSocketReceiveResultには
        // バッファにコピーしたバイト長を示すCountプロパティ
        // 最終メッセージかどうかを示すEndOfMessageプロパティなどがある
        Console.WriteLine("recv:" + Encoding.UTF8.GetString(buffer.Array,
                0, receiveTask.Result.Count));
        // ここでは省略しているがreceiveTask.Result.EndOfMessageがfalseであれば
        // 再度ReceiveAsyncを呼び出す
        ...
        // CloseAsyncで接続を完了する
        // 第1引数はクローズステータスを示すWebSocketCloseStatus列挙体
        // (エラーではないのでEmptyを設定)
        // 第2引数はクローズステータスの説明文
        // 第3引数はCancellationToken
        return cli.CloseAsync(WebSocketCloseStatus.Empty, string.Empty,
                CancellationToken.None);
    });
Console.WriteLine("wait for closing");
closetask.Wait();    // CloseAsyncの完了を待機する
Console.WriteLine("end of session");
cli.Dispose();       // 最後に廃棄する
```

263 メールを送信したい

| System.Net.Mail | MailAddress | MailMessage | SmtpClient |

関連	268 バイト配列をBase64にエンコード／デコードしたい（バイナリデータを文字データとして送受信したい）P.422
利用例	メールを送信する

利用するクラス

.NET Frameworkでメールを送信するには、System.Net.Mailネームスペースのクラスを利用します。

メール送信の手順

メール送信の基本手順は以下となります。

❶差出人と宛先のそれぞれに対応するMailAddressクラスのオブジェクトを作成します。

❷ ①で作成した差出人と宛先を引数にしてMailMessageクラスのオブジェクトを作成します。

❸ ②で作成したオブジェクトのSubjectプロパティに件名、Bodyプロパティに本文を設定します。

❹SMTPサーバーとポート番号を引数にしてSmtpClientクラスのオブジェクトを作成します。

❺必要に応じてSmtpClientオブジェクトに認証設定を行います。

❻MailMessageクラスのオブジェクトを引数にしてSmtpClientオブジェクトのSendメソッドを呼び出します。

基本的な手順は以上ですが、日本語を利用する場合、特に送信先の環境が不明な場合は❸と❹が問題となります。1つの方法はUTF-8で押し通すことですが、現状では文字化けする環境があります。これを避けるために次の例ではISO-2022-JP（JISコード）を利用する方法を示します。注意が必要な点として、ISO-2022-JPにはWindowsのシフトJIS（Windows-31J）で利用可能な丸付き数字はもちろん、

UTF-8では当然利用可能な絵文字などが含まれないことが挙げられます。

●ISO-2022-JPを利用してメールを送信する

```csharp
// using System.IO; using System.Net.Mail; using System.Net.Mime;
// および using System.Text;が必要
// 頻繁に利用するのであらかじめISO-2022-JPのエンコーディングを用意する
static Encoding ISO2022JP = Encoding.GetEncoding("iso-2022-jp");
// メールヘッダ用にBエンコードした文字列を返すメソッド
static string HeaderEncode(string s)
{
    // 文字列をISO-2022-JPにエンコードしたものをBase64エンコードする
    var base64str = Convert.ToBase64String(ISO2022JP.GetBytes(s));
    return $"=?{ISO2022JP.BodyName}?B?{base64str}?=";   // Bエンコードの形式にする
}
static void Main()
{
    // 差出人のMailAddressを作る（注1）。第1引数はメールアドレス、省略可能な第2引数は表示名
    var from = new MailAddress("musashi@example.com", HeaderEncode("宮本武蔵拝"));
    // 宛先のMailAddressを作る
    var to = new MailAddress("seiju@example.com", HeaderEncode("吉岡清十郎殿"));
    // MailMessageを作る
    var msg = new MailMessage(from, to);
    // 件名を設定する
    msg.Subject = HeaderEncode("二本松の下で待つ");
    // メール本文のエンコーディングを指定する
    msg.BodyEncoding = ISO2022JP;
    // メール本文を設定する
    msg.Body = @"拝啓　時下益々のご清栄のこととお慶び申し上げます。
(中略)
ご武運を！
";
    // 送信に利用するSmtpClientを用意する。引数はSMTPサーバーとポート番号を指定する（注2）
    var cli = new SmtpClient("smtp.example.com", 587);
#if USE_WINDOWS_LOGIN
    // Windowsのログインユーザーで送信する場合はtrueを設定する
    cli.UseDefaultCredentials = true;
#else
    // Windowsのログインユーザーを利用しない場合はfalseを設定する
    cli.UseDefaultCredentials = false;
    // SMTPサーバーのユーザー／パスワードを設定する場合はNetworkCredentialクラスを利用
    cli.Credentials = new NetworkCredential("user", "password");
#endif
    // SSLで送信する場合はtrueを設定する
    cli.EnableSsl = false;
```

```
    try
    {
        cli.Send(msg);      // メールを送信する
    }
    catch (Exception e)
    {
        Console.WriteLine(e);
    }
}
```

注1) 送信元のSMTPサーバーのドメインと差出人のメールアドレスのドメインを変える場合は、メールアドレスのドメインに対する問い合わせに対してSPFレコードという送信元のSMTPサーバーのドメインが既知であることを示す設定が必要となります。

注2) SMTPサーバーのポート番号は本来25ですが、ISPによって既知のSMTPサーバー以外からの送信を遮断する設定が通常なされています。このため、クライアントPCからSTMPサーバーへ送信を依頼する場合にはサブミッションポート（587）の利用とSMTP認証の実施が一般に行われています。認証とともに利用するSMTPサーバーの仕様に基づいて設定してください。

MEMO

264 数値のエンディアンを変えたい

IPAddress.HostToNetworkOrder	
関連	―
利用例	他ホストから送られてきたファイルやネットワークデータを数値として利用可能とする

エンディアンを変換する方法

エンディアンを変換するには、次に示す2種類の方法があります。

- System.Net.IPAddressの変換メソッドを利用する
  （数値をネットワークバイトオーダーと交換する場合）
- Array.ReverseとBitConverterを組み合わせる
  （バイト配列のデータのエンディアンを交換する場合）

IPAddressの変換メソッドを利用する場合

次のプログラムは、IPAddressのHostToNetworkOrder、NetworkToHostOrder静的メソッドを利用してshort, int, longを実行中のコンピューターのエンディアンからネットワークバイトオーダー（ビッグエンディアン）に変換し、再度実行中のコンピューターのエンディアンに戻します。

●IPAddressクラスを利用してshort、int、longを変換する

```
short nativeShort = 32;
int nativeInt = 32;
long nativeLong = 32;
// HostToNetworkOrderメソッドを利用してネットワークバイトオーダーに変換する
var networkShort = IPAddress.HostToNetworkOrder(nativeShort);
var networkInt = IPAddress.HostToNetworkOrder(nativeInt);
var networkLong = IPAddress.HostToNetworkOrder(nativeLong);
// NetowrkToHostOrderメソッドを利用してホストコンピューターのエンディアンに変換する
Console.WriteLine(nativeShort == IPAddress.NetworkToHostOrder(networkShort));
// => True
Console.WriteLine(nativeInt == IPAddress.NetworkToHostOrder(networkInt));
// => True
Console.WriteLine(nativeLong == IPAddress.NetworkToHostOrder(networkLong));
// => True
```

15.4 データのエンコード／デコード

Array.ReverseとBitConverterを組み合わせる場合

次の例では、必要であればビッグエンディアンのデータが格納されたバイト配列をリトルエンディアンに変換した後に数値として取り出します。

●BitConverterとArray.Reverseを利用してshort、int、longを変換する

```
// byte[] bufferにはビッグエンディアンでデータが格納されている
// （0バイト目からshortの32、2バイト目からintの32、6バイト目からlongの32）
byte[] buffer = { 0, 32, 0, 0, 0, 32, 0, 0, 0, 0, 0, 0, 0, 32 };
// 実行中のコンピューターがリトルエンディアンを採用していたらエンディアンを変換する
if (BitConverter.IsLittleEndian)
{
    // shortをリトルエンディアンの並びに変換する
    Array.Reverse(buffer, 0, 2);
    // intをリトルエンディアンの並びに変換する
    Array.Reverse(buffer, 2, 4);
    // longをリトルエンディアンの並びに変換する
    Array.Reverse(buffer, 6, 8);
}
// BitConverter.ToInt* 静的メソッドを利用してshort, int, longに変換する
Console.WriteLine(BitConverter.ToInt16(buffer, 0)); // => 32
Console.WriteLine(BitConverter.ToInt32(buffer, 2)); // => 32
Console.WriteLine(BitConverter.ToInt64(buffer, 6)); // => 32
```

COLUMN　エンディアン

　エンディアンとは、複数バイトから構成される数値をコンピューターのメモリ上に並べる順序の流儀を指します（ちなみに、元々はガリバー旅行記に出てくる、卵の割り方を巡って対立している2つの派閥についての造語です）。

　たとえば、整数の350は256×1＋94なので0x01と0x5eの2つのバイトから構成されます。この2つのバイトを16ビット整数（short）として表現するときに、256の位から0x01 - 0x5eと並べる方法をビッグエンディアン、0の位から0x5e - 0x01と並べる方法をリトルエンディアンと呼びます。32ビット整数（int）ではビッグエンディアンであれば0 - 0 - 0x01 - 0x5eとなり、リトルエンディアンであれば0x5e - 0x01 - 0 - 0となります。

　.NET Framework（CLR）は、現在は主にx64、x86のリトルエンディアンマシンで実行されています。しかし本来はポータブルな仮想マシンです。したがって、エンディアンの変換の要不要は、上の「BitConverterとArray.Reverseを利用してshort、int、longを変換する」で利用しているようにBitConverter.IsLittleEndianプロパティを参照して決定すべきです。そのように記述すれば仮に今後ビッグエンディアンなコンピューターで実行する必要がでてきても、ソースの変更や再コンパイルが不要となる可能性が高まります。

265 オブジェクトとJSONをエンコード（デコード）したい

| DataContractJsonSerializer | ReadObject | WriteObject | DataContract | .NET Framework 3.5 |

| 関連 | — |
| 利用例 | JavaScriptで記述したクライアントやサーバーとデータを交換する |

JSONとは

JSONはJavaScriptのオブジェクト記法を標準化したデータ表現形式です。

DataContractJsonSerializerクラスを利用する

.NET FrameworkでJSONとオブジェクトを変換するにはSystem.Runtime.Serialization.Json.DataContractJsonSerializerクラスを利用します。

このとき変換対象のオブジェクトのクラスはSystem.Runtime.Serialization.DataContractAttributeによるマークアップが必要です。

```
// using System.IO; using System.Runtime.Serialization;
// using System.Runtime.Serialization.Json; using System.Text; が必要
// JSONと相互変換するクラスはDataContract属性でマークする
[DataContract]
class JsonOuter
{
    // 変換対象のプロパティはDataMember属性でマークする
    // Nameを指定することでJavaScriptの命名規約とC#の命名規約の両方を利用可能とする
    [DataMember(Name = "stringArray")]
    internal string[] StringArray { get; set; }
    [DataMember(Name = "innerObject")]
    internal JsonInner InnerObject { get; set; }
    [DataMember(Name = "intValue")]
    internal int IntValue { get; set; }
}
// 間接的に参照されるクラスについてもDataContract属性が必要
[DataContract]
class JsonInner
{
    [DataMember(Name = "timestamp")]
```

```csharp
        internal DateTime TimeStamp { get; set; }
        [DataMember(Name = "name")]
        internal string Name { get; set; }
}
// オブジェクトを生成する
var outer = new JsonOuter { StringArray = new string[] { "a", "b", "c" },
    InnerObject = new JsonInner { TimeStamp = DateTime.Now, Name = "Hello" },
    IntValue = 365 };
// ここではMemoryStreamを利用するがNetworkStreamやFileStreamも当然利用可能
using (var stream = new MemoryStream())
{
    // 直接の変換対象の型を指定してDataContractJsonSerializerオブジェクトを生成する
    // この場合、直接変換対象となるJsonOuterクラスを指定する
    var ser = new DataContractJsonSerializer(typeof(JsonOuter));
    // WriteObjectメソッドによってJSONにシリアライズされる（UTF-8でエンコーディングされる）
    ser.WriteObject(stream, outer);
    // 出力結果を参照
    Console.WriteLine(Encoding.UTF8.GetString(stream.ToArray()));
    // 読み込みのためにストリームの位置を0に戻す
    stream.Position = 0;
    // ReadObjectメソッドによって.NET Frameworkのオブジェクトが生成される
    var obj = ser.ReadObject(stream) as JsonOuter;   // ReadObjectはobject型
を返すのでasを利用する
    Console.WriteLine(obj.StringArray[1]);
    Console.WriteLine(obj.InnerObject.TimeStamp);
    Console.WriteLine(obj.InnerObject.Name);
    Console.WriteLine(obj.IntValue);
}
// 出力結果
// {"innerObject":{"name":"Hello","timestamp":"¥/Date(1457147996051+0900)
¥/"},"intValue":365,"stringArray":["a","b","c"]}
// b
// 2016/03/05 12:19:56
// Hello
// 365
```

> **COLUMN** ファイルからの読み取りで「予期しない文字 'i' が見つかりました。」例外が出る

メモ帳などで作成したJSONファイル（JSONの仕様でエンコーディングはUTF-8と決まっているため、日本語を含むファイルをANSIで出力した場合は処理できません）をDataContractJsonSerializerに読ませると次の例外が発生します。

```
---> System.Xml.XmlException: 予期しない文字 'i' が見つかりました。
```

これは実際には'i'ではなくUTF-8のBOMの先頭バイト0xefをLatin Small Letter i With Diaeresis（トレマのついたi）と誤認識したメッセージです。
これを避けるには、Streamを作成した直後に次のBOMをスキップする行を入れます。

●UTF-8のBOM3バイトをスキップする

```
using (var stream = new FileStream("json by notepad.txt", FileMode.Open...))
{
    stream.Position = (stream.ReadByte() == 0xef) ? 3 : 0;
    var object = serializer.ReadObject(fin) as TargetType;
    ...
```

なお、インターネットで送信されてくるJSONにBOMが付くことはないため（あれば送り側のバグです）、この考慮が必要なのはWindows上でのファイルの読み取り時のみです。

15.4 データのエンコード／デコード

266 データをURLエンコード／デコードしたい

HttpUtility.UrlEncode	HttpUtility.UrlDecode		WebUtility は .NET Framework 4.0
Uri.EscapeDataString	Uri.EscapeUriString	Uri.UnescapeDataString	WebUtility

関連	—
利用例	Webサーバーへ送信するクエリストリングをエンコードする

URLエンコードを利用する方法

　URLエンコードは、テキストをURI内のクエリ文字列やフォームの値として埋め込み可能な形式に変換するエンコードです。

　.NET Frameworkには、System.Web.HttpUtilityとSystem.Uriの2つのクラスがこの機能を提供しますが用途が異なります。

　なお.NET Framework 4以降は、デスクトップアプリケーション用にSystem.Web.HttpUtilityを代替可能なSystem.Net.WebUtilityが提供されています。デスクトップアプリケーションはWebUtilityを利用してください。

> **NOTE**
> **デスクトップアプリケーション**
> 　ここではASP.NET（WCF Webサービス）などのWebサーバー内で実行するアプリケーション以外という意味です。

●URLエンコード／デコード

```
// 空白やURIの予約文字やキーワードを含む文字列
const string FormValue = "space & symbols(:/][;+)";
// ディレクトリ名
const string PathValue = "Program Files (x86+)";
// ドメイン名
const string JpDomain = "ドメイン名例.JP";
// クエリ文字列（フォームデータ）の作成用
var encodedForm = HttpUtility.UrlEncode(FormValue);
// クエリ文字列（フォームデータ）の作成用(4.0)
// encodedForm = WebUtility.UrlEncode(FormValue);
Console.WriteLine(encodedForm);   // => space+%26+symbols(%3a%2f%5d%5b%3b%2b)
var encodedForm2 = Uri.EscapeDataString(FormValue);  // クエリ文字列の作成も可能
```

```
Console.WriteLine(encodedForm2);  // => space%20%26%20symbols(%3A%2F↵
%5D%5B%3B%2B)
var encodedPath = Uri.EscapeUriString(PathValue);     // URIをエスケープするのに利用
Console.WriteLine(encodedPath);   // => Program%20Files%20(x86+)
var encodedDomain = Uri.EscapeUriString(JpDomain);    // URIをエスケープするのに利用
Console.WriteLine(encodedDomain); // => %E3%83%89%E3%83%A1%E3%82%A4%E3%83%B3%E↵
5%90%8D%E4%BE%8B.JP
// クエリ文字列／フォームデータのデコード
var plainForm = HttpUtility.UrlDecode(EncodedFormValue);
// クエリ文字列／フォームデータのデコード (4.0)
// plainForm = WebUtility.UrlDecode(EncodedFormValue);
Console.WriteLine(plainForm);     // => space & symbols(:/][;+)
plainForm = Uri.UnescapeDataString(EncodedFormValue);   // 利用してはならない
Console.WriteLine(plainForm);     // => space+&+symbols(:/][;+)  ……  +をデコード↵
しない
// Uriクラスが生成した文字列はOK
var plainForm2 = Uri.UnescapeDataString(EncodedFormValue2);
Console.WriteLine(plainForm2);    // => space & symbols(:/][;+)
var plainPath = Uri.UnescapeDataString(EncodedPath);
Console.WriteLine(plainPath);     // => Program Files (x86+)
var plainDomain = Uri.UnescapeDataString(EncodedDomain);
Console.WriteLine(plainDomain);   // => ドメイン名例.JP
```

> **NOTE**
>
> **「+」の扱いの違いに注意**
>
> 　上の例からわかるように、HttpUtility.UrlEncode (WebUtility.UrlEncode) ／ HttpUtility.UrlDecode (WebUtility.UrlDecode) は「+」の扱いがHTTPのクエリストリングの値やx-www-form-urlencodedの値の形式にそっています。このため、Webクライアントから POST されたフォームデータやクエリストリングのデータを解析する場合は、UriクラスのUnescape*ではなく、HttpUtility (WebUtility) のUrlDecodeを利用する必要があります。
>
> 　x-www-form-urlencodedの値については以下を参考にしてください。
> 　　🔗 https://www.w3.org/TR/html5/forms.html#url-encoded-form-data

267 データをHTMLエンコード／デコードしたい（HTML出力用に文字列をエスケープしたい）

HttpUtility | WebUtility		WebUtilityは.NET Framework 4.0
関連	—	
利用例	HTMLに表示する文字列をエスケープする	

利用する静的メソッド

　System.Web.HttpUtility.HtmlEncode静的メソッドは、HTMLのテキスト文字列内のタグに利用する文字をエスケープします。

　HttpUtility.HtmlDecode静的メソッドは逆に、HTMLエンコードされた文字列を元の文字列に復元します。

　デスクトップアプリケーションは.NET Framework 4以降であればSystem.Net.WebUtilityクラスの同名メソッドを利用してください。

> **NOTE**
> デスクトップアプリケーション
> 　ここではASP.NET（WCF Webサービス）などのWebサーバー内で実行するアプリケーション以外、という意味です。

●文字列をHTMLエンコード／デコードする

```
const string xml = "<sample attr=¥"attributeValue¥">sample&test</sample>";
const string js = "<script>alert('今日は!');</script>";
var encoded = HttpUtility.HtmlEncode(xml);
//   encoded = WebUtility.HtmlEncode(xml);      // 4.0 (desktop)
Console.WriteLine(encoded); // => &lt;sample attr=&quot;attributeValue&quot;
&gt;sample&amp;test&lt;/sample&gt;
var decoded = HttpUtility.HtmlDecode(encoded);
//   decoded = WebUtility.HtmlDecode(encoded);  // 4.0 (desktop)
Console.WriteLine(decoded); // => <sample attr="attributeValue">sample&test
</sample>
encoded = HttpUtility.HtmlEncode(js);
//   encoded = WebUtility.HtmlEncode(js);       // 4.0 (desktop)
Console.WriteLine(encoded); // => &lt;script&gt;alert(&#39;今日は!&#39;);&lt;
/script&gt;
decoded = HttpUtility.HtmlDecode(encoded);
//   decoded = WebUtility.HtmlDecode(encoded);  // 4.0 (desktop)
Console.WriteLine(decoded); // => <script>alert('今日は!');</script>
```

268 バイト配列をBase64にエンコード／デコードしたい（バイナリデータを文字データとして送受信したい）

| Convert.ToBase64String | Convert.FromBase64String |

| 関　連 | 263　メールを送信したい　P.411 |
| 利用例 | バイトデータを標準的な手法で文字列にする |

Base64とは

　Base64は、0～255のバイナリデータを64種類の英数字のみを用いて表現するエンコードです。主にSMTPなどの7ビット透過（8ビット目は不透過）な通信を前提に用いられますが、事実上のバイナリデータをテキスト化するための標準エンコードなので、証明書やXMLに格納するバイナリデータなどにも利用されています。

> **NOTE**
> **Base64で使われる英数字**
> 　正確には0-9、A-Z、a-zに「+」と「/」を加えた64文字とパディングに「=」を使います。

エンコード／デコードに利用するメソッド

　.NET Frameworkでは、System.ConvertクラスのToBase64String静的メソッドとFromBase64String静的メソッドを利用してエンコード／デコードします。

● バイト配列を、Base64を利用して文字列化する

```
byte[] b = { 0, 1, 2, 3, 4, 5, 6, 180, 190, 200, 255 };
var str = Convert.ToBase64String(b);
Console.WriteLine(str);                         // => AAECAwQFBrS+yP8=
var restored = Convert.FromBase64String(str);
Console.WriteLine(BitConverter.ToString(restored));// => 00-01-02-03-04-05↵
-06-B4-BE-C8-FF
```

269 デスクトップアプリケーションにWebサービスを付けたい

| System.ServiceModel.Web.WebServiceHost | WebHttpBinding | .NET Framework 3.5 |
| WebHttpBehavior |

| 関連 | 270 デスクトップアプリケーションにWebサーバー機能を付けたい　P.425 |
| 利用例 | プログラムにダイアログ機能や実行時の状態チェック機能をWebサービスとして実装する |

WebServiceHostクラスを利用する

System.ServiceModel.Web.WebServiceHostクラスを利用して、WCF RESTサービスをアプリケーションに実装できます。

利用方法は以下の手順です。

❶サービスを提供するクラスを定義します。
　シングルトンで実行（単一のオブジェクトがすべてのリクエストを処理）するかリクエストの都度オブジェクトを生成するかによってServiceBehaviorAttributeのInstanceContextModeプロパティにInstanceContextMode列挙体のSingleかPerCallを指定します。

❷WebServiceHostのオブジェクトを作成します。第1引数にはSingleであればサービスを実行するオブジェクト、PerCallであればクラスの型を指定し、第2引数以降でサービスを受け付けるURIのルートを指定します。

❸セキュリティ設定が必要であれば、WebServiceHostのAddServiceEndpointメソッドにWebHttpSecurityを設定したWebHttpBindingオブジェクトを与えます。

❹WebServiceHostのOpenメソッドを呼び出します。

❺終了時にWebServiceHostのCloseメソッドを呼び出します。

次の例は、http://実行しているホスト/webhost/test/名前 でブラウザにアクセスすると、「{"hello":"hello 名前!"}」を返す簡単なWCF RESTサービスです。

●Webサービス例

```
using System;
using System.Net;
using System.Runtime.Serialization;
using System.ServiceModel;
```

```csharp
using System.ServiceModel.Description;
using System.ServiceModel.Web;
class WebHost
{
    // Webサービスを実行するクラスの属性。単一オブジェクトで処理をする場合はSingleを指定する
    [ServiceContract,
     ServiceBehavior(InstanceContextMode = InstanceContextMode.Single)]
    class Service
    {
        [DataContract]              // 応答に利用するクラス
        class ResultData
        {
            [DataMember(Name = "hello")]
            internal string Hello { get; set; }
        }
        [OperationContract]         // サービスメソッドにはOperationContract属性を付
加する
        // HTTP GETで実行する。URIはサービスのURIに/test/{name}を付加する
        // nameはメソッド引数となる
        // レスポンスにはJSONを利用する
        [WebGet(UriTemplate = "test/{name}", ResponseFormat = WebMessage
Format.Json)]
        ResultData TestMethod(string name)
        {
            return new ResultData { Hello = $"hello {name}!" };
        }
    }
    static void Main()
    {
        // Webサービスのホスト機能を作成する
        var host = new WebServiceHost(
                new Service(),  // シングルトンタイプの場合オブジェクトを与える
                new Uri("http://localhost/webhost"));  // サービスのURIベース
        // Windows認証を設定する
        var binding = new WebHttpBinding();
        binding.Security = new WebHttpSecurity {
                Mode = WebHttpSecurityMode.TransportCredentialOnly,
                Transport = new HttpTransportSecurity {
                    ClientCredentialType = HttpClientCredentialType.Windows }};
        host.AddServiceEndpoint(typeof(Service), binding, string.Empty);
        host.Open();            // Openメソッドの呼び出しでサービスを開始する
        Console.ReadLine();     // Enterキーを押すまでバックグラウンドでサービスを実行する
        host.Close();           // Closeメソッドの呼び出しでサービスを終了する
    }
}
```

270 デスクトップアプリケーションに Webサーバー機能を付けたい

| System.Net.HttpListener | HttpListenerContext |

関連	269 デスクトップアプリケーションに Web サービスを付けたい　P.423
利用例	アプリケーションに Web サーバー機能を付けて実行状態を取得できるようにする

HttpListener クラスを利用する

　System.Net.HttpListener クラスは、基本的な Web サーバー機能を提供します。このクラスを利用すると簡単に Web サーバーを内蔵できます。

　HttpListener クラスが提供するのは レシピ269 の WebServiceHost とは異なり低レベルな Web サーバー機能なので、プログラムはクライアントからのリクエストとレスポンスを意識して実装します。

●Sample270.cs：簡易的な Web サーバーの実装例

```
using System;
using System.IO;
using System.Net;
using System.Threading.Tasks;
class WebListener
{   // クライアントリクエストを処理するメソッド
    // HttpListenerContextはリクエスト（HttpListenerRequest）とレスポンス
    // （HttpListenerResponse）を持つ
    static void ProcessRequest(HttpListenerContext context)
    {   // HttpListenerRequest.UrlプロパティからリクエストURLを取得できる
        Console.WriteLine(context.Request.Url);  // URLに応じて処理を振り分ける
        using (var resp = context.Response)
        {   // HttpListenerResponseは主要なヘッダ変数や応答ステータスに相当するプロ
パティを持つ
            resp.ContentType = "text/html";
            resp.StatusCode = (int)HttpStatusCode.OK;
            // レスポンスデータは、HttpListenerResponse.OutputStreamに対して出力する
            using (var writer = new StreamWriter(resp.OutputStream))
            {
                writer.WriteLine(@"<!DOCTYPE html>
<html>
<body>OSVersion:" + Environment.OSVersion
 + "<br/>ProcessorCount: " + Environment.ProcessorCount
+ @"</body>
```

```
</html>");
        }
    }
    static void Main()
    {
        using (var listener = new HttpListener())
        {   // Windows認証を設定する
            listener.AuthenticationSchemes = AuthenticationSchemes.↵
IntegratedWindowsAuthentication;
            // 待機するURIを登録する
            listener.Prefixes.Add("http://+:80/httplistener/"); // 「+」はホス↵
ト名の指定を無視する
            listener.Start();    // サービスを開始する
            Task.Run(() => // ワーカスレッドでクライアントからのリクエストを待機する
            {
                for (;;)
                {
                    // リクエストを待つ
                    HttpListenerContext ctx = listener.GetContext();
                    // リクエストが来たら別のワーカスレッドで処理メソッドを呼ぶ
                    Task.Run(() => ProcessRequest(ctx));
                }
            });
            Console.ReadLine(); // Enterキーが押されるまでバックグラウンドでサー↵
バー処理を実行
        }
    }
}
```

> **NOTE**
>
> **URIの事前登録**
>
> レシピ270 ～ レシピ272 は、いずれも内部的にレジストリへ待ち受けるURIを登録します。このため、管理者権限で実行しないと「アクセスが拒否されました」例外となります。
> ユーザー権限でサンプルを実行するには、あらかじめ管理者権限で次のコマンドを実行して、URIと実行ユーザーを登録してください。
>
> ●(コマンド)
> ```
> netsh http add urlacl url=http://+:80/ディレクトリ/ user=ユーザー名
> ```
>
> たとえば レシピ272 の場合であれば
>
> ●(コマンド)
> ```
> netsh http add urlacl url=http://+:80/webhost/ user=ユーザー名
> ```
>
> となります。
> 詳細については、以下のコマンドを実行して表示されるヘルプを参照してください。
>
> ●(コマンド)
> ```
> netsh http add urlacl /?
> ```

271 デスクトップアプリケーションに WebSocket サーバー機能を付けたい

`HttpListenerContext.AcceptWebSocketAsync`
`HttpListenerWebSocketContext`

.NET Framework 4.5

関連	262 WebSocketでサーバーにアクセスしたい　P.409
	270 デスクトップアプリケーションにWebサーバー機能を付けたい　P.425
利用例	WebSocketサーバー機能を実装する

HttpListenerクラスを利用する

WebSocketサーバーを実装するには、レシピ270 で利用したSystem.Net.HttpListenerを使います。

● Sample271.cs：WebSocketサーバーの実装例

```
using System;
using System.Net;
using System.Net.WebSockets;
using System.Threading;
using System.Threading.Tasks;
class WsListener
{
    // クライアントからのテキストデータを受信してエコーバックする
    async static void Echo(HttpListenerContext hlc)
    {
        // クライアントからの接続を受け付ける。引数にはサブプロトコル名を指定する
        // サブプロトコルを決めていない場合はnullを指定する
        var tctx = await hlc.AcceptWebSocketAsync(null);
        // AcceptWebSocketAsyncが返すHttpListenerWebSocketContextの
        // WebSocketプロパティを利用する
        using (var ws = tctx.WebSocket)
        {
            // レシピ262 を参照
            var buffer = new ArraySegment<byte>(new byte[500]);
            // WebSocketReceiveResultを待機する
            var r = await ws.ReceiveAsync(buffer, CancellationToken.None);
            // 受信したデータ長（WebSocketReceiveResult.Countプロパティ）を
            // 送信対象とする
            await ws.SendAsync(
                new ArraySegment<byte>(buffer.Array, 0, r.Count),
                WebSocketMessageType.Text,
                true,
```

```
                    CancellationToken.None);
            await ws.CloseAsync(
                    WebSocketCloseStatus.Empty, string.Empty,
                    CancellationToken.None);
        }
    }
    static void Main()
    {
        using (var listener = new HttpListener())
        {   // Windows認証を設定する
            listener.AuthenticationSchemes = AuthenticationSchemes.
                    IntegratedWindowsAuthentication;
            // ws://localhost/wslistener/ で接続可能とする
            listener.Prefixes.Add("http://+:80/wslistener/");
            listener.Start();
            // ワーカスレッドでクライアントからの接続を受け付ける
            Task.Run(() =>
            {
                for (;;)
                {
                    Echo(listener.GetContext());
                }
            });
            Console.ReadLine(); // Enterキーを押すまで待機する
        }
    }
}
```

272 ファイルのハッシュを求めたい

| System.Security.Cryptography.HashAlgorithm | SHA256 | MD5 |

| 関　連 | ― |
| 利用例 | ファイルのハッシュを求めて変更がないかチェックする |

利用するクラス

　ハッシュを求めるには、System.Security.Cryptographyネームスペースのハッシュ用クラスを利用します。これらのクラスは実装するハッシュアルゴリズムに基づいて命名されています。たとえばMD5クラスやRIPEMD160クラスなどです。

　次の例では、SHA256を利用したハッシュの求め方を示します。呼び出すメソッドは共通の基底クラス（HashAlgorithmクラス）で決められているため、他のハッシュ用クラスでも同様に利用できます。

●SHA256を使ってファイルのハッシュを求める

```
// using System.IO; using System.Security.Cryptography; が必要
var file = new FileInfo("testdata.dat");
using (var stream = file.OpenRead())
// 利用するハッシュを構成ファイルなどで変える場合は、HashAlogrithm.
// Create(アルゴリズム名)静的メソッドを使う
using (SHA256 sha256 = SHA256.Create())
{   // ハッシュを求めるにはデータを格納したStreamまたはバイト配列をComputeHashメソッ
    ドへ与える
    sha256.ComputeHash(stream);
    // ComputeHashメソッドの結果はHashプロパティから得られる
    byte[] hash = sha256.Hash;
    Console.WriteLine(BitConverter.ToString(hash).Replace("-",
        string.Empty));
}
```

273 AESなどの共通鍵暗号を利用したい

	System.Security.Cryptography.SymmetricAlgorithm ｜ Rfc2898DeriveBytes ｜ Aes
関　連	―
利 用 例	通信文やファイルを暗号化する

SymmetricAlgorithmクラスを継承する

　共通鍵を利用する暗号化には、System.Security.Cryptography.SymmetricAlgorithmを継承したクラスを利用します。
　次のプログラムは、AESを利用した暗号化と復号の例です。

●AESを利用して暗号化／復号する

```
using System;
using System.IO;
using System.Security.Cryptography;
using System.Text;
class EncDecByAes
{
    static void Main()
    {
        var passPhrase = "Jonny was a good man";  // パスフレーズ
        var targetText = @"
このサンプルは、パスフレーズのハッシュをキーに、
IVにはAesオブジェクトから得られた値を利用して
暗号化と復号を行います。
暗号化モードには既定値のCBCを利用します。
";
        byte[] key;
        // パスフレーズから暗号化鍵を得る。第2引数は8バイト以上のソルトであり
        // ここではログイン名を利用する
        // ログイン名が8バイトに満たない場合のために7バイト分の文字列を追加する
        using (var keygen = new Rfc2898DeriveBytes(passPhrase,
            Encoding.Default.GetBytes(Environment.UserName + "ABCDEFG")))
        {    // パスフレーズから鍵を得る。16はAESの鍵長（バイト）
            key = keygen.GetBytes(16);
        }
        // 暗号対象の文をバイト配列にする
        var plainText = Encoding.Default.GetBytes(targetText);
        // ここでは直接アルゴリズムを指定しているが、変えられるようにするには
```

```csharp
        // SymmetricAlgorithm.Create(アルゴリズム名)静的メソッドを利用する
        // その場合、上のパスフレーズから鍵を得ている箇所もアルゴリズムに合わせた鍵長を
        // 指定する必要がある
        using (Aes aes = Aes.Create())
        {
            // パディングをPaddingMode列挙体でセットする。既定値はPaddingMode.PKCS7
            aes.Padding = PaddingMode.PKCS7;
            byte[] iv = aes.IV;     // IVを得る
            // ブロックサイズのバイト数を求める
            var blockSizeInByte = aes.BlockSize / 8;
            // 暗号化後のサイズ分のバッファを用意する(ここでは復号時に利用するため)
            // 本来は、適当なサイズのバッファを用意して変換の都度ストリーム等へ書き出す
            // また、ブロックサイズで割り切れるようにサイズを調整している
            var encrypted = new byte[(plainText.Length + blockSizeInByte) /
blockSizeInByte * blockSizeInByte];
            // 復号時用のバッファを用意する
            var decrypted = new byte[encrypted.Length];
            // ここでは適当なサイズのバッファ長としてブロック長の4倍を利用
            // 本来ならば8Kバイト程度確保しても良い
            var bufferSize = blockSizeInByte * 4;
            var wrote = 0;
            var offset = 0;
            byte[] finalBlock;
            // 暗号化にはCreateEncryptorメソッドに鍵とIVを与えてICryptoTransform
            // オブジェクトを取得する
            using (var encryptor = aes.CreateEncryptor(key, iv))
            { // ブロックサイズ分毎に暗号化する
                for (; plainText.Length - offset >= bufferSize;
                        offset += bufferSize)
                { // TransformBlockメソッドは元データをブロック単位に与える
                    wrote += encryptor.TransformBlock(plainText,
                        offset, bufferSize, encrypted, wrote);
                }
                // 最終ブロックはTransformFinalBlockメソッドを呼び出して
                // バイト配列を受ける
                finalBlock = encryptor.TransformFinalBlock(plainText,
                        offset, plainText.Length - offset);
                // 暗号化済みバイト配列に格納する(本来はこのままストリーム等へ書き出す)
                Array.Copy(finalBlock, 0, encrypted, wrote,
                        finalBlock.Length);
            }
            Console.WriteLine(BitConverter.ToString(encrypted));    // => 暗号
化後データ
```

```csharp
        // 復号にはCreateDeccryptorメソッドに鍵とIVを与えてICryptoTransform
        // オブジェクトを取得する
        using (ICryptoTransform decryptor = aes.CreateDecryptor(key, iv))
        {
            wrote = 0;
            offset = 0;
            for (; encrypted.Length - offset > bufferSize;
                    offset += bufferSize)
            { // ブロック
                wrote += decryptor.TransformBlock(encrypted, offset,
                    bufferSize, decrypted, wrote);
            }
            finalBlock = decryptor.TransformFinalBlock(encrypted,
                    offset, encrypted.Length - offset);
            Array.Copy(finalBlock, 0, decrypted, wrote,
                    finalBlock.Length);
        }
        // 復号後のテキスト
        System.Console.WriteLine(Encoding.Default.GetString(
                decrypted, 0, wrote + finalBlock.Length));
    }
}
```

　例では適当なサイズのバッファを使って少しずつ暗号化する方法を示しましたが、暗号化の対象を一括して与えることができる場合は、直接TransformFinalBlockメソッドを呼び出しても構いません。

274 RSAなどの公開鍵暗号を利用したい

System.Security.Cryptography.RSACryptoServiceProvider

関 連	—
利用例	公開鍵を利用して共通鍵などを暗号化して相手に送る

RSAを利用する例

公開鍵暗号方式の例として、System.Security.Cryptography.RSACryptoServiceProviderとSystem.Security.Cryptography.RSAを利用した方法を示します。

キーペアの作成

最初に公開鍵と秘密鍵のペアを用意します。ここでは.NET Frameworkのアセンブリに厳密名を付与するためのツール（sn.exe）を使ってキーペアを作成します。

●sn.exeを利用してキーペアを作成する

```
> sn -k keypair.snk
```

sn.exeに「-k」とファイル名を与えると、公開鍵と秘密鍵のペアが生成されて指定したファイルに書き込まれます。

ここで作成したsnkファイルはSystem.Security.Cryptography.ICspAsymmetricAlgorithmインターフェイスのAPIで、CspBlobと呼ばれる形式です。

keypair.snkから公開鍵を抽出するには、sn.exeに「-p」と公開鍵用ファイル名を与えて実行する方法（例：sn -p keypair.snk pubkey.snk）と、ICspAsymmetricAlgorithmインターフェイスが認識できる形式のXMLに書き出す方法があります。

ここでは可搬性を考え、作成したkeypair.snkからkeypair.xmlとkeypairpub.xmlを抽出します。このためには次のプログラムを利用します。

●Sample274.cs：snkからXMLに変換する

```
using System.IO;
using System.Security.Cryptography;
```

```
class Snk2Xml
{   // 使い方: Snk2Xml snkファイル名
    static void Main(string[] args)
    {
        var info = new FileInfo(args[0]);  // snkファイル
        using (var rsasp = new RSACryptoServiceProvider())
        {
            rsasp.ImportCspBlob(File.ReadAllBytes(info.FullName));  // snk
ファイルの内容をロードする
            // snkの内容をxmlファイルに書き出す
            // ToXmlString(true)は秘密鍵を含めてXML化する
            File.WriteAllText(Path.ChangeExtension(info.FullName,".xml"),
                    rsasp.ToXmlString(true));
            // snkから公開鍵を抽出してxmlファイルに書き出す
            // ToXmlString(false)は公開鍵のみをXML化する
            File.WriteAllText(Path.Combine(info.DirectoryName,
                    Path.GetFileNameWithoutExtension(info.Name) +
                    "pub.xml"), rsasp.ToXmlString(false));
        }
    }
}
// csc Sample274.csでコンパイルする
```

秘密鍵が格納されているkeypair.snkまたはkeypair.xmlは安全に秘匿しておく必要があります（復号に利用します）。

公開鍵を利用して暗号化する

公開鍵が格納されているkeypair.xmlを利用して暗号化するには、次の例のように記述します。

●Sample274-2.cs：xmlで与えられた公開鍵を使って暗号化する

```
using System.IO;
using System.Security.Cryptography;
using System.Text;
class RsaEncrypt
{
    static void Main()
    {
        using (var rsa = RSA.Create())
```

```
        {   // 公開鍵のXMLを利用してRSAクラスのオブジェクトをセットアップする
            rsa.FromXmlString(File.ReadAllText("keypairpub.xml"));
            // 暗号化する
            var encrypted = rsa.Encrypt(Encoding.UTF8.GetBytes(
                    "this is test message"),
                    // 4.5時点ではOaepSHA1のみ有効
                    RSAEncryptionPadding.OaepSHA1);
            // 暗号化したデータを出力（ここではrsaencrypted.binというファイル）する
            File.WriteAllBytes("rsaencrypted.bin", encrypted);
        }
    }
}
```

秘密鍵を利用して復号する

公開鍵で暗号化されたデータを復号するには、元のキーペアファイルを利用します。次のプログラムではSample274.csで生成したXMLを利用しています。

●Sample274-3.cs：xmlで与えられた鍵を使って復号する

```
using System;
using System.IO;
using System.Security.Cryptography;
using System.Text;
class RsaDecrypt
{
    static void Main()
    {
        using (var rsa = RSA.Create())
        {   // キーペアのXMLを利用してRSAクラスのオブジェクトをセットアップする
            rsa.FromXmlString(File.ReadAllText("keypair.xml"));
            // 復号する
            var decrypted = rsa.Decrypt(File.ReadAllBytes(
                    "rsaencrypted.bin"),
                    // 4.5時点ではOaepSHA1のみ有効
                    RSAEncryptionPadding.OaepSHA1);
            Console.WriteLine(Encoding.UTF8.GetString(decrypted));
        }
    }
}
```

PROGRAMMER'S RECIPE

第16章

プロセスとスレッド

本章ではプロセスとスレッドのレシピを取り上げます。

本書の性格上、レガシーなスレッドについてのレシピが多数ありますが、.NET Framework 4以降のTaskとC#5以降のasync／awaitの組み合わせ レシピ283 は今後のC#プログラミングにおけるメインプレーヤーです。またTask.Delay レシピ286 のように、これまでのルール（Thread.Sleep）を変えてしまうような機能もあります。

275 アプリケーションの二重起動をチェックしたい

| System.Diagnostics.Process | ProcessName |

関連	—
利用例	既に同じプログラムが起動されていれば起動を中止する

Processクラスを利用する

　System.Diagnostics.Processクラスを利用して、システムで実行中の他のプロセスや自プロセスの情報を取得できます。

　二重起動をチェックするには、Main静的メソッド内で自プロセス名と同名の別プロセスが実行されているかを確認します。

●自プロセス名と同じ名前のプロセスが2つ以上実行していたら起動を中止する

```
// using System.Diagnostics; が必要
static void Main()      // Main静的メソッドの先頭で実行する
{   // GetProcessByName静的メソッドに自プロセス(Process.GetCurrentProcess())の
    プロセス名を与える
    // GetProcessByNameはProcessオブジェクトの配列を返すので1より大きければ
    // 自プロセス以外も実行中であることを意味するので処理を中止する
    if (Process.GetProcessesByName(Process.GetCurrentProcess().ProcessName)
        .Length > 1)
    {
        return;
    }
}
```

276 アプリケーションを実行して終了を監視したい

Process.Start | Process.WaitForExit | Process.Exited | Process.EnableRaisingEvents

関　連	277 実行したアプリケーションを強制終了したい　P.441
利用例	別のアプリケーションを実行して、その処理が完了するまで待機する

Processクラスを利用してアプリケーションを実行する

アプリケーションの実行には、ProcessクラスのStart静的メソッドを利用します。
　Start静的メソッドは引数で指定したファイルと引数を実行します。指定するファイルは、厳密なファイル名の必要はありません。PATH環境変数にディレクトリが含まれているかカレントディレクトリであれば、ディレクトリ名の指定は不要です。また拡張子も不要です。
　Processクラスに各種設定を行ってからアプリケーションを実行するにはStartメソッドを利用します。Processクラスで特に重要なのは、StartInfoプロパティです。StartInfoプロパティには、実行するファイル名、引数、ウィンドウの表示方法などのプロパティを設定したProcessStartInfoクラスのオブジェクトを指定します。

WaitForExitメソッドを利用してプロセスの終了を待つ

プロセスの終了を待つにはWaitForExitメソッドを呼び出します。

●別のアプリケーションを実行して、その処理が完了するまで待機する（同期）

```
// using System.Diagnostics; が必要
// ProcessはIDisposableなのでusing内で利用する
using (var dir = Process.Start("cmd", "/c dir"))
{
    dir.WaitForExit();          // WaitForExitで実行が完了するまで待機する
    // Process.ExitCodeプロパティは
    // コマンド／BATのERRORLEVELに相当するプログラムの退出コード
    Console.WriteLine($"end errorlevel={dir.ExitCode}");
}
```

Exitedイベントにイベントハンドラを登録してプロセス終了を監視する

プロセスの終了を監視するには、WaitForExitメソッドを呼び出す方法の他

に、Exitedイベントにイベントハンドラを登録して呼び出されるのを待つ方法があります。Exitedイベント通知を受けるには、ProcessオブジェクトのEnableRaisingEventsプロパティにtrueを設定する必要があります。

●別のアプリケーションを実行して、その処理が完了するまで待機する（イベント）

```
// using System.Diagnostics; using System.Threading; が必要
var mevent = new ManualResetEvent(false); // メインスレッドを待機させるためのイベント
// 実行前にProcessオブジェクトを確実にセットアップするためにProcess.Start静的メソッドは
// 利用しない。制御構造が複雑な場合は、usingを使わずに独立したDisposeの呼び出しとする
var notepad = new Process {
    // ProcessStartInfoには最低限FileNmaeプロパティで実行するプログラムを指定する
    StartInfo = new ProcessStartInfo { FileName = "notepad" },
    // Exitイベントを有効にする（既定はfalse）
    EnableRaisingEvents = true
};
// プロセス終了時のイベントハンドラを登録する
notepad.Exited += (o, e) => {
    mevent.Set(); // イベントをシグナル状態にしてメインスレッドの待機状態を解除
};
notepad.Start();          // メモ帳を実行
mevent.WaitOne();         // イベントハンドラがシグナル状態にするまで待機
mevent.Dispose();         // 廃棄
// Process.ExitCodeプロパティはCMD／BATのERRORLEVELに相当するプログラムの退出コード
Console.WriteLine($"end errorlevel={notepad.ExitCode}");
notepad.Dispose(); // 廃棄する
```

277 実行したアプリケーションを強制終了したい

Process.Kill

関　連	276　アプリケーションを実行して終了を監視したい　P.439
利用例	既定の時間内に終了しなかったアプリケーションを強制終了する

Killメソッドを利用する

ProcessクラスのKillメソッドを呼ぶと、該当のプロセスを即時に中止できます。

●実行後3秒経過しても終了しなかったプロセスを終了する

```
// using System.Diagnostics; が必要
using (var p = Process.Start("notepad"))  // 第2引数の引数は省略可能
{
    // WaitForExitメソッドにintの引数を指定すると指定したミリ秒の待機となる
    // 時間内に終了すればtrue、終了しなければfalseが返る
    if (!p.WaitForExit(3000))   // 3秒待機しても終了しなければ
    {
        p.Kill();               // 強制終了する
    }
}
```

278 実行したアプリケーションの コンソール出力を取得したい

| ProcessStartInfo.UseShellExecute | ProcessStartInfo.RedirectStandardOutput | 標準出力 |

| 関　連 | — |
| 利用例 | 実行したプログラムのコンソール出力を得る |

Processクラスを経由して取得する手順

　実行したプロセスが標準出力／標準エラーに出力したメッセージを、Processクラスを経由して取得することが可能です。

　メッセージの取得には以下の手順を取ります。

❶ UseShellExecute を false に設定した ProcessStartInfo を作成します。

❷ new を利用して Process を作成し、StartInfo プロパティに①で作成した ProcessStartInfo オブジェクトを与えます。

❸ ②で作成した Process オブジェクトの OutputDataRecieved イベント（標準出力に1行出力する都度通知されます）にイベントハンドラを結合します。必要であれば、ErrorDataReceived イベント（標準エラーに1行出力する都度通知される）にもイベントハンドラを結合します。

❹ ②で作成した Process オブジェクトの Start メソッドを呼び出して実行を開始します。

❺ ②で作成した Process オブジェクトの BeginOutputReadLine と必要であれば BeginErrorReadLine メソッドを呼び出します。この呼び出しによって③で設定したイベントハンドラが有効化されます。

❻ 実行の終了を待ちます。

```
// using System.Diagnostics; using System.Collections.Generic; が必要
const int MaxWaitMilliSecs = 60000;  // プロセス実行の最大待ち時間（ミリ秒）
// 例) ファイルとして「cmd」、引数として「/c dir」を指定して
//     ProcessStartInfoを作成する
var info = new ProcessStartInfo("cmd", "/c dir")
{
    UseShellExecute = false,        // Shell経由で実行しない（必須）
    CreateNoWindow = true,          // ウィンドウを作成しない
    RedirectStandardOutput = true,  // 標準出力をリダイレクトする（必須）
    RedirectStandardError = true    // 標準エラー出力をリダイレクトする
```

```csharp
};
var list = new List<string>();
using (var proc = new Process { StartInfo = info })
{
    // 標準出力に1行出力されると呼び出されるイベントハンドラ
    proc.OutputDataReceived += (o, arg) =>
    {   // 第2引数のDataプロパティに出力行が入っている
        lock (list) list.Add("[out]" + arg.Data);
    };
    // 標準エラーに1行出力されると呼び出されるイベントハンドラ
    proc.ErrorDataReceived += (o, arg) =>
    {   // 第2引数のDataプロパティに出力行が入っている
        lock (list) list.Add("[error]" + arg.Data);
    };
    proc.Start();                    // 必ず最初にStartを呼び出して実行を開始する
    proc.BeginErrorReadLine();       // 標準エラーの非同期読み取りを開始
    proc.BeginOutputReadLine();      // 標準出力の非同期読み取りを開始
    if (!proc.WaitForExit(MaxWaitMilliSecs))  // 処理の終了を待つ
    {
        Console.WriteLine("処理が終了しないので強制終了");
        proc.Kill();                 // 強制終了する
    }
    list.ForEach(s => Console.WriteLine(s));  // 出力を確認
}
```

279 スレッドプールを利用して バックグラウンド処理を実行したい

System.Threading.Tasks.Task	Task は .NET Framework 4.0
System.Threading.ThreadPool.QueueUserWorkItem	

関　連	―
利用例	ワーカスレッドで処理を実行する

スレッドプールを利用する

ワーカスレッドで処理を実行する場合、スレッドプールを利用するのが効率的です。

> **NOTE**
>
> **ワーカスレッド**
>
> 　設計として特定の処理／役割を割り当てたスレッドではなく、テンポラリにバックグラウンドで処理を実行させるスレッドという程度の意味です。

利用するクラス

　スレッドプールを利用するには、.NET Framework 4.0以降はTaskクラスを、それより前ではThreadPoolクラスを利用します。

　ThreadPool.QueueUserWorkItem静的メソッドは、実行するAction<object>だけを指定する方法と、第2引数にActionへ与えるobjectを指定する方法の2種類の呼び出し方法があります。第1引数にラムダ式を利用すると呼び出したスコープの変数を参照できるためQueueUserWorkItemの第2引数が参照型の場合は意味を持ちません。しかし構造体を指定すると、QueueUserWorkItemを呼び出した時点の値がコピーされるので、同じ変数を利用してスレッド毎に異なるオブジェクトを利用できます。

●ThreadPoolを利用する

```
// using System.Threading; が必要
for (var i = 0; i < 3; i++)
{
    ThreadPool.QueueUserWorkItem((state =>
    {    // 各スレッドにそれぞれ0, 1, 2が与えられる
```

```
        Console.WriteLine(state);
        // スレッドで実行する処理
    }, i);
}
// stateを与える必要がなければ記述しない
ThreadPool.QueueUserWorkItem(state => // stateはnull
{
    // スレッドで実行する処理
});
```

TaskクラスのRun静的メソッドを利用する場合、第2引数にSystem.Threading.CancellationTokenを与えると、長く複雑な処理の途中であっても少ない手数でTaskCanceledExceptionによって例外で抜けることができます。単にワーカスレッドでラムダ式を用いて指定した処理を実行するだけであれば、第2引数を指定する必要はありません。

●Taskを利用する（.NET Framework 4以降）

```
// using System.Threading; using System.Threading.Tasks; が必要
var source = new CancellationTokenSource(); // Runの第2引数作成用
var token = source.Token;
...
Task.Run(() =>
{   // スレッドで実行する処理
    ...
    // CancellationTokenSource.Cancel()が呼ばれるとIsCancellationRequestedは
    // trueになる
    if (token.IsCancellationRequested) return;
    ...
    // CancellationTokenSource.Cancel()が呼ばれた後は
    // OperationCanceledExceptionがスローされる。ループの中などで利用すると良い
    token.ThrowIfCancellationRequested();
    ...
}, token);
...
source.Cancel(); // CancellationTokenSourceのCancelを呼ぶとTokenがCancel状態となる
```

280 実行したスレッドが初期化を終えるまで待機したい

ManualResetEvent	ManualResetEventSlim		ManualResetEventSlim は .NET Framework 4.0
関連	—		
利用例	スレッドの初期化が完了するまでメインの処理を待機させる		

ManualResetEventクラスを利用する

　System.Threading.ManualResetEventクラスを利用して、待機状態と待機状態からの解放を実行できます。

待機する手順

待機するには以下の手順を取ります。

❶ ManualResetEventを非シグナル状態で作成します（コンストラクターへfalseを与える）。
❷ ①のオブジェクトのWaitOneメソッドを呼び出して待機状態に入ります。

待機状態のスレッドを解放する手順

待機状態にあるスレッドを解放するには以下の手順を取ります。

❶ ManualResetEventオブジェクトのSetメソッドを呼び出してシグナル状態にします。
❷ この時点で待機状態のスレッドは、シグナルを受けて実行を再開します。
❸ ManualResetEventオブジェクトのDisposeメソッドを呼び出して廃棄します。

●スレッドの初期化を待機する（ここでは文字列の設定とする）

```
using (var mevent = new ManualResetEvent(false))   // 非シグナル状態で作成
{
    string state = "not initialized";
    Task.Run(() =>
    {
        state = "initialized";
        // 初期化が完了したのでシグナルを設定して待機中スレッドを解放する
        mevent.Set();
        // 初期化完了後の処理
```

```
    });
    mevent.WaitOne();
    Console.WriteLine(state);  // => initialized
}
```

> **NOTE**
> **.NET Framework 4以降での注意点**
> 　.NET Framework 4からは、ManualResetEvent（Win32 APIの呼び出しとなるため比較的処理が重い）より軽量なManualResetEventSlimクラスが提供されています。ただし、ManualResetEventSlimはスピンロックによって実現されているため、IOを伴うなど時間がかかる初期化処理の場合は、ManualResetEventよりも逆に負荷が高くなるので利用しないでください。

281 ワーカスレッドからメインの GUIを操作したい

System.Windows.Forms.Control.Invoke

関　連	—
利用例	スレッドからメインのフォームへ状態を表示する

Invokeを利用する

　Windowsフォームの各種コントロールには、Invokeというメソッドが用意されています。Windowの描画をはじめとした各種処理はスレッドセーフではありません。これらの処理をフォームを作成したスレッド以外から呼び出すと、リソースを巡ってデッドロックが発生したり、Windowsメッセージによる同期を破ったりして正常な動作が保証されません。
　Controlとその派生クラスについては以下の4つのメソッド以外は、すべてInvokeを介した呼び出しが必要です。

- Invoke
- BeginInvoke
- EndInvoke
- CreateGraphics

　なお、処理によってはフォームを作成したスレッドから呼び出したのか、ワーカスレッドから呼び出したのかわからない場合もあります。その場合は、InvokeRequiredプロパティを呼び出して判定します。

●ラベルを更新する

```
void UpdateLabel(string s)
{
    if (label.InvokeRequired)
    {   // もしフォームを作成したスレッド以外からの呼び出しであればInvokeを呼ぶ
        label.Invoke(new Action(() => UpdateLabel(s)));
    }
    else
    {   // そうでなければラベルを更新する
        label.Text = s;
    }
}
```

282 スレッド独自のデータを持ちたい

| System.Threading.ThreadLocal<T> | .NET Framework 4.0 |

| 関　連 | — |
| 利用例 | 複数のワーカスレッドの処理結果を参照する |

ThreadLocal<T>を利用する

ThreadLocal<T>を利用すると、同一のオブジェクトに対してスレッド毎に固有の値を割り当てることができます。

●複数のスレッドの結果を参照する

```
// using System.Threading; が必要
// ThreadLocak<T>はIDisposable
// コンストラクターにtrueを指定すると、ThreadLocal<T>.Valuesプロパティが有効となり、
// 後で各スレッドの設定した値をIList<T>で取得できる
using (var threadResult = new ThreadLocal<int>(true))
{
    for (var i = 0; i < 4; i++)
    {
        // 各スレッドが得た値を設定する。Valueプロパティはスレッド毎に固有
        new Thread(() => threadResult.Value = new Random().Next()).Start();
        Thread.Sleep(100); // Randomのシードを変えるために時間をずらす
    }
    Thread.Sleep(1000); // 全スレッドの終了を待つ
    foreach (var n in threadResult.Values)
    {
        Console.WriteLine(n);   // => 4つのスレッドが設定したそれぞれの値が表示される
    }
}
```

ThreadLocal<T>で主に利用するプロパティ

ThreadLocal<T>では上のプログラムで示したように、各スレッド毎の値を設定／取得可能なValueプロパティと、コンストラクターでtrueを設定したときに有効となる全値のリストを返すValuesプロパティの2つを主に利用します。

283 非同期処理を実装したい

async	await		C#5

関連	262 WebSocketでサーバーにアクセスしたい　P.409
利用例	WebSocketのメソッド呼び出しをシンプルに記述する

async／awaitを利用する

　async／awaitは、非同期メソッドの完了を待機せずに、しかしコード上は待機しているかのように記述するための仕組みです。
　次のプログラムは、 レシピ262 の例をTask.Waitを利用しないように書き直した例です。

●WebSocketをasync／awaitで記述する

```
using System;
using System.Net.WebSockets;
using System.Text;
using System.Threading;
using System.Threading.Tasks;
class ClientWebSocketSample
{
    static async Task<string> receiveEcho(ClientWebSocket cli)
    {   // ConnectAsyncの応答を待つ（ConnectAsyncはTaskを返すので
        // awaitのみの記述となる）
        // awaitを記述できるのはTaskまたはTask<T>を返すメソッド
        // 代入の右辺に置いたawaitはTask<T>のResultプロパティを返す
        await cli.ConnectAsync(new Uri("ws://example.com"),
                CancellationToken.None);
        // レシピ271 のWebsocketServerを利用する場合は
        // 上の2行を削除して次の4行を有効にする
            // Windows認証を有効にする
            // cli.Options.UseDefaultCredentials = true;
            // await cli.ConnectAsync(new Uri(
            //      "ws://localhost/wslistener/"), CancellationToken.None);
        // 送信を実行しながら受信をするため、ここではawaitせずに
        // Taskを変数tに保持するのみとする
        var t = cli.SendAsync(new ArraySegment<byte>(
                        Encoding.UTF8.GetBytes("websocket rocks")),
                        WebSocketMessageType.Text,
                        true,
                        CancellationToken.None);
        var buffer = new ArraySegment<byte>(new byte[500]);
        // 受信をawaitする（相手がエコーサーバーなので送信完了後に
```

```
        // 応答を受けることになる)
        // ReceiveAsyncはTask<WebSocketReceiveResult>を返すので
        // result変数に入るのはWebSocketReceiveResultオブジェクトとなる
        var result = await cli.ReceiveAsync(buffer, CancellationToken.None);
        // SendAsyncが返したTaskを完了させる
        await t;
        // CloseAsyncの結果を待つ
        await cli.CloseAsync(WebSocketCloseStatus.Empty,
                string.Empty, CancellationToken.None);
        // 受信した応答をメソッドの戻りとする
        // メソッドの返り値の型であるTask<string>にはasync修飾メソッド
        // によって自動的に行われる
        return Encoding.UTF8.GetString(buffer.Array, 0, result.Count);
    }

    static void Main()
    {
        using (var cli = new ClientWebSocket())
        {   // Task.Resultの参照を行うことでreceiveEchoメソッドの
            // 完了を待機する
            Console.WriteLine(receiveEcho(cli).Result);
        }
    }
}
```

このプログラムでは、メインスレッドがreceiveEchoメソッドが返すTask<string>のResultプロパティを待機している箇所が実際にスレッドが停止して待機状態になる箇所です。

それ以外のawaitで記述した箇所は、スレッドの実行が一度中断されます。これにより、ワーカスレッドを待機状態にすることに伴うリソースの無駄な占有を減らし、効率的に処理を実行させるとともに、プログラムの見た目が上から下に処理順に記述できます。これがasync／awaitプログラミングのメリットです。

> **COLUMN** asyncメソッドの内側ではThreadLocal<T>を利用してはならない
>
> awaitの前後でスレッドが入れ替わるということは、asyncメソッド内でThreadLocal<T>を利用すると、awaitの直前に格納した値がawaitの直後に別の値に変わっているといった、コードの見た目からは考えられないバグを入れ込むことになります。
>
> 現実には、スレッドが入れ替わる可能性はそれほど高くありませんが、上のプログラム程度の処理でも各awaitの直後にThread.CurrentThread.ManagedThreadIdをコンソール出力して確認すると、稀に入れ替わることが確認できます。

284 ループを並列処理したい

System.Threading.Tasks.Parallel .NET Framework 4.0

関連	282 スレッド独自のデータを持ちたい P.449
利用例	ディレクトリ内のファイルのハッシュを求める

For／ForEach静的メソッドを利用する

　System.Threading.Tasks.ParallelクラスのFor、ForEach静的メソッドを利用してループを並列化します。

　Forメソッドは開始インデックスと終了インデックス（対象となる範囲に含まれない）と実行するAction<int>の3引数のものを始め、各種オーバーロードされたメソッドがあります。

　ForEachメソッドは列挙の対象となるIEnumeratble<T>やPartitionerと、各スレッドが固有に利用できる集計用オブジェクトの有無によりオーバーロードされた複数のメソッドに分かれます。

　次のプログラムは、IEnumerable<T>を元にスレッド固有の集計用オブジェクトの作成と終了処理を含む、4引数のForEachの例です。

●Parallel.ForEachを利用してディレクトリ内の実行ファイルのハッシュを求める

```csharp
// using System.Collections.Generic; using System.IO;
// using System.Security.Cryptography; using System.Threading.Tasks;が必要
// 全集計用リスト（ファイル名とハッシュ値）
var list = new List<Tuple<string, string>>();
// 並列処理の対象となる列挙
Parallel.ForEach(Directory.EnumerateFiles(".", "*.exe"),
        // 各スレッドの一時集計用オブジェクトの作成
        () => new List<Tuple<string, string>>(),
        (file, state, llist) => // 繰り返し本体
        {   // 第1引数は列挙の要素、
            // 第2引数は中断などの指示用のParallelLoopStateオブジェクト
            // 第3引数は各スレッドの一時集計用オブジェクト
            using (var md5 = MD5.Create())  // ここではMD5ハッシュを求める
            using (var stm = new FileStream(file, FileMode.Open,
                FileAccess.Read))
            {
                llist.Add(Tuple.Create(file, BitConverter.ToString(
```

```
                    md5.ComputeHash(stm))));
            return llist; // 次のイテレーションの第3引数を返り値とする
        }
    },
    llist => // 各スレッドのループ終了後に呼ばれる総計処理
    {
        lock(list)
        {
            list.AddRange(llist); // 一時集計結果を総計に反映
        }
    });
// カレントディレクトリの全ての実行ファイル名とハッシュが表示される
list.ForEach(t => Console.WriteLine(t));
```

Parallel.Invoke静的メソッドを利用する

なお、単に複数のActionを同時に実行することが目的であれば、ForではなくParallel.Invoke(params Action[])がシンプルで手軽です。Parallel.Invokeを呼び出したスレッドは、すべてのワーカの処理が終了するまで待機状態となります。

285 指定した間隔で処理を実行したい

System.Threading.Timer	
関連	—
利用例	定期的にサーバーへ問い合わせを行う

System.Threading.Timerのコンストラクター引数の設定

System.Threading.Timerで定期的に処理を実行するには、コンストラクターの4番目の数値に実行する間隔をミリ秒で指定します。作成後すぐに実行するのであれば3番目の引数は0にします。

●3秒間隔でメッセージを表示して3回実行したらプログラムを終了する

```
var timer = new Timer(o =>   // コンストラクターの第1引数は1引数のデリゲート
    {
        Console.WriteLine(DateTime.Now);
        if (++counter < 3) return;
        mevent.Set();   // シグナルをセットしてメインスレッドを解放する
    }, // 第2引数はデリゲートへ与えるオブジェクト、
    // 第3引数は指定時間後に実行のためのミリ秒。
    // すぐに実行するには0、実行を待機させるにはTimeout.Infiniteを指定する
    // 第4引数は繰り返し間隔 (繰り返さない場合はTimeout.Infinite)
    null, 0, 3000);
```

Changeメソッドを用いて実行を制御する

System.Threading.Timerの実行を制御するには、Changeメソッドを呼び出します。Changeメソッドの引数はコンストラクターの第3、第4引数に相当します。

たとえばコンストラクターで第4引数にTimeout.Infiniteを与えて1回だけのタイマーとして利用した後に、再度3秒後に実行するのであれば、Change(3000, Timeout.Infinite)と呼び出します。3秒後から3秒間隔で実行するにはChange(3000, 3000)とします。

タイマーを止めるのであればChange(Timeout.Infinite, Timeout.Infinite)を呼び出します。

286 指定した時間処理を停止したい

Task.Delay	.NET Framework 4.0
関連	—
利用例	Asyncメソッド内で処理を一時停止する

Task.Delay静的メソッドを利用する

　連続して処理を実行することに問題があるため、一時的に処理を停止したいことがあります。

　たとえば、ウェブスクレイピングを行う場合には、連続してデータを取得するとサービス拒否攻撃とみなされる可能性があります。このため、人間がブラウジングするときと同様に数ページアクセスしたところで数秒の間隔を空けます。

　このような場合には、Task.Delay(ミリ秒)を利用します。Task.Delayは.NET Framework 4以降で有効なので、それより前のバージョンではThread.Sleep(ミリ秒)を利用して休止します。この2つのAPIの差は、Thread.Sleepが文字通り呼び出したスレッドそのものを休眠状態にするのに対し、Task.Delayは実行しているスレッドを別の処理に割り当て可能な状態とすることです。したがって、Task.Delayのほうがスレッドを占有しない分効率的です。

●Webサーバーへのアクセス間隔を1秒おきにする

```
static async Task ReadFromWeb(string root)
{
    using (var client = new HttpClient())
    {
        foreach (var uri in GetLinks(root, await client.GetStringAsync(root)))
        {
            Console.Write(uri);
            // Webサーバーからuriを取得する
            var response = await client.GetAsync(uri);
            Console.WriteLine($"...{response.StatusCode}");
            await Task.Delay(1000);    // 最低1秒間このスレッドを開放する
        }
    }
}
```

MEMO

PROGRAMMER'S RECIPE

第 17 章

例外処理

本章では例外処理のレシピを取り上げます。
例外処理は、プログラムの想定外の状態に対して解決を先送りすることで、その時点の主となる関心事にコードを集中させます。ここから、例外に持たせる情報の設計が重要となります。

287 例外を種類別にキャッチしたい

`catch`

関　連	—
利用例	スローされた例外によって処理を変える

catch節に例外クラスを指定する

スローされた例外によって処理を変えるには、tryステートメントのcatch節に対象となる例外クラスを指定します。

●ファイル処理で発生する例外によってメッセージを変える

```
try     // 例外がスローされる可能性があるコードをtryブロックで囲む
{
    using (var text = File.OpenText(pathname))
    {
        ...
    }
}
// catch節はtryブロック内 (呼び出し先メソッドを含む) でスローされた例外を捕捉する
// catch (例外クラス名[オプションの変数名]) {} の形式で記述する
// オプションの変数名は指定した例外のオブジェクトが設定される。利用しない場合は省略可能
catch (DirectoryNotFoundException)    // ディレクトリが見つからない場合にスローされる
{
    Console.WriteLine($"{pathname}に指定したディレクトリが正しくありません");
}
catch (FileNotFoundException)         // ファイルが見つからない場合にスローされる
{
    Console.WriteLine($"{pathname}がありません");
}
catch (Exception e)                   // それ以外の例外
{
    Console.WriteLine($"例外が発生しました: {e}");
}
```

　実行時に例外がスローされると、最初のcatch節（ここではDirectoryNotFoundExceptionの節）から順番にマッチするクラスが見つかるまでチェックされて、最初に見つかったcatch節のブロックが実行されます。最後のcatch節まで該当する例外クラスが見つからなかった場合は、呼び出し元のメソッドに例外がスローされます。

288 あらゆる例外をキャッチしたい

`catch`

関連	287 例外を種類別にキャッチしたい P.458
利用例	例外をすべて無視する

■ 型名の記述を省略したcatch節

レシピ287 ではcatch節で例外クラスの型を指定しました。catch節にはもう1つの書き方として単に「catch {}」と型名の記述を省略する書き方があります。この場合型チェックが行われないため、他に適用可能なcatch節がなければすべての例外がこのcatch節のブロックで処理されます。

● あらゆる例外をキャッチする

```
// 例外の内容を取得する場合
try
{
    ...
}
catch (Exception e)
{
    // eをログ
}
// 例外を完全に無視する場合
try
{
    ...
}
catch
{
}
```

289 例外の有無に関わらず実行する処理を作成したい

`finally`

関連	287 例外を種類別にキャッチしたい　P.458
利用例	処理の成功／失敗に関わらずリソースを廃棄する

finally節を記述する

　tryステートメントは、レシピ287 で示したように通常catch節を続けます。最後のcatch節またはcatch節を省略する場合はtryブロックの直後にfinally節を記述できます。例外がスローされなかった場合はtryブロックの最後、例外がスローされた場合はcatchしたブロックの最後またはcatchされなかった際に、finally節のブロックが確実に実行されます。

●finally節でテンポラリファイルを廃棄する
```
var info = new FileInfo(Path.GetTempFileName());
try
{
    using (var reader = info.OpenText())
    {
        return reader.ReadToEnd();
        // returnする前にfinallyブロックが実行される
    }
}
// ここにcatch節があっても良い。いずれにしてもfinallyブロックは実行される
finally
{   // 例外の有無に関わらずテンポラリファイルを削除
    info.Delete();
} // finallyブロックにreturnを書くと常に実行されるので避ける
```

　ただし、IDisposableなオブジェクトは、usingステートメントを利用してください レシピ061 。

　書き込みStreamなどは、Dispose（Close）によってバッファの内容がフラッシュされる可能性が高く、その処理で例外がスローされた場合、書き込みは失敗します。このため、tryブロック内にusingを使ってDisposeの呼び出しを含めます。

290 例外をスローしたい

throw	
関　連	—
利用例	引数チェックで異常を見つけたら例外をスローする

▎throwステートメントを利用する

　例外をスローするには、throwステートメントを使います。throwステートメントは後続の例外オブジェクト（Exceptionクラスとその継承クラスのオブジェクト）をスローします。スローされた例外オブジェクトは、メソッドの呼び出し元を順にたどり最初にマッチしたcatch節で捕捉されるか、または捕捉されなかった場合はアプリケーションを終了させます。

●メソッドのパラメーターチェックを行う

```
void foo(string[] arg)
{
    if (arg.Length < 3)
    {   // ArgumentExceptionは2引数のコンストラクターで、メッセージと問題がある引数の
名前を指定する
        // nameof演算子は指定した変数名を文字列で取得する (C#6)
        // それより前のバージョンでは「"arg"」と引数名を指定する
        throw new ArgumentException("$"3文字以上が必要ですが{arg.Length}が与えられました。", nameof(arg));
    }
    ...
}
```

▎例外は別の例外を格納できる

　既定の例外クラスは、例外の原因となった別の例外（内部例外）を格納できるように設計されています。

●与えられたファイル名が存在しない場合の例外

```
void foo(string pathname)
{
    try
```

```
{
    using (var reader = File.OpenText(pathname))
    {
        ...
    }
}
catch (FileNotFoundException e)
{   // 第3引数に元の例外を格納する
    throw new ArgumentException($"与えられたパス名:{pathname}が存在しません",
nameof(pathname), e);
}
}
```

ユーザーがスローできる定義済み例外

以下の定義済み例外はユーザーアプリケーションがスローすることを認められています。

- ArgumentException
  引数の一般検証エラー

- ArgumentNullException
  null を許容していない引数が null

- ArgumentOutOfRangeException
  引数が範囲外

- InvalidOperationException
  正しくメソッドは呼ばれたが、オブジェクトの状態と呼び出し条件が合わない

- NotSupportedException
  インターフェイス継承や抽象クラスの継承をしているが、クラスの性格上サポートできないメソッドが呼ばれたらスローする
  読み取り専用オブジェクトの書き込み系プロパティ／メソッドに対してスローする

- NotImplementedException
  NotSupportedExceptionと異なりメソッド／プロパティをサポートする意思はあるが、まだ実装していない場合にスローする

291 例外からメッセージを取得したい

Exception.Message	Exception.ToString
関連	—
利用例	例外メッセージのログを取る

例外のMessageプロパティとToStringメソッドの違いを理解する

　例外が通知された場合、その例外に格納されている情報を調査を行うためのログに残すかまたは表示します。
　このとき、Messageプロパティに着目すると有用な情報を失う可能性があります。

● 例外の出力する情報

```
static void Main()
{
    try
    {
        string.Format("{0}{1}", 1);
    }
    catch (Exception e)
    {
        Console.WriteLine(e.Message);    // Messageプロパティを取得
        Console.WriteLine("--------");
        Console.WriteLine(e);            // e.ToString()に相当の出力
    }
}
```

● 出力

```
インデックス (0 ベース) は 0 以上で、引数リストのサイズよりも小さくなければなりません。
--------
System.FormatException: インデックス (0 ベース) は 0 以上で、引数リストのサイズ よりも小さくなければなりません。
   場所 System.Text.StringBuilder.AppendFormatHelper(IFormatProvider provider, String format, ParamsArray args)
   場所 System.String.FormatHelper(IFormatProvider provider, String format, ParamsArray args)
   場所 System.String.Format(String format, Object arg0)
   場所 ArgE.Main()
```

463

結論から言うと、単にToString()を呼び出して得られる文字列には、その例外クラス、メッセージ、スタックトレースの一部が含まれます。これはMessageプロパティの内容よりも有益です。

　したがって、ログを取る場合は、Messageプロパティを使うようりも、例外オブジェクトのToString()を呼び出すほうが良い結果を得られます。

　少なくとも、Messageプロパティだけを利用する場合は、事前に必ずその例外を発生させて、Messageプロパティがどのようなメッセージを格納しているかを確認してからにしてください。

　逆にユーザーに対してポップアップで表示するには、Messageプロパティを利用するのが良いでしょう。

　なお、スタックトレースにソースファイルの行番号を含めるにはフルデバッグ情報をつけてビルドします。コンソールでcsc.exeを利用してコンパイルする場合は「/debug」を付加します。

　Visual Studioの場合は、プロジェクトメニューから［(プロジェクト名) のプロパティ］→［ビルド］を表示します。次に［詳細設定］で開いたダイアログの［デバッグ情報］をfullに設定します（リリースビルドの既定はpub-onlyです。デバッグビルドの場合はfullに設定されています）。

292 キャッチした例外を再スローしたい

`throw`

関連	293 特定のプロパティ値を持つ例外だけをキャッチしたい（例外フィルターを使いたい） P.466
利用例	例外の内容をチェックし、処理不可能な場合はそのまま例外として処理する

例外オブジェクトを指定せずに throw を記述する

　例外をキャッチした後に特定条件の場合のみ無視し、それ以外の場合は上位へ例外を送りたい場合があります。例えば、データベースにインサートしてキー重複で例外になった場合は更新に切り替え、それ以外の場合はエラーとして例外を上位に伝播させる処理などです。

　このような場合、例外オブジェクトを指定せずにthrowステートメントを記述すると途中のcatch情報を無視できます。

●インサート結果によって例外を上位に送るかどうか決定する

```
try
{
    cmd.ExecuteNonQuery();    // insert tableの実行
    return InsertSucceeded;
}
catch (SqlException e)
{
    if (e.Number == 2601) // SQL Serverの重複キー違反のエラー番号
    {
        return RetryByUpdate;  // 呼び出したメソッドにupdate文を用意させる
    }
    throw;                     // それ以外の例外であれば例外処理を行わせる
}
```

　このとき「throw e;」のように捕捉した例外をthrowステートメントに続けて記述するとスタックトレースがthrowした時点からのものと置き換わるため意図通りとはなりません。

　なおC#6では、上のプログラムで示したような処理をよりスマートに記述するための方法が導入されています。レシピ293 を参照してください。

293 特定のプロパティ値を持つ例外だけをキャッチしたい（例外フィルターを使いたい）

`try | catch | when` C#6

関連	—
利用例	インサートが重複キーで失敗した場合は例外を捕捉し、それ以外は上位に伝播させる

catchとwhenを利用する

「catch（例外型 変数名）」に続けて「when（条件）」を記述すると、catch節で指定した例外の型で、かつwhen節で指定した条件に合致したcatchブロックが実行されます。

次のプログラムは、when節を利用するように レシピ292 のプログラムを書き直した例です。

●インサート結果によって例外を上位に送るかどうか決定する
```
try
{
    cmd.ExecuteNonQuery();   // insert tableの実行
    return InsertSucceeded;
}
catch (SQLException e) when (e.Number == 2601)
{
    return RetryByUpdate;   // 呼び出したメソッドにupdate文を用意させる
}
// Numberプロパティが2601以外のSQLExceptionは上位へ伝播される
```

294 アプリケーション共通の例外ハンドラーを作成したい

AppDomain.UnhandledException

関　連	295	非同期処理で発生した例外を調べたい　P.469
利用例		アプリケーションでcatchしていない例外をまとめて処理するハンドラーを実装する

▎AppDomainのUnhandledExceptionイベントを利用する

　AppDomainのUnhandledExceptionイベントにハンドラーを与えると、catchされない例外（unhandled exception）によってアプリケーションが強制終了される直前に呼び出されます。これによって、catchされない例外の発生はバグが原因なので調査のために例外のログを取ったり、未保存のデータを保存したりできます。また、ハンドラー内でアプリケーションを終了させると、「動作を停止しました」ダイアログの表示を出さずに終了できます。

●catchされない例外を捕捉するために、UnhandledExceptionイベントハンドラーを用意する

```
// using System.Threading; using System.Security.Permissions; が必要
// AppDomain制御許可の属性を付ける
[SecurityPermission(SecurityAction.Demand, Flags=SecurityPermissionFlag.
ControlAppDomain)]
static void Main()
{   // イベントハンドラーの第2引数はUnhandledExceptionEventArgsクラスのオブジェクト
    AppDomain.CurrentDomain.UnhandledException += (o, e) => {
        // UnhandledExceptionEventArgs.ExceptionObjectが呼び出し原因となった例外
        Console.WriteLine($"{e.ExceptionObject}が発生したので終了します。");
        // 「動作を停止しました」ダイアログを出さずに終了させることも可能
        Environment.Exit(1);
    };
    // 他のスレッドの例外も処理可能
    var t = new Thread(() => { throw new ArgumentException("test exception"); });
    t.Start();
    Console.ReadLine();
}
```

Windowsフォームアプリケーションの場合

Windowsフォームアプリケーションでは、Application.ThreadExceptionイベントでメインスレッドの例外が処理されます。この場合、AppDomainのUnhandledExceptionは呼び出されません（ワーカスレッドの例外は呼び出されます）。

●Windowsフォームアプリケーションのchatchされない例外ハンドラーを用意する

```
[STAThread]
static void Main()
{   // 第2引数はThreadExceptionEventArgs。スローされた例外はExceptionプロパティに格納
    Application.ThreadException += (o, e) =>
    {
        MessageBox.Show($"exception:{e.Exception}");
        // Windowsフォームアプリケーションは実行中断されない(Environment.Exitを呼ん
で強制中止は可能)
    };
    Application.EnableVisualStyles();
    Application.SetCompatibleTextRenderingDefault(false);
    Application.Run(new Form1());
}
```

Taskクラスの場合

Taskの場合、実行時に発生したアプリケーションでcatchされなかった例外は、TaskオブジェクトのExceptionプロパティから取得できます。

295 非同期処理で発生した例外を調べたい

AggregateException .NET Framework 4.0

関連	—
利用例	**Parallel**で実行したタスクの例外を捕捉する

AggregateExceptionをキャッチする

Taskの実行時に例外が発生したかどうかを一括して知るのに利用するのが、AggregateExceptionです。

AggregateExceptionをキャッチするには、tryブロック内でタスクの完了を待つ必要があります。AggregateExceptionを捕捉したら、InnerExceptionsプロパティで集約した個々の例外を確認します。

●さまざまな例外を並列スローさせる

```
// using System.Linq; using System.Threading;
using System.Threading.Tasks; が必要
static void Main()
{
    string s = "abc";
    try
    {
        Parallel.Invoke(() => Console.WriteLine(int.Parse(s)), // abcは整数ではない
                        () => Console.WriteLine(s[3]);         // abcは3要素
    }
    catch (AggregateException age)
        foreach (var ex in age.InnerExceptions
                .Select(e => (e is AggregateException) ? e.InnerException : e))
        {
            Console.WriteLine(ex.Message);
        }
    }
}
// 出力
// インデックスが配列の境界外です。
// 入力文字列の形式が正しくありません。
```

MEMO

第 18 章

メタプログラミング

メタプログラミング（超プログラミング）とは、実際に実行したいプログラムを動的に生成するようにプログラミングすることを意味します。

本章はメタプログラミングのレシピです。適切にメタプログラミングを行うことで、コードの記述量を減らして保守性を上げることが可能となります。

本章のすべてのコードは特に断り書きがない限り
using System;
using System.Reflection;
が必要です。

296 クラス名からオブジェクトを生成したい

| Type.GetType | ConstructorInfo |

| 関連 | 297 プロパティ名を指定してプロパティにアクセスしたい　P.474
298 メソッド名を指定してメソッドを呼び出したい　P.475 |

| 利用例 | 構成ファイルに記述されたクラス名からオブジェクトを作成する |

文字列からTypeクラスのオブジェクトを取得する

クラス名の文字列を使ってオブジェクトを生成するには、最初にその文字列からTypeクラスのオブジェクトを取得する必要があります。

> **NOTE**
> **typeofを利用したTypeクラスのオブジェクトの取得**
> コンパイル時に既知のクラスであれば、Typeクラスのオブジェクトは文字列を使わずにtypeof(クラス名)を利用して取得できます。

文字列としてのクラス名からTypeクラスのオブジェクトを取得するには、Type.GetType静的メソッドを利用します。

Type.GetType静的メソッドは、現在実行しているアセンブリにあらかじめロードされている型が対象となります。引数としてクラス名を文字列として指定しますが、以下のルールがあります。

- ロード済みのアセンブリ内にあるクラスの場合
  - ネームスペースを指定して記述する：例）"System.String"
  - ネストクラスの場合は外側のクラス名に＋を結合して記述する：
    例）"OuterClass+InnerClass"
- ロード前のアセンブリ内にあるクラスの場合
  - アセンブリ名をクラス名の後ろに「,」で区切って指定する
  - この方法は、実行しているアセンブリと同一ディレクトリの他のアセンブリを参照する場合に利用可能

ConstructorInfoオブジェクトを取得し、対象となるクラスのオブジェクトを生成する

いずれかの方法でTypeクラスのオブジェクトを取得したら、次にType.GetContructorメソッドを呼び出して、呼び出したいコンストラクターに相当するConstructorInfoクラスのオブジェクトを取得します。

最後にConstructorInfo.Invokeメソッドを呼び出してオブジェクトを生成します。

● クラス名からTypeを取得してオブジェクトを生成する

```
class CreateObjectSample
{
    class Test
    {
        public Test() {}    // 最も標準的なコンストラクター
        internal Test(string arg)
        {
            Name = arg;
        }
        internal string Name { get; set; } = "Default Name";
    }
    static void Main()
    {   // TestクラスのTypeオブジェクトを得る
        var type = Type.GetType("CreateObjectSample+Test");
        // publicコンストラクター取得時は、コンストラクターのパラメーターの型配列を指定する
        // public無引数コンストラクターを取得するのでType.EmptyTypes（空の型配列）を指定
        var ctr = type.GetConstructor(Type.EmptyTypes);
        // 1引数のInvokeはコンストラクターの引数のObject[]を与える
        // ここでは無引数なのでnull
        var test = ctr.Invoke(null) as Test;
        Console.WriteLine(test.Name);   // => Defualt Name
        // 非publicコンストラクターを取得するには4引数のGetConstructorを利用する
        // 最初の引数で、NonPublicでありInstance指定のBindingFlags列挙体を指定する
        // 第2引数と第4引数は基本的にnull（詳細は省略）。第3引数に引数の型配列を与える
        ctr = type.GetConstructor(
                BindingFlags.NonPublic | BindingFlags.Instance,
                null, new Type[] { typeof(string) }, null);
        test = ctr.Invoke(new object[] { "abc" }) as Test;
        Console.WriteLine(test.Name);   // => abc
    }
}
```

297 プロパティ名を指定してプロパティにアクセスしたい

| Type.GetProperty | PropertyInfo.GetValue | PropertyInfo.SetValue |

関　連	―
利用例	オブジェクトの設定をプロパティ名と値のペアから行う

PropertyInfoオブジェクトを取得し、GetValue／SetValueメソッドを利用する

　オブジェクトのプロパティを取得／設定するには、オブジェクトの型（Typeクラスのオブジェクト）のGetPropertyメソッドを呼び出して得たPropertyInfoオブジェクトのGetValue／SetValueメソッドを利用します。

●プロパティの取得と設定

```
class Test
{
    public string Name { get; set; }   // public string
    int Age { get; set; } = 32;        // private int
    internal int GetAge() { return Age; }
    internal static string Description { get; set; } = "test class";
}
...
var test = new Test() { Name = "abc" };
// publicプロパティはGetPropertyメソッドに名前を与えてPropertyInfoを取得する
// （静的プロパティも同様）
var name = typeof(Test).GetProperty("Name");
// 非publicプロパティは第2引数にBindingFlags.NonPublicと
// BindingFlags.Instanceを指定する
var age = typeof(Test).GetProperty("Age",
            BindingFlags.NonPublic | BindingFlags.Instance);
// PropertyInfoから値を取得するにはGetValueメソッドに対象のオブジェクトを与える
Console.WriteLine($"{name.GetValue(test)}, {age.GetValue(test)}"); // =>
abc, 32
// PropertyInfoに値を設定するにはSetValueメソッドに対象のオブジェクトと値を与える
name.SetValue(test, "ABC");
age.SetValue(test, 64);
Console.WriteLine($"{test.Name}, {test.GetAge()}"); // => ABC, 64
```

298 メソッド名を指定してメソッドを呼び出したい

Type.GetMethod	MethodInfo.Invoke

関　連	―
利用例	継承関係にないオブジェクトを引数に取り、メソッド名で呼び出す共通メソッドを実装する

MethodInfoオブジェクトを取得し、Invokeメソッドを利用する

オブジェクトのメソッドを呼び出すには、オブジェクトの型（Typeクラスのオブジェクト）のGetMethodメソッドを呼び出して得たMethodInfoオブジェクトのInvokeメソッドを利用します。

● メソッドの呼び出し

```
// using System.Linq; が必要
class Test
{
    public string Hello(string name, string title)
    {
        return $"Hello {title} {name}!";
    }
    int Sum(params int[] a)
    {
        return a.Sum();
    }
    public int Zero(int n) { return 0; }
    public long Zero(long n, string s) { return 0L; }
}
...
var test = new Test();
// publicメソッドはType.GetMethodにメソッド名を与える
var hello = typeof(Test).GetMethod("Hello");
// MethodInfo.Invokeは第1引数に対象のオブジェクト
// 第2引数にメソッドの引数をobject配列で与える
Console.WriteLine(hello.Invoke(test, new object[] {"Gas", "President"}));
// => Hello Presidenet Gas!
// 非publicメソッドは第2引数にBindingFlags.NonPublic | BindingFlags.Instanceを
// 与える
var sum = typeof(Test).GetMethod("Sum",
        BindingFlags.NonPublic | BindingFlags.Instance);
```

```
Console.WriteLine(sum.Invoke(test, new object[] {new int[] { 1, 2, 3, 4,
5 }})); // => 15
// オーバーロードされたメソッドのMethodInfoを取得するには5引数のGetMethodを利用する
// 第3、5引数は基本的にnull（詳細は省略）。第4引数にメソッド引数の型配列を与える
var zero = typeof(Test).GetMethod("Zero",
            BindingFlags.Public | BindingFlags.Instance,
            null, new Type[] { typeof(long), typeof(string) }, null);
Console.WriteLine(zero.Invoke(test, new object[] { 0L, string.Empty }));
// => 0
```

静的メソッドの取得方法

　上の例では省略しましたが、静的メソッドを取得するにはBindingFlags.Instanceの代わりにBindingFlags.Staticを指定し、呼び出すにはInvokeの第1引数にnullを与えます。

299 フィールド名を指定してフィールドにアクセスしたい

| Type.GetField | FieldInfo.GetValue | FieldInfo.SetValue |

関　連	—
利用例	テスト用に既存オブジェクトの**private**フィールドに値を設定する

FieldInfoオブジェクトを取得し、GetValue／SetValueメソッドを利用する

オブジェクトのフィールドを取得／設定するには、オブジェクトの型（Typeクラスのオブジェクト）のGetFieldメソッドを呼び出して得たFieldInfoオブジェクトのGetValue／SetValueメソッドを利用します。

● フィールドにアクセスする

```
class Test
{
    public int counter = 3;
    internal string name = "abc";
    public static readonly string classDesc = "xyz";
}
...
var test = new Test();
// publicフィールドはType.GetFieldにフィールド名を与える
var counter = typeof(Test).GetField("counter");
// 非publicフィールドは第2引数にBindingFlags.NonPublic | BindingFlags.Instance
// を与える
var name = typeof(Test).GetField("name",
        BindingFlags.NonPublic | BindingFlags.Instance);
// フィールド値を取得するには、FieldInfo.GetValueに対象のオブジェクトを与える
Console.WriteLine($"{counter.GetValue(test)}, {name.GetValue(test)}");
// フィールドに値を設定するには、FieldInfo.SetValueに対象のオブジェクトと値を与える
counter.SetValue(test, 48);
name.SetValue(test, "ABC");
Console.WriteLine($"{test.counter}, {test.name}");
// publicフィールドはType.GetFieldにフィールド名を与える（静的フィールドかは問わない）
var classdesc = typeof(Test).GetField("classDesc");
// 静的フィールドのFieldInfo.GetValue／SetValueの第1引数はnullを与える
classdesc.SetValue(null, "XYZ");
// readonlyかどうかは関係しない
Console.WriteLine(Test.classDesc);    // => XYZ （readonlyはコンパイル時の制約な
                                      // ので影響しない）
```

477

300 変数名やメソッド名を文字列で取得したい

nameof			C#6
関　連	290	例外をスローしたい	P.461
利 用 例	例外メッセージやログにメソッド名や変数名を設定する		

▌nameof演算子を利用する

　nameof演算子に変数名やメソッド名などの識別子を与えると、同等の文字列を得られます。

●呼び出されたメソッドと引数を出力する

```
void Test(string testparam)
{
    Console.WriteLine($"{nameof(Test)} was called with {testparam} as ↵
{nameof(testparam)}");
}
// nameof(TesT)のように書き間違えるとCS0103のコンパイルエラーとなる
```

　変数名やメソッド名などの識別子は文字列ではないので、例外メッセージなどにそのまま埋め込むことはできません。文字列として扱うには別途文字列リテラルで指定する必要があります。

　文字列リテラルはコンパイラによって検証されるわけではないため、間違った変数名やメソッド名を書くと、それがそのまま利用されてしまいます。nameofは演算子なので指定した変数名やメソッド名が正しいかどうかコンパイル時にチェックされます。これにより正しい名前が利用できます。また、インテリセンスで補完されるのも良い点です。

301 プログラム内で動的にコードを生成して実行したい（DSLを使いたい）

System.CodeDom.Compiler.CodeDomProvider

関　連	296　クラス名からオブジェクトを生成したい　P.472
利用例	大量の設定データをエラー検出つきで一度に処理する

System.CodeDom.Compilerネームスペースのクラスを利用する

　System.CodeDom.Compilerネームスペースの各種クラスは、プログラム内でソースファイルをコンパイルするための機能を提供します。これらを利用することで、C#のソースコードに置換可能な正規表現を利用した行指向の簡易言語を、DSLとして比較的容易に導入できます。

　以下のプログラムは、各行にキーワードと値を「キー ＝ 値」形式で記述する方式の設定ファイルをソースファイルとして扱う例です。このような設定ファイルはキーワードとプロパティを一致させ、プロパティ名を呼び出して設定すればある程度はコンパクトに処理できます レシピ297 。しかしコンパイルすることで、コンパイラに設定ファイルの記述ミスの検出と指摘を任せることが可能となります。

● キーワード=値形式の設定ファイルをコンパイルしてプログラムに取り込む

```
// using System.CodeDom.Compiler; using System.Linq; using System.Reflection;
// using System.Text; using System.Text.RegularExpressions; が必要
const string SettingString = // 想定しているのは設定項目が100行近くある設定ファイルである
@"Name = ""名前""   # 文字列は""で囲むルールにする
Timeout = 3000    # コメントは#を踏襲する
Interval = 30000 # 式末尾の;はなくても良いことにする
";  // 設定ファイルを格納するためのクラスを用意する
public class Setting
{
    public string Name { get; set; }
    public int Timeout { get; set; }
    public int Interval { get; set; }
}
...
// C#コンパイラを取得する（大文字小文字を無視するならVBを使っても良い）
var provider = CodeDomProvider.CreateProvider("C#");
// メモリ上にテンポラリにアセンブリを作成する
var option = new CompilerParameters { GenerateInMemory = true };
// Settingクラスを参照させるので/r:オプションで指定するアセンブリを追加する
```

479

```csharp
option.ReferencedAssemblies.Add(Assembly.GetAssembly(
        typeof(Setting)).Location);
// 動的なコンパイルはCodeDomProvider.CompileAssembyFromSourceを利用する
// 第1引数はCompilerParametersオブジェクト
// 第2引数は文字列配列 (個々の文字列が1単位のアセンブリとなる)
// 返り値はCompilerResultsオブジェクト
var result = provider.CompileAssemblyFromSource(option, new string[] {
    // SetttingString文字列定数を行単位にソースファイルに整形する
    SettingString.Split('\n').Select(s =>
    {   // 有効行の#以下を落として式末尾「;」を設定する
        var m = Regex.Match(s, @"\A([^#= ]+\s*=\s*[^#]+)");
        if (m.Success)
        {
            return m.Groups[1].Value + ";";
        }
        // 無効行も文字列として残しておくことでエラー時の行番号が合うようにする
        return string.Empty;
        // 設定内容をSettingクラスから派生したクラスのコンストラクターの処理としてソース化する
    }).Aggregate(new StringBuilder(
        //以下を1行にすることでコンパイルエラーの行番号をそのまま利用できるようにする
        "public class RealSetting : SettingCompile.Setting { public
RealSetting() {",
        (builder, s) => builder.AppendLine(s)).AppendLine("}}").ToString()});
// コンパイルエラーになるとCompilerResult.Errorsプロパティにエラー情報が格納される
if (result.Errors.HasErrors)
{
    foreach (var err in result.Errors)
    {   // コンパイルエラーのファイル名の箇所を「settingfile」に置き換えて出力
        Console.WriteLine(Regex.Replace(err.ToString ( ),
            @"\A[^(]+", "settingfile"));
    }   // 例) settingfile(3,1) : error CS0103: 名前 'Intreval' は現在のコンテキ
スト内に存在しません。
    Environment.Exit(1);
}
// コンパイルされたアセンブリはCompilerResult.CompiledAssemblyプロパティから
// クラス名を指定して取得できる
var settingclass = result.CompiledAssembly.GetType("RealSetting");
// アセンブリ化したRealSettingクラスを作成するとコンストラクターで設定処理が実行される
// プログラム内では、派生元のSettingクラスとして扱う
var setting = settingclass.GetConstructor(Type.EmptyTypes).Invoke(null)
        as Setting;
Console.WriteLine($"Name={setting.Name}");       // => 名前
Console.WriteLine($"Timeout={setting.Timeout}"); // => 3000
Console.WriteLine($"Interval={setting.Interval}");// => 30000
```

302 独自の属性を作成したい

| Attribute | AttributeUsage | AttributeTargets |

関　連	303　属性を取得したい　P.482
利用例	ロガーが与えられたオブジェクトの何をログ対象にするか決定するための属性を定義する

System.Attributeクラスを継承する

　属性はSystem.Attributeクラスを継承して作成します。属性の設定値はコンストラクターの引数およびpublicフィールドまたはpublicプロパティ（読み書きが可能であることが必要）を利用します。利用可能な設定値は数値、ブール値、文字列、Type、列挙体、これらの型の1次元配列に限定されます。

　また、クラス定義にAttributeTargets列挙体を指定したAttributeUsage属性を付加して、属性クラスの付加対象を指定します。AttributeUsage属性はこれ以外にもInherited（継承クラスやオーバーライドしたメソッドにも引き継がれるかどうか。既定値はtrue）、AllowMultiple（同一ターゲットに複数設定可能か。既定値はfalse）プロパティがあり、必要に応じて既定値を変えられます。

●Sample302.cs：プロパティとフィールドにログ出力するための属性を定義する

```
// プロパティとフィールド用
[AttributeUsage(AttributeTargets.Property | AttributeTargets.Field)]
public class ShouldBeLoggedAttribute : Attribute // Attributeクラスを継承する
{   // Titleプロパティが設定されたらフィールド/プロパティ名の代わりにそれを利用する
    public string Title { get; set; }
}
```

　ここで定義したShouldBeLoggedAttributeクラスの利用方法は、レシピ303 を参照ください。

303 属性を取得したい

MemberInfo.GetCustomAttributes	
関　連	302　独自の属性を作成したい　P.481
利 用 例	ログ対象の属性が設定されているフィールド／プロパティのみのログを取る

MemberInfo.GetCustomAttributes メソッドを利用する

属性を取得するには、MemberInfo（PropertyInfo、FieldInfo、MethodInfo、EventInfoの継承元クラス）のGetCustomAttributesメソッドを利用します（表18.1）。

表18.1　属性の取得方法

ターゲット	メソッド
アセンブリ	Assembly.GetCustomAttributes
プロパティ	PropertyInfo.GetCustomAttributes
フィールド	FieldInfo.GetCustomAttributes
メソッド	MethodInfo.GetCustomAttributes
メソッドの返り値	MethodInfo.ReturnTypeCustomAttributes
メソッドのパラメーター	ParameterInfo.GetCustomAttributes （ParameterInfo は MethodInfo.GetParameters メソッドで取得する）

GetCustomAttributesは1引数（継承元までさかのぼるかどうかを示すブール値）のものと、2引数（属性のTypeと、継承元までさかのぼるかどうかを示すブール値）のものの2つのオーバーロードがドキュメントに記載されています。しかし、実際はブール値を指定しなくても呼び出し可能です。

GetCustomAttributesはType指定可能な呼び出しを含めて属性オブジェクトの配列を返します。それは、レシピ302 にあるように、属性クラスの定義時にAttributeUsage.AllowMultipleをtrueに設定できるからです。

●Sample303.cs：ShouldBeLoggedAttribute が設定されたフィールド、プロパティのみを出力する

```
// using System.Collections.Generic; using System.Linq; が必要
// レシピ302 のSample302.csが必要
public static class ObjectDumper
{
    // ここでは与えられたオブジェクトをコンソール出力する
```

```csharp
public static void Dump(object o)
{
    if (o != null)
    {
        var type = o.GetType();
        // Type.GetMembersメソッドは指定したBindingFlagsにマッチする
        // MemberInfoの配列を返す
        // ここでは読み取り可能なフィールド(GetField)と
        // プロパティ(GetProperty)を指定
        foreach (var elem in type.GetMembers(BindingFlags.Public |
                BindingFlags.NonPublic | BindingFlags.Instance |
                BindingFlags.GetField | BindingFlags.GetProperty)
                .Select(f => CreateData(f, o)).Where(t => t != null))
        {
            Console.WriteLine($"{elem.Item1}={elem.Item2}");
        }
    }
}
// MemberInfo(PropertyInfoとFieldInfo(MethodInfoも同様)の継承元クラス)と
// 実装元のオブジェクトを与えて、ShouldBeLoggedAttributeが設定されていれば
// 表示用タイトルと値のタプルを返す。未定義ならnullを返す
static Tuple<string, object> CreateData(MemberInfo mi, object o)
{
    // MemberInfo.GetCustomAttributes(Type, bool)は該当メンバーの指定属性を返す
    var attr = mi.GetCustomAttributes(
            typeof(ShouldBeLoggedAttribute), true)
            .SingleOrDefault() as ShouldBeLoggedAttribute;
    if (attr == null)
    { // ShouldBeLoggedAttributeが設定されていなければnullを返す
        return null;
    }
    // PropertyInfoとFieldInfoは別々にGetValueメソッドを定義しているので
    // リフレクションを利用してGetValue(object)のMethodInfoを取得して実行する
    var getvalue = mi.GetType().GetMethod("GetValue",
            new Type[] { typeof(object) });
    // ShouldBeLoggedAttribute.Titleが設定されていればそれを利用する
    return Tuple.Create(string.IsNullOrEmpty(attr.Title) ? mi.Name :
            attr.Title, getvalue.Invoke(mi, new object[] { o }));
}
```

MEMO

PROGRAMMER'S RECIPE

第 19 章

プログラム開発支援

本章ではプログラム開発に有用なレシピを紹介します。
本章のすべてのコードは特に断り書きがない限り
using System;
using System.Diagnostics;
が必要です。

304 事前条件、事後条件、不変条件を記述したい

| System.Diagnostics | Debug.Assert |

| 関　連 | 014　コンパイル時にソースコードの有効無効を切り替えたい　P.025 |

| 利 用 例 | メソッドの意味あるドキュメントとして説明を埋め込む |

Debug.Assert静的メソッドを利用する

　System.Diagnostics.DebugクラスのAssert静的メソッドに条件と条件失敗時のメッセージ（オプション）を与えることで、事前条件（オブジェクトの状態、引数の正当性など）、事後条件（返り値の正しさ）、不変条件（実行の前後で変化がないこと）を表明します。

　Debug.Assert静的メソッドはDEBUGシンボルを指定してコンパイルした場合のみ有効となり、与えた条件がfalseの場合は指定したメッセージとスタックトレースを表示するダイアログをポップアップします（図19.1）。

図19.1　Assert静的メソッドにより表示されるダイアログ

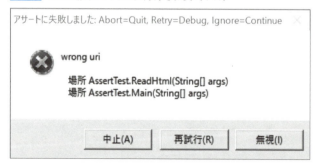

DEBUGシンボルの指定方法

　コマンドラインコンパイル時は、/d:DEBUGオプションを指定します。Visual StudioではDebugビルドを選択します。または「#define DEBUG」をソースに挿入します（レシピ014）。

●**Assert を入れたメソッド**

```
internal string ReadHtml(string uri)
{
    // uriはnullではなく、http://で始まること
    Debug.Assert(uri != null && uri.IndexOf("http://") == 0, "wrong uri");
    using (var client = new HttpClient())
    {
        var result = client.GetStringAsync(uri).Result;
        Debug.Assert(!string.IsNullOrEmpty(result),
                     "server should return HTML if OK");
        return result;
    }
}
```

事前条件と引数の検証との区別

　事前条件は、引数の検証（ArgumentException例外をスローすべきもの）と区別が必要です。ライブラリのように外部プログラムからの呼び出しを受ける、もしくはコマンドラインのように人間の入力を受けるメソッドについては、Assertではなく、引数の検証を行ってください。

305 プログラムの要所でトレース（デバッグ）出力をしたい

| Debug.WriteLine | Debug.AutoFlush |

関　連	—
利用例	リリースビルドでは無効になるprintfデバッグ用出力を記述する

Debug.WriteLine静的メソッドを利用する

　DebugクラスのWriteLine静的メソッドを呼び出すと、DEBUGシンボルを指定してコンパイルした場合に限ってデバッグ出力を行えます。

　Visual Studio内で実行する場合は、デバッグ出力は［出力］ウィンドウに表示されます。コンソールで実行する場合は、DebugクラスのListenersコレクションにリスナーを登録しておく必要があります。

　WriteLine静的メソッドには文字列を指定するものや、オブジェクトとそのオブジェクトのキャプションとして出力される文字列の2つの引数を指定するものなど、複数のオーバーロードされたメソッドがあります。

● Debug.WriteLineの利用例

```
// ConsoleTraceListenerはDebug.WriteLineを標準出力へ出力する定義済みリスナー
Debug.Listeners.Add(new ConsoleTraceListener());
// WriteLineを呼び出す都度バッファをフラッシュするには
// AutoFlushプロパティをtrueに設定する
Debug.AutoFlush = true;
Debug.WriteLine("start");        // /D:DEBUGコンパイル時はstartが出力される
Debug.WriteLine(obj, "test");    // => test: (obj.ToString()の結果)
```

Debug.AutoFlushプロパティについて

　DebugクラスのAutoFlush静的プロパティをtrueに設定すると、出力が常にフラッシュされるためパフォーマンスが低下します（リリースビルド時は影響しません）。しかし例外でアプリケーションが終了する原因をデバッグ出力で調査するような場合は、例外の直前の出力が正しく行われるようにtrueに設定してください。

306 デバッグ（トレース）出力をファイルに書き出したい

| Debug.Listeners | Trace.Listeners | DefaultTraceListener | TextWriterTraceListener |

関連	018 構成ファイルの情報を利用したい　P.033 305 プログラムの要所にトレース（デバッグ）出力をしたい　P.488
利用例	実行時のトレース出力をファイルに出力する

Listenersプロパティにリスナーを設定する

Debugクラス、TraceクラスのWriteLine、WriteLineIfなどのメソッドの出力先は、各クラスのListeners静的プロパティに追加したリスナーによって決まります。

既定のリスナーにはWindows APIのOutputDebugString関数を呼び出すDefaultTraceListenerが設定されています。

この設定は、構成ファイル（.exe.config）で変更できます。

●Sample306.exe.config：構成ファイルでトレース出力先ファイルを指定する

```
<configuration>
    <system.diagnostics>
        <!-- 要素名はtraceだが、Debugクラスのリスナーも設定される -->
        <trace autoflush="false"> <!-- AutoFlushプロパティを設定可能 -->
            <listeners>
                <remove name="Default" /> <!-- 既定のリスナーを削除（削除しなくて
も良い）-->
                <!-- C:\temp\traceOut.logに出力するTextWriterTraceListenerを設定
                     name属性は何でも良い（リスナーのNameプロパティに設定される）-->
                <add name="fileListener"  type="System.Diagnostics.Text
WriterTraceListener"initializeData="c:\temp\traceOut.log" />
                <!-- コンソール（標準出力）へトレース出力するには以下の設定を利用する
                <add name="consoleListener"  type="System.Diagnostics.
ConsoleTraceListener"/>
                -->
            </listeners>
        </trace>
    </system.diagnostics>
</configuration>
```

注意点

　この機能を利用するには、コンパイル時にDEBUGシンボルまたはTRACEシンボルを定義しておく必要がある点に注意してください。未定義のままだと、そもそもDebug.WriteLineやTrace.WriteLineが呼び出されません。Visual Studioでリリース版を作成し、かつ、この機能を利用してトレースを取るのであれば、Debug.WriteLineではなくTrace.WriteLineを利用してトレース出力するコードを記述しておく必要があります。

　なお、ファイルへ書き出す場合は適宜（たとえばメソッドの退出時など）、Trace.Flush()やDebug.Flush()を呼び出さないと、バッファ中の出力が失われる可能性があります。これを避けるには構成ファイルのtrace要素でautoflush属性をtrueに設定してください。ただし、トレース出力の都度ファイルへの書き込みが発生するため、パフォーマンスが低下する可能性があります。

307 現在実行中のメソッド名を取得したい

StackFrame

関連	―
利用例	ログ出力メソッド内で呼び出したメソッド名を出力する

StackFrameクラスを利用する

System.Diagnostics.StackFrameクラスは、指定したメソッドのスタック情報を示します。

StackFrameクラスのintを引数に取るコンストラクターではスキップするスタックフレーム数を指定できるため、1を指定すると現在のメソッドを呼び出したメソッドのスタックフレームを取得できます。

● メソッド名を表示する

```
static void Foo()
{
    Bar();
}
static void Bar()
{
    Baz();
}
static void Baz()
{
    var sf = new StackFrame();              // 現在のスタックフレームを取得
    Console.WriteLine(sf.GetMethod().Name); // => Baz
    sf = new StackFrame(1);                 // 1つ上のスタックフレームを取得
    Console.WriteLine(sf.GetMethod().Name); // => Bar
    sf = new StackFrame(2);                 // 2つ上のスタックフレームを取得
    Console.WriteLine(sf.GetMethod().Name); // => Foo
}
```

呼び出し数を超えた数値を与えた場合

コンストラクターに呼び出し数を超えた数値を与えると内容がnullのStackFrameオブジェクトが生成されます。この場合、StackFrame.GetMethodの呼び出し結果などはnullとなります。

308 処理にかかった時間を計測したい

System.Diagnostics.Stopwatch	
関　連	―
利 用 例	実行時の処理時間を計測する

Stopwatchクラスを利用する

　System.Diagnostics.Stopwatchクラスを利用して処理時間などを計測できます。
　1ミリ秒以下の処理時間を求めるには、Stopwatch.Frequency静的フィールド（1秒当たりの周波数）とElapsedTicks（経過Tick数。1Tickは1秒をStopwatch.Frequencyで割った値）を利用します。

●Stopwatchを使って処理時間を計測する

```csharp
// using System.IO; が必要
long ToMicroSecs(long ticks)  // Tick数からマイクロ秒を求める
{
    return (long)(1000000.0 / Stopwatch.Frequency * ticks);
}
// 1秒当たりのTick数（現在のハードウェアでは1Tickあたり3～400ナノ秒程度）
Debug.WriteLine($"my hardware frequency = {Stopwatch.Frequency} Ticks");
var watch = Stopwatch.StartNew();         // 生成と計測開始を同時に行う
Directory.EnumerateFiles(@"C:\Windows\System32");   // それなりに時間がかかる処理
watch.Stop();                             // 計測終了
Debug.WriteLine(watch.ElapsedTicks);      // Start-Stop間のTick数
Debug.WriteLine(ToMicroSecs(watch.ElapsedTicks));// マイクロ秒
Debug.WriteLine(watch.ElapsedMilliseconds);// ミリ秒 => この処理は0になる可能性が高い
watch.Restart();                          // 各種Elapsedを0にリセットして開始
Directory.EnumerateFiles(@"C:\Windows\System32");   // それなりに時間がかかる処理
watch.Stop();                             // 計測終了
Debug.WriteLine(ToMicroSecs(watch.ElapsedTicks)); // 2回目のほうが高速なはず
```

> **NOTE**
>
> **長期の計測はTimeSpanオブジェクトを利用する**
>
> 　分や時間といった長期の計測を行う場合は、上で示したElapsedTicksプロパティやElapsedMillisecondsプロパティではなく、Elapsedプロパティで取得できるTimeSpanオブジェクトを利用すると良いでしょう。

309 Visual Studioのインテリセンスに自作クラスのヘルプを表示したい

XMLコメント	
関 連	―
利用例	メソッドの説明をXMLコメントで記述する

XMLコメントを利用する

C#にはXMLコメントと呼ばれる、特別なコメントの記述形式があります。XMLコメントはC#のコメントとしてソースコード内に組み込むために、先頭を3個の「/」で開始します。次にXMLコメントで決められた要素名のXMLタグを記述し、要素のテキストとしてコメントを記述します。

この形式にそって記述したクラス、フィールド、プロパティ、メソッドなどのコメントは、Visual Studioで編集中、インテリセンスで表示されます（図19.2）。

図19.2 ユーザーにより記述された説明がインテリセンスで表示されている

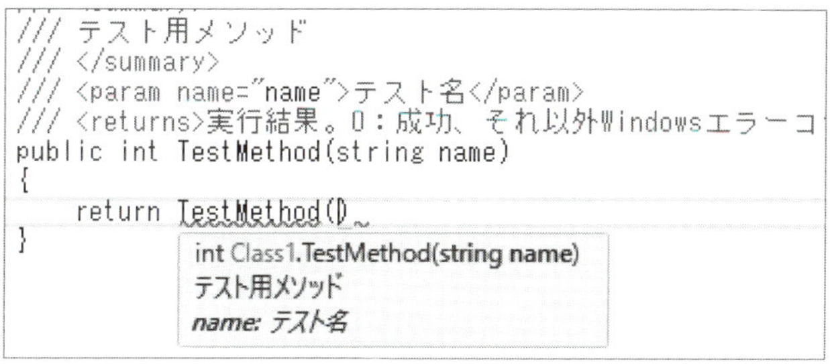

```
/// テスト用メソッド
/// </summary>
/// <param name="name">テスト名</param>
/// <returns>実行結果。0：成功、それ以外Windowsエラーコ
public int TestMethod(string name)
{
    return TestMethod().
}
        int Class1.TestMethod(string name)
        テスト用メソッド
        name: テスト名
```

Visual Studioではテンプレートが自動生成される

Visual Studio利用時は、メソッド、プロパティ、フィールド、定数、クラスなどの定義の直前行で「///」を入力することで自動的にテンプレートが生成されます。

● フィールド、プロパティ、メソッドのXMLコメント

```
/// <summary>
/// フィールドや定数の説明
/// </summary>
public string Name;
/// <summary>
```

```
/// プロパティの説明
/// </summary>
/// <value>
/// プロパティの値の詳細を説明
/// </value>
public string Description { get; set; }
/// <summary>
/// メソッドの説明
/// </summary>
/// <param name="パラメーター名">メソッドに与える引数の名前</param>
/// <returns>返り値の説明</returns>
public int MethodSampleDescription(string パラメーター名)
{   ...
```

XMLコメントの主な要素

XMLコメントの主な要素を表19.1に示します。

表19.1　XMLコメントの要素

要素名	内容	その他
summary	概要説明	
param	メソッドのパラメーターの説明	属性nameにパラメーター名を記述
returns	メソッドの返り値の説明	
exception	メソッドがスローする例外の説明	属性crefに例外型を記述
typeparam	ジェネリック型パラメーターの説明	属性nameに型パラメーター名を記述
value	プロパティの値の説明	

コマンドラインでのXMLドキュメントファイルの生成方法

コマンドラインコンパイルでXMLドキュメントファイルを生成するには、「/doc:ファイル名」の形式で指定します。

●XMLドキュメントを出力する設定でコンパイルする（src¥Sample309.csのコンパイル例）

```
C:¥Documents>csc /target:library /doc:Sample309.xml src¥Sample309.cs
```

XMLドキュメントファイルの配布方法

生成したXMLドキュメントファイルはDLLと同じディレクトリに配置されるように配布してください。Visual Studioで該当DLLを参照設定すると、DLLの利用者はインテリセンスでXMLコメントに記述した説明を参照できるようになります。

310 ユニットテストを作りたい

| Microsoft.VisualStudio.TestTools.UnitTesting | Assert | Visual Studio 2005 |

| 関 連 | — |
| 利用例 | ユニットテストをソリューションに追加する |

ユニットテストの作成方法

C#でユニットテストを作るには、Visual StudioのVisual C#用のプロジェクトテンプレートから［テスト］→［単体テストプロジェクト］を選択してソリューションに追加するか、またはサードパーティのNUnit（URL http://www.nuint.org/）を利用します。

Visual Studioでの単体テストプロジェクトの利用方法

ここではVisual Studioの単体テストプロジェクトの利用方法について説明します。
ソリューションに単体テストプロジェクトを追加した後は、次の手順で単体テストを作成します。

❶ 参照マネージャーを利用してテスト対象のプロジェクト（同一ソリューションのメインとなるプロジェクト）を選択します。

❷ 既定で作成されるUnitTestProject1.UnitTest1クラスを編集してテストを記述します。

❸ メニューから［テスト］→［実行］→［すべてのテスト］などで実行するか、または［テスト］→［デバッグ］→［選択したテスト］などでデバッグ実行します。［選択したテスト］は、現在カーソルがあるテストメソッドを実行します（カーソルがテストメソッドにない場合は何も起きない）。

●ユニットテスト用の主な属性とメソッド

```
[TestClass]  // 単体テストで実行するクラスに必須の属性
public class UnitTest1
{
    [TestInitialize]    // 各テストの実行前に実行される
    public void BeforeTest()
    {
        // テスト対象のオブジェクトの生成、各テストそれぞれに与えるファイルの作成など
    }
```

```csharp
    [TestCleanup]          // 各テストの実行後に実行される
    public void AfterTest()
    {
        // テスト対象のオブジェクトの破棄、各テストそれぞれに与えるファイルの削除など
    }
    [TestMethod]           // テストメソッド
    public void TestNormal()    // 引数は指定できない
    {   // 2引数のAssertメソッドは期待値、実行値の並び
        // 後続する文字列引数を与えると、表明違反時にメッセージ出力される
        Assert.AreEqual(30, Target.Method(8));    // 期待値とメソッドの呼び出し結果が
等しいか
        Assert.AreNotEqual(30, Target.Method(9)); // 期待値とメソッドの呼び出し結
果が等しくないか
        Assert.IsFalse(Target.FalseMethod());  // 呼び出し結果が偽か
        Assert.IsNull(Target.NullMethod());    // 呼び出し結果がnullか
        Assert.IsTrue(Target.TrueMethod());    // 呼び出し結果がtrueか
        CollectionAssert.AreEuql(new int[] { 1, 2, 3 },
                        new List<int> { 1, 2, 3 });  // ICollectionの要素を比較
        StringAssert.Contains("expected", Target.GetMessage());  // 期待値が
含まれるかStringAssert.Matchesは期待値が第1引数ではない点に注意
        StringAssert.Matches(Target.GetMessage(), @"¥A¥d¥d¥d¥Z"); // 正規表
現にマッチするか
    }
    [TestMethod]
    [ExpectedException(typeof(ArgumentException))]  // 指定した例外型がスローさ
れるか
    public void TestException()
    {   // デバッグ実行すると正しく例外が発生した時点でブレークするので続行する
        Target.Method("wrong argument");
    }
}
```

　メインのプロジェクトのプラットフォームターゲットをx86またはx64に固定している場合、テストのメニューアイテムがグレーアウトして実行できないことがあります。この場合は［テスト］→［テスト設定］→［既定のプロセッサアーキテクチャ］でターゲットアーキテクチャをメインのプロジェクトのプラットフォームターゲットに合わせます。

311 サードパーティのアセンブリを利用したい

NuGet	パッケージマネージャー	Visual Studio 2010 以上
関　連	—	
利 用 例	メソッドの説明をXMLコメントで記述する	

NuGetと入手方法

　.NET Framework用のパッケージ（プロジェクトに組み込んで利用するサードパーティライブラリ）の管理ツールにNuGetがあります。

　Visual Studio 2010の場合は、メニューから［ツール］→［アドインマネージャー］→［NuGet］を選択し、ダウンロード、インストールすると［ツール］メニューに「NuGetパッケージマネージャー」が組み込まれます。それ以上のバージョンでは最初から利用可能となっています。

NuGetの利用方法

NuGetは以下の手順で利用します。

❶ソリューションに組み込みたいパッケージを探す
- URL http://www.nuget.org/ の検索窓にキーワードを入力して検索する
- 他の開発者から情報を得る

❷Visual Studioのメニューから［ツール］→［NuGetパッケージマネージャー］→［パッケージマネージャーコンソール］を選択してパッケージマネージャーコンソールを開く

❸パッケージマネージャーコンソールに「Install-Package パッケージ名」を入力する
- プロジェクトディレクトリ下のpackagesディレクトリにダウンロードされ、参照設定がされる

その他のコマンドとして以下を利用します。

- 「Update-Package」……組み込まれたパッケージを更新する
- 「Uninstall-Package パッケージ名」……組み込んだパッケージをアンインストールする Install-Packageと異なりパッケージ名は大文字小文字が区別される点に注意
- 「Get-Package」……インストールしたパッケージを表示する

たとえば レシピ310 で触れたNUnitを組み込む例を以下に示します。

●NUnitをWindowsFormsApplication1プロジェクトに組み込む

```
PM> Install-Package nunit     ←インストール時は大文字小文字を問わない
'.NETFramework,Version=v4.5.2' を対象とするプロジェクト
'WindowsFormsApplication1' に関して、パッケージ 'nunit.3.2.0' の依存関係情報の収集⏎
を試行しています
DependencyBehavior 'Lowest' でパッケージ 'nunit.3.2.0' の依存関係の解決を試行して⏎
います
(省略)
パッケージ 'NUnit.3.2.0' をフォルダー 'C:¥Documents¥Visual Studio 2015¥⏎
Projects¥WindowsFormsApplication1¥packages' に追加しました
パッケージ 'NUnit.3.2.0' を 'packages.config' に追加しました
'NUnit 3.2.0' が WindowsFormsApplication1 に正常にインストールされました
PM>
```

> **NOTE**
>
> **パッケージのバージョンを指定する場合**
>
> 　パッケージのバージョンを指定する場合は「Install-Package パッケージ名 -Version 2.0.0」(バージョン2.0.0を指定した例)のように-Versionオプションを利用します。

第 20 章

Windows環境

本章ではWindows固有の機能を利用するレシピを紹介します。
レシピ318 では、Visual StudioでCOMコンポーネントを参照設定してスタブを作成するアクセス方法ではなく、実行時に処理する方法について説明します。

312 レジストリのデータを取得／設定したい

Microsoft.Win32.Registry

関　連	313　レジストリからキーやデータを削除したい　P.501
利用例	レジストリから情報を得る

Registryクラスを利用する

　レジストリから単純に値を取得／設定するには、Microsoft.Win32.Registryクラスを利用します。

●拡張子が.csのファイルに関連付けられているアプリケーションを取得／設定する

```
// GetValue静的メソッドにキー、値名（既定値の場合はnull）、見つからない場合の既定値を指定する
var obj = Registry.GetValue(@"HKEY_CLASSES_ROOT¥.cs", null, null);
if (obj != null)    // 取得できたら処理を進める
{
    Console.WriteLine(obj); // 関連付けられたファイル識別子
    // ダブルクリックの設定値を参照する
    Console.WriteLine(Registry.GetValue(@"HKEY_CLASSES_ROOT¥" + obj + @"¥
shell¥Open¥Command", null, null));
    if (!obj.Equals("VisualStudio.cs.14.0"))
    {   // HKEY_CLASSES_ROOTへの書き込み権限がなければUnauthorizedAccess
Exception例外となる
        Registry.SetValue(@"HKEY_CLASSES_ROOT¥.cs", null, "VisualStudio.
cs.14.0");
    }
}
```

　GetValue静的メソッドは、キー名、値名、既定値の3つの引数を取ります。キー名が見つからない場合はnull、キー名は見つかったものの値名が見つからない場合は既定値が返ります。

　SetValue静的メソッドは、キー名、値名、値、レジストリ型を示すオプションのRegistryValueKind列挙体（レシピ313 NOTE 参照）の3または4つの引数を取ります。

　これらのメソッドは、呼び出しの都度キーのオープン／クローズを行うため、連続して値の読み書きを行う場合は、レシピ313のMicrosoft.Win32.RegistryKeyを利用すべきです。

313 レジストリからキーやデータを削除したい

Microsoft.Win32.RegistryKey | Microsoft.Win32.Registry

関　連	312　レジストリのデータを取得／設定したい　P.500
利用例	不要なレジストリキーを削除する

RegistryKeyクラスを利用する

　レジストリを本格的に操作するには、Microsoft.Win32.RegistryKeyクラスを利用します。
　RegistryKeyクラスを利用するには以下の手順を取ります。

❶ Registryクラスの静的フィールドからルートのRegistryKeyオブジェクトを選択します。

❷ OpenSubKeyまたはCreateSubKeyメソッドを呼び出して、操作対象のRegistryKeyオブジェクトを取得します。

❸ ②で取得したRegistryKeyオブジェクトのDeleteSubKey、DeleteValue、CreateSubKey、CreateValue、GetValue、SetValueなどのメソッドを呼び出して操作します。

❹ 処理が終わったらRegistryKeyオブジェクトのDisposeメソッドを呼び出して廃棄します。

●CURRENT_USER¥Softwareの下にShoei¥CSキーを作成し値を設定し、値を削除し、キーを削除する

```
// CreateSubKeyメソッドは指定したサブキーが存在しなければ作成し、存在すれば
// オープンする。第2引数で読み込み専用（false）か書き込み可能（true）かを指定
using (var shoeiKey = Registry.CurrentUser.CreateSubKey(@"Software¥Shoei¥
CS", true))
{
    // SetValueメソッドは値名と値（object型）を取る
    shoeiKey.SetValue("title", "C# recipe");
    // GetValueメソッドは値名を取る
    Console.WriteLine(shoeiKey.GetValue("title"));
    // DeleteValueメソッドは指定した値を削除する
    shoeiKey.DeleteValue("title");
    // Regeditで確認するとHKEY_CURRENT_USER¥Software¥Shoei¥CSキーを確認できる
    Console.ReadLine();    // Regeditで確認
}
// DeleteSubkeyは指定したサブキー（末端）を削除する
Registry.CurrentUser.DeleteSubKey(@"Software¥Shoei¥CS");
Registry.CurrentUser.DeleteSubKey(@"Software¥Shoei");
```

RegistryKeyオブジェクトを作成するには、最初に既知のルートキーのRegistryKeyオブジェクトのCreateSubKey（または存在することがわかっているのであればOpenSubKey）メソッドにサブキー名を与えます。CreateSubKeyメソッドは指定したサブキーが存在しなければ、途中のキーを含めて作成します。

　表20.1は、用意されている主なルートキーです。

表20.1　Registryクラスの静的フィールド

フィールド名	レジストリキー名
ClassesRoot	HKEY_CLASSES_ROOT
CurrentConfig	HKEY_CURRENT_CONFIG
CurrentUser	HKEY_CURRENT_USER
LocalMachine	HKEY_LOCAL_MACHINE
Users	HKEY_USERS

> **NOTE**
>
> **RegistryValueKind列挙体**
>
> 　実際の型とレジストリの格納形式を表20.2で示します。
>
> 表20.2　主なレジストリ型と.NET型
>
> | レジストリ型 | RegistryValueKind列挙体 | .NET型 |
> | --- | --- | --- |
> | REG_SZ | RegistryValueKind.String | string |
> | REG_DWORD | RegistryValueKind.DWord | int |
> | REG_BINARY | RegistryValueKind.Binary | byte[] |
> | REG_MULTI_SZ | RegistryValueKind.MultiString | string[] |
> | REG_EXPAND_SZ | RegistryValueKind.ExpandString | string |
>
> 　REG_EXPAND_SZで格納された文字列をRegistry.GetValueメソッドで取得すると、拡張済みの文字列が渡されます。

314 システムをシャットダウン、ログオフ、再起動したい（WMIを利用して各種情報を処理したい）

| System.Management.ManagementClass | ApartmentState.STA | Win32_OperatingSystem |

関連	—
利用例	プログラムからシステムを再起動する

ManagementClassクラスを利用する

　System.Management.ManagementClassクラスを利用すると、WMI（Windows Management Infrastructure）を操作できます。特にWMIのWin32_OperatingSystemは、シャットダウン、日付設定などの操作からプロセス数、メモリの使用状況といった各種情報の取得など、管理に必要なさまざまな機能を提供します。

　Win32_OperatingSystemを利用するには以下の手順を取ります。

❶ System.Management.ManagementClassクラスの引数にWin32_OperatingSystemを与えて、WMIのWin32_OperatingSystemクラスを取得します。

❷ ①で取得したクラスのGetメソッドを呼び出して、実行中のWMIオブジェクトをバインドします。

❸ Scope（接続スコープ）プロパティのOptionsプロパティのEnablePrivilegesプロパティにtrueを与えて、適切な権限を利用可能にします。

❹ GetInstancesメソッドを呼び出して、ManagementObjectのコレクションからWMIのインスタンスを取得します。

❺-1. 取得したオブジェクトのInvokeMethodメソッドを呼び出して、Win32_OperatingSystemのメソッドを呼び出します。

❺-2. 取得したオブジェクトのインデクサー（またはGetPropertyValueメソッド）を呼び出して、Win32_OperatingSystemのプロパティを取得します。

❺-3. 取得したオブジェクトのインデクサー（またはSetPropertyValueメソッド）を呼び出して、Win32_OperatingSystemのプロパティを設定します。なお、プロパティの設定には管理者権限が必要です。

❻ ❺-3.でプロパティを設定した場合は、Putメソッドを呼び出して変更をコミットします。

　なお、❸で設定する特権については、呼び出したスレッドとManagementClassの

内部で呼び出されるWMIオブジェクトの実行スレッドを一致させる必要があります。このためには、アプリケーションを[STAThread]で修飾したMain静的メソッドで開始するか、またはManagementClassの生成をSetApartmentState(ApartmentState.STA)を呼び出したスレッドで行います。

●STAで実行するスレッドで各種情報の取得とシャットダウンを実行する

```
// using System.Linq; using System.Management; using System.
Threading; が必要
enum ShutdownFlags    // シャットダウン（再起動、ログオフ）のフラグ値
{
    LogOff = 0,      // ログオフ（サインアウト）
    Shutdown = 1,    // シャットダウン
    Reboot = 2,      // 再起動
    PowerOff = 8,    // 電源オフ
    Forced = 4,      // 強制的に実行する場合上記と組み合わせる
}
...
var t = new Thread(() =>    // STAで実行するためにスレッドを作成する
{   // Win32_OperatingSystemクラスを作成する
    using (var management = new ManagementClass("Win32_OperatingSystem"))
    {
        management.Get();    // Win32_OperatingSystemオブジェクトを取得する
        management.Scope.Options.EnablePrivileges = true;  // 権限を有効化する
        // WMIの実際のオブジェクトを列挙する
        foreach (var win32 in management.GetInstances().OfType<ManagementObject>())
        {   // プロパティの取得例
            Console.WriteLine($"CodeSet={win32["CodeSet"]}");   // => 932
            Console.WriteLine("Ready to Shutdown? (y/n)");
            if (Console.ReadLine() == "y")
            {   // InvokeMethodでWMIのメソッドを実行する。第1引数はメソッド名
                win32.InvokeMethod("Win32Shutdown",         // 第2引数はオブジェクト配列でメソッドの引数
                    new object[] {ShutdownFlags.Shutdown, 0});
            }
            win32.Dispose();
        }
    }
});
t.SetApartmentState(ApartmentState.STA);    // スレッドモデルをSTAに設定する
t.Start();                                  // スレッドを実行する
t.Join();                                   // スレッドの終了を待つ
```

315 イベントログへ書き込みたい

| System.Diagnostics.EventLog | WriteEntry | EventLogEntryType |

関連	—
利用例	エラーをイベントログへ書く

イベントログへ出力する手順

イベントログへ出力するには次の手順を取ります。

❶ 第1引数にアプリケーション名、第2引数にログファイル名を指定してCreateEventSource静的メソッドを呼び出してプログラムを登録します。第2引数をnullとすると、Applicationログへの出力となります。

❷ EventLogをnewしてオブジェクトを作成します。

❸ ❷で作成したEventLogオブジェクトのSourceプロパティに❶で指定したアプリケーション名を設定します。

❹ ❷で作成したEventLogオブジェクトのWriteEntryメソッドを呼び出してログを出力します。

> **NOTE**
>
> **イベントログ出力手順についての注意点**
>
> EventLog.CreateEventSourceおよび未登録時のSourceExistsの実行には管理者権限が必要です。これはアクセスに管理者権限が必要となるSecurityログを含むすべてのログを検索して、同じ名前が出現していないか確認するためです。したがってユーザー権限で実行するプログラムについては、上記の❶の処理は他の処理とは切り離してインストーラーなどで提供したほうが良いでしょう。
> 一度アプリケーション名を登録すると、以降はSecurityログ以外についてはユーザー権限で書き込みが可能です。

● イベントログへ書き込む

```
// using System.Diagnostics; が必要
const int IOErrorEvent = 101;        // EventID（任意の整数）
const short CatOperationFailed = 10; // カテゴリ（任意の整数）
...
```

```
if (!EventLog.SourceExists("EvLogTest"))   // アプリケーション名が未登録ならば登録する
{    // Applicationログを利用する場合、第2引数はnullで良い。それ以外の場合はログ名を指定する
    EventLog.CreateEventSource("EvLogtest", null);
        // CreateEventSource静的メソッドは管理者権限でなければ実行できない
}
// ログの書き込み エラー発生はレアケースという前提でEventLogはusingで囲む
using (var log = new EventLog())
{
    log.Source = "EvLogTest";     // CreateEventSourceで登録したアプリケーション名↵
を設定する
        // 文字列のみを与えると情報レベルの書き込みとなる
    log.WriteEntry($"IO Error {errorNumber}");
        // EventLogEntryType列挙体で文字列とイベントログ種(エラー、警告、情報)を指定する
    log.WriteEntry($"IO Error {errorNumber}", EventLogEntryType.Error);
        // int型の第3引数でアプリケーション定義のイベント識別子を書き込める
        // 2引数以下の呼び出しでは0となる
    log.WriteEntry($"IO Error {errorNumber}", EventLogEntryType.Error,
            IOErrorEvent);
        // short型の第4引数でアプリケーション定義のログのカテゴリを指定できる
        // 3引数以下の呼び出しでは「なし」となる
    log.WriteEntry("start EvLogTest app", EventLogEntryType.Information,
            IOErrorEvent,CatOperationFailed);
}
```

EventLogEntryType列挙体の主な値

表20.3にアプリケーションが利用するEventLogEntryType列挙体の値を示します。

表20.3 EventLogEntryType列挙体の値

識別子	意味
Information	情報
Warning	警告
Error	エラー

316 クリップボードからテキストを取得／設定したい

System.Windows.Clipboard	
System.Windows.Forms.Clipboard	

System.Windows.Clipboard は .NET Framework 3.0

関連	314	システムをシャットダウン、ログオフ、再起動したい（WMIを利用して各種情報を処理したい）	P.503
利用例		クリップボードからテキストを取得する	

利用するクラス、メソッド

クリップボードは、Windowsフォームアプリケーション用のSystem.Window.Forms.Clipboardクラス、もしくはWPFアプリケーション用のSystem.Window.Clipboardクラスのいずれかを利用します。

もっとも単純な利用法はどちらのクラスも変わりません。SetText静的メソッドで文字列をクリップボードへコピーし、GetText静的メソッドで文字列をクリップボードから取得します。

●クリップボードをクリアし、テキストを設定し、取得する

```
// using System.Windows.Forms; が必要
[STAThread]
static void Main()
{
    // クリップボードを空にする
    Clipboard.Clear();
    // クリップボードに"Hello World!"が設定される
    Clipboard.SetText("Hello World!");
    // クリップボードから文字列が取得できるか調べる
    if (Clipboard.ContainsText())
    {
        // クリップボードが空ならstring.Emptyが返る
        var text = Clipboard.GetText();
        Console.WriteLine(text);    // => Hello World!
    }
}
// System.Windows.Clipboard利用時は/r:WPF¥PresentationCore.dllが必要
```

いずれのネームスペースのClipboardを利用する場合も、スレッディングモデルはSTAの必要があります。実行スレッドをSTAにするには レシピ314 を参照してください。

317 プログラムを管理者権限で実行したい

| System.Diagnostics.ProcessStartInfo | ProcessStartInfo.Verb | runas |
| System.Security.Principal |

| 関　連 | 276 | アプリケーションを実行して終了を監視したい　P.439 |
| 利 用 例 | プログラムを管理者権限で実行する |

Administratorとして再実行する

　UACが有効な状態でアプリケーションの権限を管理者に昇格するには、現在実行しているアプリケーションをAdministratorとして実行し直します。「PCに変更を加えることを許可しますか？」というダイアログが表示され、許可されると管理者権限で実行されます。

●起動時に権限をチェックし、AdministratorでなければAdministratorとして再実行する

```
// using System.Reflection;
// using System.Security.Principal; などが必要
…
// Thread.CurrentPrincipalがWindowsPrincipalを返すように設定する
Thread.GetDomain().SetPrincipalPolicy(PrincipalPolicy.WindowsPrincipal);
var principal = Thread.CurrentPrincipal as WindowsPrincipal;
// ロールがAdministratorで実行中か確認する
if (!principal.IsInRole(WindowsBuiltInRole.Administrator))
{   // Administratorでなければプロセスを作り直す
    // Processクラスの実行制御用パラメーターを設定する
    var proc = new ProcessStartInfo
    {
        UseShellExecute = true,
        WorkingDirectory = Environment.CurrentDirectory,
        // 現在実行中のプログラム名を取得してFileNameプロパティに設定する
        FileName = Assembly.GetEntryAssembly().Location,
        Verb = "runas"          // Administratorとして実行することを指示する
    };
    Process.Start(proc);    // 新しいプロセスを開始する
    return;                 // このプロセスは終了する
}
// 以降は、Administratorとしての実行となる
Console.WriteLine("hello from administrator!");
Console.ReadLine();
```

318 Excelブックからセルの内容を取得したい

Type.GetTypeFromProgID | dynamic　　　　　　　　　　　　　　　　　　C#4

関連	296　クラス名からオブジェクトを生成したい　P.472
利用例	Excelブックの内容を取得する

COMコンポーネントにアクセスする手順

　COMのコンポーネントをC#でアクセスするには、コンポーネントのProgIDまたはGUIDからTypeオブジェクトを取得して生成します。
　手順は以下となります。

❶-1. Type.GetTypeFromProgID静的メソッドにコンポーネントのProgIDを指定して型を取得します。

❶-2. またはType.GetTypeFromCLSID静的メソッドにコンポーネントのGuidを指定して型を取得します。

❷ ①-1. または①-2.で取得したTypeオブジェクトのGetConstructorを呼び出して無引数のConstructorInfoオブジェクトを取得します。

❸ ②で取得したConstructorInfoオブジェクトのInvokeメソッドを呼び出し、dynamic型としてCOMオブジェクトを生成します。

❹以降、③で取得したオブジェクトを操作するコードを記述します。

●コマンドライン引数で指定されたExcelブック内にある全シートの内容を表示する

```
// using System.IO; using System.Reflection; が必要
// シート内の有効なセルの内容を表示する
static void ShowSheet(dynamic sheet)
{
    Console.WriteLine(sheet.Name);    // SheetオブジェクトのNameプロパティ（タブの
文字列）
    // 行：Excelのインデックスは1開始なので注意
    for (var row = 1; row <= sheet.UsedRange.Rows.Count; row++)
    {
        // 列：Excelのインデックスは1開始なので注意
        for (var col = 1; col <= sheet.UsedRange.Columns.Count; col++)
        {
            // セルオブジェクトは、sheet.Range("A3")または
```

```csharp
            // sheet.Cellsコレクションの行と列のインデクサーで取得する
            // セルの内容はセルオブジェクトのValueプロパティでアクセスする
            Console.WriteLine($"({row},{col}) = {sheet.Cells[row, col].Value}");
        }
    }
}
// コマンドライン引数で指定されたExcelブックをオープンする
// Excel等の外部のプログラムを操作する場合はSTAThread指定はなくても良いが、
// DLLタイプのCOMコンポーネントを操作する場合は[STAThread]属性としたほうが実行効率が良い
static void Main(string[] args)
{
    // TypeクラスのGetTypeFromProgIDでExcel.ApplicationのTypeオブジェクトを取得する
    var type = Type.GetTypeFromProgID("Excel.Application");
    // CLSIDを利用する場合は以下となる
    // var type = Type.GetTypeFromCLSID(new Guid("00024500-0000-0000-C000-000000000046"));
    // 無引数コンストラクターを実行してExcel.Applicationオブジェクトを生成する
    dynamic excel = type.GetConstructor(Type.EmptyTypes).Invoke(null);
    // 終了時の警告をFalseに設定する（オプション）
    excel.DisplayAlerts = false;
    // デバッグ時はExcelを表示して動作させるようにする
    // (途中でアプリケーションがクラッシュした場合にExcelを操作して終了できるようにする)
#if DEBUG
    excel.Visible = true;
#endif
    // Excelは外部プログラムなので相対パスを指定できない。フルパス名を与える
    var book = excel.WorkBooks.Open(Path.GetFullPath(args[0]));
    // Excelの画面表示を停止したほうが処理効率が良い
    excel.ScreenUpdating = false;
    // すべてのシートを処理する(Excelのインデックスは1開始なので注意)
    for (var i = 1; i <= excel.ActiveWorkbook.Sheets.Count; i++)
    {
        ShowSheet(excel.Sheets[i]);
    }
    // 画面表示停止を許可し、ブックのクローズとExcelの終了を行う
    excel.ScreenUpdating = true;
    // 第1引数で変更を保存しないことを明示
    book.Close(false);
    excel.Quit();
}
```

319 Excelマクロから利用可能なクラスを作成したい（COMコンポーネントを作成したい）

| System.Runtime.InteropServices.ClassInterface | RegAsm.exe |

| 関　連 | 274 | **RSAなどの公開鍵暗号を利用したい** P.434 |

| 利 用 例 | COMコンポーネントを作成する |

COMコンポーネントの作成に必要なクラス属性

　COMコンポーネントを作成するには、publicクラスに対してClassInterface、ProgId、Guidの各属性を割り当てます。

　Guidは一意の必要があるので、GuidGen.exeユーティリティ（プラットフォームSDKに同梱）を使って新規に作成するか、またはCOLUMNで紹介する方法などで作成したものをGuid属性へ埋め込みます。

●単純なCOMコンポーネント

```
using System.Runtime.InteropServices;
// オートメーションで呼び出し可能とする
[ClassInterface(ClassInterfaceType.AutoDispatch),
                // ProgIDでアクセスできるようにする
                ProgId("Shoei.CsTest"),
                // レジストリに該当GUIDで登録する
                Guid("42B16C90-0CF0-43C2-ADCD-4F0C5E80DF4D")]
public class CsTest                                        // publicクラス
{
    // コンストラクターを定義する場合はpublic無引数コンストラクターとする
    // クライアントへ提供するメソッドはpublicで公開する
    public string CreateHello(string name)
    {
        return $"Hello {name}!";
    }
}
// ビルド時に厳密名を付ける (sn.exeで生成したキーペアを使う)
// csc /target:library /keyfile:test.snk Sample319.cs
// 64ビット用に登録 (.NET 4.x例) する場合
// %windir%¥microsoft.net¥Framework64¥v4.0.30319¥Regasm Sample319.dll /
codebase
// 32ビット用に登録 (.NET 4.x例) する場合
// %windir%¥microsoft.net¥Framework¥v4.0.30319¥Regasm Sample319.dll /codebase
```

プラットフォーム（32ビット、64ビット）に応じたレジストリ登録

　COMは、ネイティブインターフェイスでレジストリからファイルの位置を検索する仕組みです。このため32ビット用レジストリと64ビット用レジストリで登録位置が異なります。プラットフォームを特定せずにビルドした場合は、登録ユーティリティ（RegAsm.exe）をFramework64ディレクトリから実行するかFrameworkディレクトリから実行するかによってレジストリの登録位置が変わる点に注意してください。

COMコンポーネントの利用方法

　作成したCOMコンポーネントは、VBScriptやVBAのソースコード上で「Set 変数名 = CreateObject(ProgID)」で利用できます。

●VBScriptからの呼び出し

```
Set obj = CreateObject("Shoei.CsTest")
WSH.Echo obj.CreateHello("World")   ' => Hello World!
```

　なお、VBScriptやJScriptでテストクライアントを作成する場合、32ビット用に登録した場合は%windir%\Syswow64\CScript.exeを、64ビット用に登録した場合は%windir%\System32\CScript.exeを利用して実行する必要があります。
　同様な理由からExcelのVBAから呼び出す場合も、64ビットOfficeか32ビットOfficeかを意識してRegAsmで登録する必要があります。

COLUMN　GUID

　GUIDはMACアドレス、タイムスタンプなどに基づいて生成される16バイトのユニークな識別子です。WindowsではCOMのクラス、インターフェイス、ライブラリ、特殊フォルダーIDなどさまざまな場所で利用されます。

●GUIDの作成

```
using System;
class GuidGen
{
    static void Main()
    {
        Console.WriteLine(Guid.NewGuid());
    }
}
```

INDEX

記号

-	78
--	79
#define	25
#elif	26
#if ～ #endif	25
#pragma warning	27
$"{}"	120
&&（and条件）	74
&（ビット演算）	83
&（論理演算）	85
*	78
.csproj（拡張子）	23
.exe.config（拡張子）	33, 34
.NET Framework	
～ディレクトリの構造	4
C#、Visual Studio、Windowsとの関係	7
.sln（拡張子）	23
/	78
///（XMLコメント）	493
/codepage:932（オプション）	287
/codepage:ページ番号（オプション）	18
/d:DEBUG（オプション）	486
/d:シンボル名（オプション）	18
/debug:full（オプション）	17
/define:シンボル名（オプション）	18
/out:名前（オプション）	17
/platform:プラットフォーム名（オプション）	18
/r:ライブラリ名（オプション）	18, 20
/reference:ライブラリ名（オプション）	18, 20
/target:library（オプション）	19
:（クラスの継承）	217
:（名前付き呼び出し）	260
?.（null条件演算子）	259
?:（条件式）	76
??	106
?[ ]（null条件演算子）	259
@""	119
[ ]（コレクション）	174, 176
[ ]（プロパティ）	204
[ ]（文字列）	125
^（ビット演算）	83
^（論理演算）	85
|（ビット演算）	83
|（論理演算）	85
||（or条件）	74
~（ビット演算）	83
\（エスケープ）	118
+（算術演算）	78
+（文字列）	123
++	79
<, <=, >=, >	65, 73
<<（ビット演算）	83
==, !=	65, 73, 108
=>（ラムダ演算子）	263
>>（ビット演算）	83

A/B/C

absolute	228
abstract	187, 198, 206, 210, 228
Action<T>	250, 252
AES（Aesクラス）	431
AggregateException（例外）	469
ApartmentState	
STA	504
AppDomain	
UnhandledExceptionプロパティ	467
Application	14
AppSettings	33
Array	
AsReadOnly<T>()メソッド	139
BinarySearch()メソッド	146
Clone()メソッド	147
ConstrainedCopy()メソッド	147, 148
Copy()メソッド	147, 148
Empty<T>()メソッド	142
ForEach()メソッド	144
Lengthプロパティ	143
Resize<T>()メソッド	149
Sort()メソッド	145
as	104
ASP.NET	21
ASPX	21
assembly	38, 41
Assembly	37
CustomAttributesプロパティ	41
GetCustomAttributes()メソッド	482
GetExecutionAssembly()メソッド	41
Locationプロパティ	37
AssemblyInfo.csファイル	38
AssemblyVersion	40
Assert	495
async	450
メソッド	207
ラムダ式	267
Attribute	481
AttributeTargets	481
AttributeUsage	481
AuthenticationException（例外）	397
await	450
base	220
base.	224
Base64	422

513

INDEX

BASIC認証 ……………………………………… 399
BinaryReader ………………………………… 298
BitConverter
　ToString()メソッド ……………………… 151
BOM ……………………………………… 292, 418
break ………………………………………… 90, 98
byte …………………………………………………44
　Parse()メソッド ………………………… 152
C#
　.NET Framework、Visual Studio、Windowsとの関係 ‥ 7
　各バージョンの特徴 …………………………… 7
　ファイル名とクラス名の関係 ………………… 8
　プロジェクトファイル ………………………23
case ………………………………………………… 90
catch ………………………………… 458, 459, 466
char
　IsLowSurrogate()メソッド …………… 112
checked …………………………………………… 80
class …………………………………………→クラス
ClassInterface ……………………………… 511
ClientWebSocket ………………………… 409
CodeDomProvider ………………………… 479
CompareInfo …………………………… 110, 116
ConfigurationManager ……………… 33, 34
　AppSettingsプロパティ ……………………33
　ConnectionStringsプロパティ ……… 336
ConfigurationSection ……………………… 34
ConnectionStringsSettings …………… 336
Console
　ReadLine()メソッド …………………………… 8
　WriteLine()メソッド ………………… 8, 363
const ……………………………………………… 49
ConstructorInfo …………………………… 473
continue ………………………………………… 98
Convert
　FromBase64String()メソッド ……… 422
　ToBase64String()メソッド …………… 422
Count<T> …………………………………… 172
CreateEntryFromFile …………………… 310
CredentialCache
　DefaultCredentialsプロパティ …… 399
csc.exe（C#コンパイラ）………………………17
　オプション一覧 ………………………………17
CSPROJファイル ………………………………23

D/E/F

DataContext ………………………………… 355
　ExecuteQuery<T>()メソッド ……… 355
DataContract ……………………………… 416
DataContractJsonSerializer ………… 416
DataTable …………………………………… 332

DateTime …………………………… 65, 66, 67, 68
　AddDays()メソッド ……………………… 68
　AddHours()メソッド …………………… 67
　AddMilliseconds()メソッド …………… 67
　AddMinutes()メソッド ………………… 67
　AddMonths()メソッド ………………… 68
　AddSeconds()メソッド ………………… 67
　AddYears()メソッド …………………… 68
　Nowプロパティ …………………………… 64
　Parse()メソッド …………………………… 59
　Todayプロパティ ………………………… 64
　ToString()メソッド ……………………… 62
　TryParse()メソッド ……………………… 59
　TryParseExact()メソッド ……………… 59
DateTime? …………………………………… 70
DateTimeKind ……………………………… 64
DbCommand
　CommandTextプロパティ …… 341, 343, 346, 348, 350
　ExecuteNonQuery()メソッド ………… 342, 343, 350
　ExecuteReader()メソッド ………… 346, 348
　Parametersプロパティ ………… 343, 346, 348
　Transactionプロパティ ……………… 353
DbConnection ……………………………… 334
　BeginTransaction()メソッド ………… 353
　CreateCommand()メソッド ‥ 341, 343, 346, 348, 350
　GetSchema()メソッド ………………… 338
DbDataReader
　Read()メソッド …………………… 346, 348
DbParameter
　DbTypeプロパティ ………………… 343, 350
　Valueプロパティ …………………… 346, 348, 350
DbProviderFactories
　GetFactoryClasses()メソッド ……… 332
DbTransaction
　Commit()メソッド ……………………… 353
　RollBack()メソッド ……………………… 353
Debug
　Assert()メソッド ………………………… 486
　AutoFlushプロパティ ………………… 488
　Listenersプロパティ …………………… 489
　WriteLine()メソッド …………………… 488
decimal ………………………………………… 44
DecoderFallbackException（例外）…… 292
DecompressionMethods ……………… 405
DefaultTraceListener …………………… 489
delegate ………………………………… →デリゲート
Dictionary<TKey, TValue> ……… 158, 166, 167, 174
　Keysプロパティ ………………………… 170
　Valuesプロパティ ……………………… 171
DIGEST認証 ………………………………… 399
Directory
　CreateDirectory()メソッド ………… 316

INDEX

Delete()メソッド ································· 317
EnumerateFiles()メソッド ············· 276, 278, 326
EnumerateFileSystemEntries()メソッド ········ 318
Exists()メソッド ································· 318
GetCreationTime()メソッド ······················ 321
GetCurrentDirectory()メソッド ·················· 314
GetFiles()メソッド ······························· 327
GetLastAccessTime()メソッド ··················· 321
GetLastWriteTime()メソッド ····················· 321
Move()メソッド ·································· 320
SetCurrentDirectory()メソッド ··················· 315
DirectoryInfo
  Attributesプロパティ ···························· 322
  Create()メソッド ································ 316
  Delete()メソッド ································ 317
  EnumerateFiles()メソッド ················ 183, 326
  GetFiles()メソッド ························· 182, 327
  Move()メソッド ·································· 320
DirectoryNotFoundException（例外）········ 277, 315
DLL ··· 16, 20
Dns
  GetHostName()メソッド ························· 382
do ··· 92
double ··· 44
DriveInfo
  AvailableFreeSpaceプロパティ ·················· 328
  GetDrives()メソッド ····························· 330
  IsReady()メソッド ······························· 329
  TotalFreeSpaceプロパティ ······················ 328
  TotalSizeプロパティ ····························· 328
DSL ·· 479
dynamic ··· 509
else ··· 89
Encoding
  Defaultプロパティ ·························· 114, 130
  GetByteCount()メソッド ························ 114
  GetBytes()メソッド ····························· 130
  GetEncoding()メソッド ····················· 114, 130
  GetString()メソッド ····························· 122
enum ···································· 51, 52, 82
  ～とintとの変換 ·································· 52
Enum ··· 52
  Parse()メソッド ·································· 52
  ToString()メソッド ······························· 52
Enumerable
  Empty<T>()メソッド ··························· 164
  Range()メソッド ································ 378
Environment
  Exit()メソッド ··································· 12
  GetFolderPath()メソッド ······················· 324
  MachineNameプロパティ ······················ 382
  SpecialFolderOption列挙体 ····················· 324

SpecialFolder列挙体 ······························ 324
Equals ·· 72
ErrorEventArgs ································· 284
ERRORLEVEL（環境変数）······················· 12
EventLog ·· 505
EventLogEntryType ···························· 506
Exception
  Messageプロパティ ····························· 463
  ToString()メソッド ······························ 463
EXE.CONFIGファイル ······················· 33, 34
FieldInfo
  GetCustomAttributes()メソッド ················ 482
  GetValue()メソッド ····························· 477
  SetValue()メソッド ····························· 477
File
  AppendAllLines()メソッド ················ 288, 290
  AppendText()メソッド ···················· 289, 303
  Copy()メソッド ·································· 278
  Create()メソッド ································ 294
  CreateText()メソッド ··························· 289
  Delete()メソッド ································ 276
  GetAttributes()メソッド ························ 282
  GetCreationTime()メソッド ···················· 281
  GetLastAccessTime()メソッド ·················· 281
  GetLastWriteTime()メソッド ··················· 281
  Move()メソッド ·································· 280
  Open()メソッド ···························· 287, 294
  OpenWrite()メソッド ··························· 294
  ReadAllBytes()メソッド ························ 296
  ReadLines()メソッド ···························· 291
  Replace()メソッド ······························· 311
  WriteAllLines()メソッド ··················· 288, 290
FileAttributes ······························ 282, 322
FileInfo
  AppendText()メソッド ···················· 289, 303
  Attributesプロパティ ···························· 282
  CopyTo()メソッド ······························· 278
  Create()メソッド ································ 294
  CreateText()メソッド ··························· 289
  Delete()メソッド ································ 276
  MoveTo()メソッド ······························ 280
  Open()メソッド ···························· 287, 294
  OpenWrite()メソッド ··························· 294
FileShare ·· 302
FileStream ································· 287, 294
  Positionプロパティ ······························ 304
  Read()メソッド ····························· 297, 299
  Seek()メソッド ···························· 303, 304
FileSystemEventArgs ··························· 284
  FullPathプロパティ ····························· 286
FileSystemWatcher ····························· 323
  Changedイベント ······························· 284

515

FileVersion	40
finally	460
float	45
for	91, 94, 144
〜とforeachとの比較	96
foreach	96, 144, 168
〜とforとの比較	96
Form	14
Controlsプロパティ	14, 372
FormatExeption（例外）	58
Func<T, TResult>	250, 252

G/H/I

get	199, 200, 201
goto	90, 99
Group	134
Guid	511
GuidGen.exe	511
HashAlgorithm	430
HashSet<T>	155
HostingEnvironment	393
MapPath()メソッド	393
QueueBackgroundWorkItem()メソッド	393
SiteNameプロパティ	393
HTTP	60
圧縮されたコンテンツの伸長	405
メソッド	404
HttpClient	407
HttpListener	425
HttpListenerContext	425
AcceptWebSocketAsync()メソッド	428
HttpListenerWebSocketContext	428
HttpUtility	421
UrlDecode()メソッド	419
UrlEncode()メソッド	419
HttpWebRequest	395
AddRange()メソッド	406
AutomaticDecompressionプロパティ	405
Methodプロパティ	404
ICMPエコー	394
ICollection<T>	
Add()メソッド	173
Clear()メソッド	178
Contains()メソッド	179
Countプロパティ	172
Remove()メソッド	181
IComparable<T>	234
IDictionary<TKey, TValue>	
Add()メソッド	173
Clear()メソッド	178
ContainsKey()メソッド	179

ContainsValue()メソッド	179
Countプロパティ	172
Remove()メソッド	181
IDisposable	101, 236
IEnumerable	
Cast<T>()メソッド	361
IEnumerable<T>	
Aggregate()メソッド	366
All()メソッド	373
Any()メソッド	373
Average()メソッド	367
DefaultEmpty()メソッド	377
ElementAt()メソッド	376
ElementAtOrDefault()メソッド	377
First()メソッド	376
Max()メソッド	367
Min()メソッド	367
OfType()メソッド	372
OrderBy()メソッド	369
Reverse()メソッド	369
Select()メソッド	368
Single()メソッド	376
Sum()メソッド	365
Take()メソッド	370
TakeWhile()メソッド	370
Where()メソッド	374, 375
Zip()メソッド	379
if	88, 89
int	44
〜とenumとの変換	52
int?	70
interface	226
InteropSevices	390
InvalidCastException（例外）	104
IOException（例外）	279, 317
IPAddress	383
HostToNetworkOrder()メソッド	414
IPGlobalProperties	
GetUnicastAddresses()メソッド	385
IPInterfaceProperties	
UnicastAddressesプロパティ	383
is	103, 363

J/L/M

JSON	416
LinkedList<T>	154
AddFirst()メソッド	173
AddLast()メソッド	173
LINQ	97, 116, 125
Aggregate()メソッド	366
All()メソッド	373

Any()メソッド	373
Any<T>()メソッド	179
Average()メソッド	367
Count()メソッド	172
DefaultEmpty()メソッド	378
ElementAt()メソッド	376
ElementAtOrDefault()メソッド	176, 378
First()メソッド	376
FirstOrDefault()メソッド	176
Max()メソッド	367
Min()メソッド	367
OfType()メソッド	372
OrderBy()メソッド	369
Range()メソッド	378
Reverse()メソッド	369
Select()メソッド	169, 368
Single()メソッド	376
Sum()メソッド	365
Take()メソッド	370
TakeWhile()メソッド	370
ToArray()メソッド	161
Where()メソッド	176, 374, 375
Zip()メソッド	379
List<T>	154, 166
AddRange()メソッド	175
AsReadOnly<T>()メソッド	162
ForEach()メソッド	97, 168
RemoveAll()メソッド	182
ToArray()メソッド	161
lock	102
long	44
long?	70
MailAddress	411
MailMessage	411
Mainメソッド	8, 10
返り値の型	8
引数	10
ManagementClass	503
ManualResetEvent	446
ManualResetEventSlim	447
Match	131
Groupsプロパティ	134
Math	81
Abs()メソッド	81
DivRem()メソッド	78
Sqrt()メソッド	81
Matrix4x4構造体	86
MD5	430
MemberInfo	
GetCustomAttributes()メソッド	482
MemoryStream	301
MethodInfo	
GetCustomAttributes()メソッド	482
Invoke()メソッド	475
ReturnTypeCustomAttributesプロパティ	482
Microsoft.NETディレクトリ	17
Microsoft.Win32ネームスペース	500, 501
MSBuild	23
オプション一覧	23
ターゲット一覧	24
プラットフォームターゲット	24

N/O/P

nameof	478
namespace	30, 32
NameValueCollection	361
netshコマンド	427
NetworkCredential	399
NetWorkInterface	
GetAllNetworkInterfaces()メソッド	383
new	138, 214, 215
new（修飾子）	187, 190, 197, 206, 210, 270
NuGet	497
C#コンパイラの入手	5
Nullable<T>構造体	70
null許容型	70
null条件演算子	259
NumberStyles	
HexNumber	152
NUnit	495
object	
GetType()メソッド	105
out	208, 243
〜とrefとの違い	245
OverflowExeption（例外）	58, 78, 80
override	198, 207, 211, 221, 223, 238
Parallel	452
ParameterInfo	
GetCustomAttributes()メソッド	482
params	208, 246
partial	
クラス	187
構造体	270
メソッド	207
Path	
ChangeExctension()メソッド	278, 305
GetExtension()メソッド	305
GetFileNameWithoutExtension()メソッド	305
GetTempFileName()メソッド	306
GetTempPath()メソッド	306
PATH（環境変数）	17
〜の設定	5

PhysicalAddress ··· 384
Ping ·· 394
Process
　EnableRaisingEventsプロパティ ················ 440
　Exitedイベント ··· 440
　Kill()メソッド ··· 441
　ProcessNameプロパティ ································ 438
　Start()メソッド ·· 439
　WaitForExit()メソッド ······································ 439
ProcessStartInfo ·· 508
　RedirectStandardOutputプロパティ ·············· 442
　UseShellExecuteプロパティ ····················· 442
　Verbプロパティ ·· 508
PropertyInfo
　GetCustomAttributes()メソッド ······················ 482
　GetValue()メソッド ·· 474
public ·· 16

Q/R/S

Queue<T> ·· 156
　ToArray()メソッド ·· 161
Random ·· 82
　Next()メソッド ··· 82
readonly ··· 50, 193
　フィールド ··· 190
ReadOnlyCollection<T> ··························· 139, 162
ReadOnlyDictionary<TKey, TValue> ········· 162
ref ··· 208, 244
　～とoutとの違い ··· 245
RegAsm.exe ·· 512
Regex ·· 135
　Match()メソッド ······································· 131, 134
　Matches()メソッド ··· 132
Registry ··· 500, 501
RegistryKey ·· 501
RenamedEventArgs ··· 284
Rfc2898DeriveBytes ··· 431
RSA ·· 434
RSACryptoServiceProvider ······························ 434
runas ·· 508
sbyte ··· 44
sealed ···································· 187, 197, 206, 210, 219
ServicePointManager
　ServerCertificateValidationCallbackイベント ··· 397
set ··· 199, 201
SHA256 ··· 430
Shift_JIS ·· 287
short ··· 44
SIMD ··· 86
SLNファイル ··· 23
SmtpClient ··· 411

sn.exe ··· 434
SortedDictionary<TKey, TValue> ············ 159, 174
SortedList<TKey, TValue> ······················ 159, 174
SortedSet<T> ·· 159
sp_columns ··· 338
sp_tables ·· 338
SQL
　～の動的な組み立て ····································· 348
　insert文 ··· 343
　select文 ·· 346
　update文 ··· 350
　データ型 ·· 345
　発行手順 ·· 341
SqlConnection ·· 334
STA ··· 503, 507
Stack<T> ·· 157
　Push()メソッド ··· 173
　ToArray()メソッド ·· 161
StackFrame ·· 491
static ··························· 187, 190, 192, 198, 207, 211, 216, 256
Stopwatch ··· 492
StreamWriter ·· 287
string
　Compare()メソッド ·· 109
　CompareOrdinal()メソッド ······················· 109
　CompareTo()メソッド ·································· 109
　Concat()メソッド ·· 123
　Empty値 ·· 117
　IndexOf()メソッド ·· 115
　IsNullOrEmpty()メソッド ······························ 111
　Join()メソッド ······································· 123, 150
　LastIndexOf()メソッド ································· 115
　Lengthプロパティ ·· 112
　Replace()メソッド ································· 128, 129
　Split()メソッド ·· 127
　Substring()メソッド ······································· 124
　Trim()メソッド ·· 126, 127
　TrimEnd()メソッド ··· 126
　TrimStart()メソッド ······································· 126
　コンストラクター (char, int) ······················· 121
StringBuilder ··· 151, 348
StringComparison
　OrdinalIgnoreCase ······································· 115
struct ·· →構造体
switch ··· 90
SymmetricAlgorithm ··· 431
SynchronizedCollection<T> ··························· 165
　SyncRoot()メソッド ······································· 165
System.CodeDom.Compilerネームスペース ··········· 479
System.Data.Linqネームスペース ················ 355
System.Diagnosticsネームスペース
　··· 486, 491, 492, 505, 508

System.Linqネームスペース	360
System.Managementネームスペース	503
System.Runtime.InteropServicesネームスペース	511
System.Security.Principalネームスペース	508
System.Threading.Timer	454
System.Windows.Clipboard	507
System.Windows.Forms.Clipboard	507
System.Windows.Forms.Control	
Invoke()メソッド	448
System.Windows.Formsネームスペース	14
System.Xml.Linqネームスペース	358

T/U/V

T（型パラメータ）	231
Task	444
Delay()メソッド	455
TcpClient	388
TcpListener	386
TextWriterTraceListener	489
this（コンストラクター初期化子）	196
this（拡張メソッド）	256
this（修飾子）	208
ThreadLocal<T>	449, 451
ThreadPool	
QueueUserWorkItem()メソッド	444
throw	461, 465
TimeSpan	66, 67, 68, 492
ToString	238
Trace	
Listenersプロパティ	489
try	458, 466
Tuple	241
Type	
GetConstructor()メソッド	509
GetField()メソッド	477
GetMethod()メソッド	475
GetProperty()メソッド	474
GetType()メソッド	472
GetTypeFromCLSID()メソッド	510
GetTypeFromProgID()メソッド	510
typeof	105
uint	45
ulong	45
UnitTesting	495
Uri	
EscapeDataString()メソッド	420
EscapeUriString()メソッド	420
UnescapeDataString()メソッド	420
ushort	45
using	32, 101, 236
using static	257

UTC	281, 321
UTF-8	291, 292
var	47, 258
virtual	198, 207, 210, 221, 223
Visual Studio	2, 7, 23
C#、.NET Framework、Windowsとの関係	7
開発者コマンドプロンプト	6
ビジュアルエディター	14
void（Voidオブジェクト）	363
volatile	
フィールド	191

W/X/Y/Z

warning	
表示／非表示の切り替え	27
WebClient	
DownloadFileAsync()メソッド	402
UploadFileAsync()メソッド	400
WebException（例外）	397
WebHttpBehavior	423
WebHttpBinding	423
WebRequest	395
Credentialsプロパティ	399
WebRequestMethods	
Http	404
WebServiceHost	423
WebSocket	409
WebUtility	419, 421
Webアプリケーション	21
when	466
while	92, 94
Win32_OperatingSystem	504
Windows	
C#、.NET Framewok、Visual Studioとの関係	7
認証	399
メッセージ	15
Windows 10	
〜のC#コンパイラ	5
Windows-31J	287
Windows Forms	14
WinNetWk.h	390
WNetAddConnection3	390
WNetCancelConnection2	390
WriteEntry	505
XAttribute	359
XElement	358
XMLコメント	493
XName	359
yield	254
ZipArchive	310
ZipArchiveEntry	310

INDEX

ZipFile
- CreateFromDirectory ( ) メソッド ……………… 308
- ExtractToDirectory ( ) メソッド ………………… 307
- 圧縮レベル一覧 ……………………………………… 309

あ

- 一時ファイル ……………………………………… 306
- イベント …………………………………………… 210
- アクセサ …………………………………………… 211
- インクリメント演算子（++）……………………… 79
- インデクサー ………………………… 125, 174, 176, 204
- インデックス初期化子 …………………………… 167
- インテリセンス …………………………………… 493
- エスケープ ………………………………………… 118
- エスケープシーケンス一覧 ……………………… 118
- エンディアン ……………………………………… 414
- オーバーライド
  - プロパティの〜 ………………………………… 221
  - メソッドの〜 …………………………………… 223
- オーバーロード …………………………………… 248
- オブジェクト
  - 〜初期化子 ……………………………………… 215
  - ToString()メソッド …………………………… 238

か

- 開発者コマンドプロンプト …………………… 6, 17
- 拡張メソッド ……………………………………… 256
- カスタム指定子
  - 数値.ToString()メソッド ……………………… 56
- カスタム属性 …………………………………… 38, 41
- 仮想プロパティ …………………………………… 221
- 仮想メソッド ……………………………………… 223
- 型パラメータ制約指定節
  - クラスの〜 ……………………………………… 188
  - メソッドの〜 …………………………………… 208
- 可変長引数 ………………………………………… 246
- 空配列 ……………………………………………… 142
- 空文字列 …………………………………………… 117
- 環境変数
  - ERRORLEVEL ………………………………… 12
  - PATH …………………………………………… 17
  - PATHの設定 …………………………………… 5
- キャスト ………………………………………… 47, 53
- 共通鍵暗号 ………………………………………… 431
- クラス ………………………………………… 8, 186
  - イベント ………………………………………… 210
  - コンストラクター ……………………………… 194
  - シールクラス …………………………………… 219
  - ジェネリッククラス …………………………… 230
  - 静的クラス ……………………………………… 216
  - 匿名クラス ……………………………………… 239
  - 派生 ……………………………………………… 217
  - フィールド ……………………………………… 190
  - プロパティ ……………………………………… 197
  - メソッド ………………………………………… 206
  - ローカルクラス ………………………………… 239
- クラスライブラリ ………………………………… 16
- クロージャ ………………………………………… 264
- 継承元
  - クラス …………………………………………… 188
  - 構造体 …………………………………………… 271
- ゲッタ
  - プロパティ ……………………………………… 199
- 公開鍵暗号 ………………………………………… 434
- 構造体 ……………………………………………… 270
  - 〜とクラスとの使い分け ……………………… 273
  - 型宣言 …………………………………………… 270
  - ジェネリック構造体 …………………………… 271
- コードページ932 ………………………………… 287
- コールバックメソッド …………………………… 250
- コマンドライン ………………………… 4, 7, 17, 19, 20
  - ツール一覧 ……………………………………… 6
  - 引数 …………………………………………… 8, 10
- コマンドライン引数 …………………………… 8, 10
- コレクション初期化子 …………………………… 166
- コンストラクター ………………………………… 194
  - 初期化子 …………………………………… 195, 196, 220
  - 宣言の省略 ……………………………………… 195
- コンソール
  - アプリケーションに最低限必要な要素 ……… 8
- コンパイル ………………………………… 17, 19, 20
- コンパイル時警告 ………………………………… 27

さ

- サフィックス（数値）……………………………… 47
- サロゲートペア …………………………………… 112
- シールクラス ……………………………………… 219
- ジェネリック
  - クラス …………………………………… 188, 230
  - 構造体 …………………………………………… 271
  - メソッド ……………………………………… 208, 232
- 識別子
  - C#仕様 ………………………………………… 188
- 自動実装プロパティ ………………… 201, 202, 203
- ジャグ配列 ………………………………………… 140
- 終了コード ………………………………………… 12
- 条件式 ……………………………………………… 76
- 省略可能引数 ……………………………………… 247
- ショートサーキット ……………………………… 74
- 書式指定子
  - 数値.ToString()メソッド ……………………… 55

520

数値 ·· 44, 47
　Parse()メソッド ······························ 58
　ToString()メソッド ··························· 55
スキーマ ··· 338
ストリーム ·· 304
正規表現 ····································· 131, 134
　言語要素一覧 ·································· 135
静的クラス ··· 216
静的コンストラクター ························ 192
接続文字列 ································ 334, 336
セッタ
　プロパティ ······································ 199
セマンティックバージョニング ············· 40
属性
　クラス ··· 186
　フィールド ······································ 190

た

タイムゾーン ·· 61
逐次的文字列 ····································· 119
抽象プロパティ、メソッド ·················· 228
定数 ·· 49
データベースプロバイダー
　一覧 ·· 332
　共通のスキーマ ······························ 338
デクリメント演算子（--） ····················· 79
デリゲート ······················· 212, 213, 250, 252
特殊ディレクトリ ······························· 324
匿名クラス ··· 239

な

名前付き呼び出し ······························ 260
ネームスペース ······························ 30, 32

は

バージョン ···································· 38, 41
配列
　初期化子 ·· 138
パッケージマネージャー ···················· 497
パラメーター既定値 ··························· 208
比較演算子 ····································· 65, 73
　一覧 ·· 73
　==, != ··· 72
ビジュアルエディター（Visual Studio） ····· 14
ビット演算 ·· 83
標準出力 ·· 442
フィールド ································· 190, 193
部分文字列 ·· 124
プロセス終了コード ······························· 8

プロパティ ·· 197
　自動実装 ······························ 201, 202, 203
　読み取り専用 ····························· 200, 203
　ラムダ式形式での定義 ···················· 265
変数初期化子
　フィールド ······································ 191
補間文字列 ·· 120
ポリモーフィズム ······························· 253

ま

右詰め、左詰め
　数値.ToString()メソッド ················ 57
無限ループ ·· 94
メール送信 ·· 411
メソッド ·· 8, 206
　オーバーロード ······························ 248
　ジェネリックメソッド ····················· 232
　ラムダ式形式での定義 ···················· 266

や / ら / わ

ユーティリティクラス ························ 195
ユニットテスト ·································· 495
ライブラリ ····························· 16, 19, 20
ラムダ式 ··································· 250, 262
　クロージャ ······································ 264
　プロパティ定義 ······························ 265
　メソッド定義 ·································· 266
リテラル ·· 47
ループの並列処理 ······························ 452
例外
　フィルター ······································ 466
　ユーザーがスロー出来る～ ············· 462
列挙体 ·· 51, 52
ローカルクラス ·································· 240
ローミングディレクトリ ······················ 34
ワイルドカード ·································· 326

PROFILE

arton（アートン）
Akio R Tajima is ONline.
垂直統合型システムのベンダーに勤務し、端末からエンタープライズレベルまでいろいろなロールでシステム開発に携わる。職業上はMSテクノロジーと縁が深いが、JavaやRubyとも縁と著作がある。私的な活動ではCOMとRubyのブリッジ（ASR）、JavaとRubyのブリッジ（RJB）などのOSSがあり、ほとんどコミットしていないRubyのコミッターでもある。

https://github.com/arton

装　　丁	宮嶋章文
D T P	BUCH$^+$

C# 逆引きレシピ
（シーシャープ）

2016年6月9日　初版第1刷発行

著　　　者	arton（アートン）
発　行　人	佐々木幹夫
発　行　所	株式会社 翔泳社　(http://www.shoeisha.co.jp)
印刷・製本	株式会社 シナノ

©2016 arton

本書は著作権法上の保護を受けています。本書の一部または全部について（ソフトウェアおよびプログラムを含む）、株式会社 翔泳社から文書による許諾を得ずに、いかなる方法においても無断で複写、複製することは禁じられています。
本書へのお問い合わせについては、iiページに記載の内容をお読みください。
落丁・乱丁はお取り替えいたします。03-5362-3705 までご連絡ください。

ISBN978-4-7981-4396-5　　　　　　　　Printed in Japan

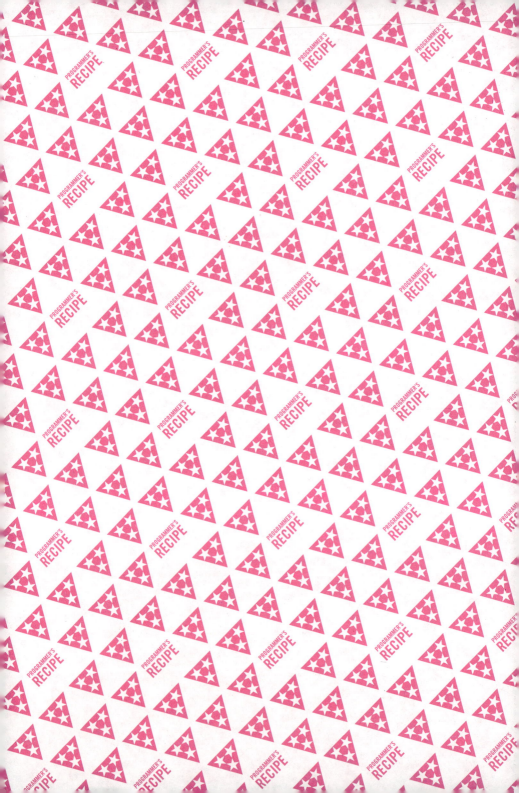